全国高等院校计算机基础教育研究会

“2016年度计算机基础教学改革课题”立项项目

Java Web应用开发教程（第2版）

主编◎于静　副主编◎张虹 顾鸿虹

北京邮电大学出版社
www.buptpress.com

内 容 简 介

传统Java Web应用开发教程的每个实验是相对独立的，学生很难将各个知识点连贯起来，因此很难提高项目实践能力。本书面向应用型本科计算机相关专业，将Java Web理论知识与实践环节有机结合，在每一章理论知识后紧跟上机实验环节，全部实验完成一个完整的项目应用。本书系统介绍Java Web应用开发过程中的实用技术和标准规范，从Java语言基础出发，向读者介绍系统设计与编程思想，让读者能够在一个实际项目中全面而系统地掌握动态网站开发技巧。

本书内容主要包括Java Web概述、Java程序设计基础、网页设计基础、JSP页面元素、JSP内置对象、JavaBean在JSP中的应用、EL表达式语言与JSTL标签库、基于Servlet的Web开发和Web设计模式。全书尤其强调实际应用，提高读者运用Java Web技术解决实际问题的能力。

本书主要面向Java Web初学者，需要读者有一定的Java基础。

图书在版编目(CIP)数据

Java Web应用开发教程 / 于静主编．-- 2版．-- 北京：北京邮电大学出版社，2017.11（2024.7重印）
ISBN 978-7-5635-4161-4

Ⅰ．①J…　Ⅱ．①于…　Ⅲ．①JAVA语言－程序设计－教材　Ⅳ．①TP312.8

中国版本图书馆CIP数据核字（2017）第225212号

书　　　名：Java Web应用开发教程（第2版）
著作责任者：于　静　主编
责 任 编 辑：刘春棠
出 版 发 行：北京邮电大学出版社
社　　　址：北京市海淀区西土城路10号（邮编：100876）
发　行　部：电话：010-62282185　传真：010-62283578
E-mail：publish@bupt.edu.cn
经　　　销：各地新华书店
印　　　刷：保定市中画美凯印刷有限公司
开　　　本：787 mm×1 092 mm　1/16
印　　　张：18.5
字　　　数：458千字
版　　　次：2010年4月第1版　2017年11月第2版　2024年7月第4次印刷

ISBN 978-7-5635-4161-4　　定　价：41.00元

·如有印装质量问题，请与北京邮电大学出版社发行部联系·

引　言

对于一名 Java Web 应用开发的初学者来说，主要欠缺两方面能力，一方面是科学良好的系统设计思想，另一方面是实践应用开发能力。本书以此为目的，以 Java 语言为基础，通过实际案例讲解 Java Web 应用开发领域中实际使用的相关技术，并最终帮助读者掌握基于 MVC 设计模式的分层系统设计思想。

本书的读者对象主要包括普通高等院校应用型本科计算机相关专业的学生，综合学生的特点和当前软件行业的就业需求，编者总结实际教学经验与体会，设计了各章节内容及教学重点。书中实例蕴含的思想大部分来自实际的工程项目经验，具有一定的实用性和参考性。

本书在第 1 版的基础上，结合更新了 JDK、Tomcat、MyEclipse 等环境的开发版本，体现 JDK8 之后的新变化，并围绕一个完整的实际项目“网上论坛 BBS 系统”，合理安排了 21 个实验。本书章节结构安排如下。

第 1 章介绍 Web 应用的演化，介绍 JSP 的工作原理，说明搭建 Web 服务器和开发环境的步骤，介绍 MyEclipse 开发工具的使用，并对 HTTP 的特点做简要介绍，编写、部署与运行第一个简单的 JSP 程序。

第 2 章围绕附录所描述的项目需求，讲解 Java 基础的必要知识，包括类和对象的概念，类的封装、继承及多态的特性，抽象类与接口，集合类的使用，使用 JDBC 技术编写数据库连接类，实现 BBS 会员注册和编辑个人信息操作，实现查询版块信息、主题列表信息功能。

第 3 章学习网页 HTML 基础，包括 HTML 文档的基本结构、表格及表单的使用，重点讲解传统表格与 DIV+CSS 两种布局方法，并简要介绍了 JavaScript 脚本语言的客户端验证作用。

第 4 章介绍 JSP 页面元素，包括静态文本、注释元素、指令元素、脚本元素及动作元素，重点讲解实际中使用较多的 page 指令及其表达式、脚本代码的用法。实现 BBS 首页动态显示版块信息，帖子列表页动态显示主题列表，帖子内容页动态显示帖子内容。

第 5 章讨论 JSP 中 9 种内置对象，重点介绍输入输出对象：request、response 和 out 对象，作用域通信对象：session、application 和 pageContext 对象，以及其他对象的用法，并简要介绍 Cookie 的使用。实现 BBS 发表新帖和回复、会员注册并跳转、会员简单登录，实现分页动态显示主题列表和帖子内容、导航栏动态显示、用户登录和登出，实现登录后发表新帖和回复。

第 6 章讲解 JavaBean 组件技术在 JSP 中的应用，介绍 JavaBean 类的典型代码结构，JSP 中使用 JavaBean 的动作元素，将 JavaBean 分为封装数据和封装业务逻辑两种，并以实际案例学习如何使用 JavaBean。

第 7 章学习 JSP 中的 EL 表达式语言与 JSTL 标准标签库的使用，重点讲解 Core 核心标签库和 Format 标签库，并简要介绍自定义标签的创建方法。

第 8 章讨论 Java Web 的核心技术 Servlet，介绍如何创建 Servlet 以及 Servlet 的生命周期，讲解如何在 Servlet 中处理客户端请求并予以响应，如何会话管理进行状态跟踪，介绍以 Servlet 原理为基础的过滤器技术，使用 Servlet 修改 BBS 的会员登录、登出和注册，用户发帖和回帖功能，使用过滤器进行中文处理和身份验证。

第 9 章在前面相关技术的基础上，讲解 Java Web 应用开发的两种模型：模型一（JSP＋JavaBean）和模型二（JSP＋Servlet＋JavaBean），并针对同一案例进行对比分析，总结出基于 MVC 模式的模型二的优势所在。

本书主要面向 Java Web 初学者，需要读者有一定的 Java 基础。

本书第 1 章和第 7 章由顾鸿虹编写，第 2 章、第 8 章和附录由于静编写，第 3 章由杨娜编写，第 4～6 章由张虹编写，第 9 章由冯海燕编写。全书由于静负责内容结构设计和统稿工作。

对于书中的疏漏和不妥之处，恳望读者批评指正。

编　者

2017 年 6 月

目　　录

第1章 Java Web 概述

【本章要点】

- JSP 工作原理。
- JSP 生命周期。
- Web 服务器和开发环境的搭建。
- 第一个 JSP 程序。
- HTTP 的特点。

随着互联网技术与应用的不断发展,普通的静态网页已不能满足网上信息交流的需求,具有交互功能的动态网页得到了广泛的应用。Web 程序设计技术就是用于实现动态交互式功能的网页制作技术,通过 Web 程序语言(CGI、PHP、ASP、JSP、ASP. Net 等)设计的动态网页可以根据用户的即时操作和即时请求,使网页内容发生相应的变化,从而可以实现功能强大的交互式操作。

本章简要介绍 Web 应用的演变,以及 Servlet 和 JSP 的关系,详细讲解 JDK 的安装及部署过程,以及如何编写及运行第一个 HelloWorld 小程序,最后介绍客户端和服务器通信的 HTTP 的请求和响应。

1.1 Web 应用演化

Web 应用经历了从 C/S 架构到 B/S 架构的演变过程,目前主流网络应用主要采用 B/S 架构。

1. C/S 架构

在 Web 应用普及之前,多数网络应用需要在客户端安装程序,一般称为 C/S 架构,即 Client/Server。这种架构的应用不仅需要编写服务器端的脚本程序,也需要编写客户端程序,用户需要通过安装文件在本机安装,此类应用如 Windows Media Player、QQ、Office 等。

2. B/S 架构

对于 C/S 架构的应用来说,将任务合理分配到 Client 端和 Server 端来实现,因此系统的网络通信开销低,应用服务器运行数据负荷较轻,但是客户端系统升级或功能更新代价高,而且效率低,因此适用于中小型应用程序。另外一种应用架构是 B/S 架构,即 Browser/Server,本机只需安装浏览器软件。B/S 架构的应用程序主要业务逻辑运行在服务器上,只有极少的业务逻辑运行在客户端,主要数据存储在服务器上,极少数据缓存在客户端。这样的客户端简单,系统维护与升级的成本和工作量小。

1.2　Web 服务器脚本技术

设计动态网页的技术有很多，并且这方面的技术在不断地发展变化，它们有各自的特点。

1. CGI

CGI(Common Gateway Interface)是最古老的 Web 编程技术，是一段在服务器端运行的程序，是面向客户端 HTML 页面的接口，就像一座桥，把网页和 Web 服务器中的执行程序连接起来，把 HTML 接收的指令传递给服务器，把服务器执行的结果返回 HTML 页面。

CGI 可以在任何服务器和操作系统上实现，任何程序语言都可以编写 CGI。CGI 属于底层操作，远不及 ASP、JSP 和 PHP 容易。因为 ASP 等都提供良好的运作环境，底层操作对于它们而言是不必要的。如果把 CGI 比作机器语言，那么 ASP 等就是汇编语言了。CGI 的底层操作可以为大型系统创作之所用。

2. PHP

PHP(Personal Home Page)是一种 HTML 内嵌的语言，是一种在服务器端运行的嵌入 HTML 文档的脚本语言，语言的风格类似于 C 语言，现在被很多网站编程人员广泛运用。PHP 独特的语法混合了 C、Java、Perl 以及 PHP 自创新的语法。它可以比 CGI 或者 Perl 更快速地执行动态网页。

PHP 执行效率比较高，而且 PHP 支持几乎所有流行的数据库以及操作系统。但每种数据库的开发语言都完全不同，这就需要开发人员将同样的数据操作用不同的代码写出多种代码库，增加了程序员的工作量。另外，PHP 是完全免费的，所有代码都是开源的，缺少正规的商业支持，无法实现商品化应用的开发。

3. ASP

ASP(Active Server Pages)是微软推出的用以取代 CGI 的技术。简单来说，ASP 是一套服务器端的脚本运行环境，通过 ASP 可以结合 HTML 网页、ASP 指令和 ActiveX 元素建立动态、交互、高效的 Web 服务器应用程序。

ASP 提供了创建交互网页的简便方法，只要将一些简单的指令嵌入 HTML 文件中，就可以从表单中收集数据。ASP 还可以利用 ADO(Active Data Object，微软开发的一种数据访问模型)方便地访问数据库，使开发基于 WWW 的应用系统成为可能。

4. JSP

JSP(Java Server Pages)也是当前比较热门的 Web 技术，是由 SUN 公司发布的。JSP 为创建高度动态的 Web 应用提供了一个独特的开发环境。

JSP 与 Microsoft 的 ASP 技术非常相似。两者都提供了在 HTML 代码中混合某种程序代码、由语言引擎解释执行程序代码的能力。在 ASP 或 JSP 环境下，HTML 代码主要负责描述信息的显示样式，而程序代码则用来描述处理逻辑。普通的 HTML 页面只依赖于 Web 服务器，而 ASP 和 JSP 页面需要附加的语言引擎分析和执行程序代码。程序代码的执行结果被重新嵌入 HTML 代码中，然后一起发送给浏览器。ASP 和 JSP 都是面向 Web 服务器的技术，客户端浏览器不需要任何附加的软件支持。

JSP 的特点如下。

(1) 将内容的生成和显示进行分离。Web 页面开发人员可以使用 HTML 或者 XML 标志来设计和格式化最终页面,使用 JSP 标识或者小脚本来生成页面上的动态内容。生成的内容逻辑上被封装在标识和 JavaBean 组件中,并且捆绑在小脚本中,所有的脚本在服务器端运行。如果核心逻辑被封装在标志和 JavaBean 中,那么其他人,如 Web 管理人员或页面设计者,能够编辑和使用 JSP 页面,而不影响内容的生成。在服务器端,JSP 引擎解释 JSP 标识和小脚本,生成所请求的内容,并且将结果以 HTML(或者 XML)页面的形式发送回浏览器。这有助于作者保护自己的代码,而又保证了任何基于 HTML 的 Web 浏览器的完全可用性。

(2) 生成可重用的组件。绝大多数 JSP 页面信赖于可重用的、跨平台的组件(JavaBean 或者 Enterprise JavaBean 组件)来执行应用程序所要求的更为复杂的处理。开发人员能够共享和交换执行普通操作的组件,或者使这些组件为更多的使用者或者客户团体所使用。基于组件的方法加速了总体开发过程,并且使各种组织在他们现有的技能和优化结果的开发努力中得到平衡。

(3) 采用标识简化页面开发。Web 页面开发人员不都是熟悉脚本语言的编程人员。JSP 技术封装了许多功能,这些功能是在易用的、与 JSP 相关的 XML 标识中,进行动态内容生成所需要的、标准的 JSP 标识能够访问的 JavaBean 组件,设置或者检索组件属性,下载 Applet,以及执行用其他方法更难于编码和耗时的功能。通过开发定制标识库,JSP 技术是可以扩展的。今后,第三方开发人员和其他人员可以为常用功能创建自己的标识库。这使得 Web 页面开发人员能够使用熟悉的工具如同标识一样执行特定功能的构件来工作。

(4) 由于 JSP 页面的内置脚本语言是基于 Java 编程语言的,而且所有的 JSP 页面都被编译为 Java Servlet,JSP 页面就具有 Java 技术的所有好处,包括健壮的存储管理和安全性。

(5) 可靠且移植方便。作为 Java 平台的一部分,JSP 拥有 Java 编程语言"一次编写,各处运行"的特点。随着越来越多的供应商将 JSP 支持添加到他们的产品中,可以使用自己所选择的服务器和工具,更改工具或服务器并不影响当前的应用。

1.3 JSP 工作原理

JSP 页面在运行的时候,首先会将整个 JSP 页面编译成一个 Java 文件,而服务器运行时,实际上是在运行 Java 的类文件,这样就达到了一次编写多处运行的目的。这个类文件就是 Java Servlet。

1.3.1 Servlet 技术

1. Servlet 简介

Servlet 是使用 Java Servlet API 编写的、适合于 B/S 模式的、运行在 Web 服务器端的 Java 类,具有独立于平台和协议的特性,可以生成动态的 Web 页面。Servlet 和客户端的通信采用"请求/响应"模式,其工作原理如图 1.1 所示。

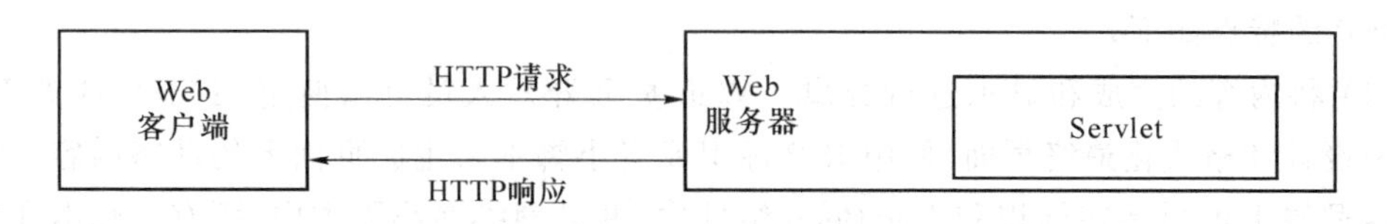

图 1.1 Servlet 的工作原理

2. Servlet 的优点

(1) 可移植性：Servlet 利用 Java 语言开发，具有 Java 的跨平台性，Servlet 程序可以在任何操作系统上运行。

(2) 功能强大：包括网络和 URL 访问、通过 JDBC 访问远程数据库、通过对象序列化使用 JavaBean、通过 JNDI 使用 EJB、通过 JXPA 访问 Web 服务等。

(3) 性能优良：Servlet 程序在加载执行之后，它的实例在一段时间内会一直驻留在服务器的内存中，若有请求，服务器会直接调用 Servlet 实例来服务。并且当多个客户请求一个 Servlet 时，服务器会为每个请求者启动一个线程来处理，所以效率高。

(4) 可靠性：Servlet 有强类型检查功能，并且利用 Java 的垃圾回收机制避免内存管理上的问题。另外，Servlet 能够安全地处理各种错误，不会因为发生程序上的逻辑错误而导致整体服务器系统的崩溃。

3. JSP 与 Servlet 的关系

JSP 与 Servlet 的关系如图 1.2 所示，可以概括为两点。

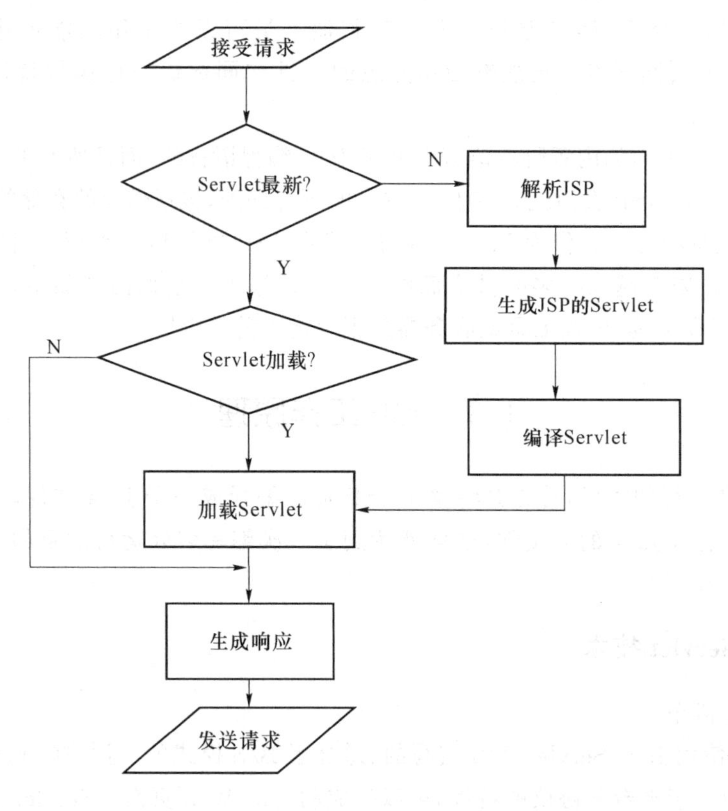

图 1.2 JSP 与 Servlet 的关系示意图

(1) JSP 的实现是基于 Servlet 的,JSP 页面在运行之前要被解释成 Java Servlet。

(2) 当 JSP 容器接到对一个 JSP 页面的请求后,首先判断与 JSP 文件对应的 Servlet 类的名字,如果该类不存在或比 JSP 文件旧,容器就会重新创建一个等价的 Servlet 类并编译它。

1.3.2 JSP 生命周期

如果客户端请求的是一个 JSP 页面,这时服务器会将该页面编译为一个 Servlet 类,并自动加载形成 Servlet 实例,把执行结果返回客户端。因此,JSP 网页在执行时会经历以下几个阶段。

(1) 编译阶段

在客户端发出 request 请求后,JSP 容器将 JSP 转译成 Servlet 的源代码,再将产生的 Servlet 的源代码编译成为 Servlet 类。

(2) 初始化阶段

Servlet 容器加载 Servlet 类,创建 Servlet 实例并调用 Servlet 的 init 方法进行初始化。

(3) 响应客户请求阶段

对于到达 Servlet 容器的客户请求,利用容器所创建的 Servlet 实例的对象调用 service 方法处理请求信息,响应至客户端。

(4) 终止阶段

当 Web 应用被终止,或 Servlet 容器终止运行,或 Servlet 容器重新装载 Servlet 的新实例时,Servlet 容器会先调用 Servlet 的 destroy 方法。在 destroy 方法中,可以释放 Servlet 所占用的资源。

1.4 超文本传输协议

超文本传输协议(HyperText Transfer Protocol,HTTP)是万维网(World Wide Web,WWW,也简称为 Web)上应用最为广泛的一种网络协议,是一个属于应用层的面向对象的协议,适用于分布式超媒体信息系统。HTTP 主要用在客户端(浏览器)和 Web 服务器之间进行通信。所有的 WWW 文件都必须遵守这个标准。

HTTP 于 1990 年提出,经过十几年的使用与发展,得到了极大的扩展和完善。HTTP 有 3 个版本,依次是 0.9、1.0、1.1。目前在 WWW 中普遍使用的版本是 1.1。HTTPng 是发展中的下一代协议,在效率和性能上会有更进一步的提高。

客户端(浏览器)和 Web 服务器之间要进行通信,首先使用可靠的 TCP 连接(默认端口为 80),然后浏览器要先向服务器发送请求信息,服务器在接收到请求信息后,作出响应,返回相应的信息,浏览器接收到来自服务器的响应信息后,对这些数据进行解释执行。所以 HTTP 可以分成两部分:HTTP 请求和 HTTP 响应。

1.4.1 HTTP 请求

HTTP 请求格式如下:

```
<request-line>
<headers>
```

```
<blank line>
[<request-body>]
```

在 HTTP 请求中，第一行必须是一个请求行(request line)，用来说明请求类型、要访问的资源以及使用的 HTTP 版本。紧接着是一个头部(header)小节，用来说明服务器要使用的附加信息，如声明浏览器所用语言，请求正文的长度等。在头部之后是一个空行，指示头部结束。在此之后可以添加任意的其他数据，称为主体(body)，其中可以包含客户提交的查询字符串信息。

下面是一个 HTTP 请求的例子：

```
GET /sample.jsp HTTP/1.1
Accept:image/gif, imge/jpeg, */*
Accept-Language: zh-cn
Connection: Keep-Alive
Host: localhost
User-Agent: Mozilla/4.0(compatible; MSIE 5.01; Windows NT 5.0)
Accept-Encoding: gzip, deflate

username=users&password=1234
```

在 HTTP 中，定义了大量的请求类型，其中 GET 请求和 POST 请求是最主要的。只要在 Web 浏览器上输入一个 URL，浏览器就将基于该 URL 向服务器发送一个 GET 请求，以告诉服务器获取并返回资源(也就是对网页的访问)。而 POST 请求在请求主体中为服务器提供了一些附加的信息。通常，当填写一个在线表单并提交它时，这些填入的数据将以 POST 请求的方式发送给服务器。

1.4.2 HTTP 响应

HTTP 服务器接到请求后，经过处理，会给予相应的响应信息，其格式与 HTTP 请求相似，如下所示：

```
<status-line>
<headers>
<blank line>
[<response-body>]
```

在 HTTP 响应中与请求唯一真正的区别在于第一行中用状态信息代替了请求信息，状态行(status line)通过提供一个状态码来说明所请求的资源情况。在响应信息的头部也包含很多信息，如服务器类型、日期时间、内容类型和长度等。在头部之后同样需要用一个空行指示头部结束。再接下来的就是服务器返回的内容，如一个 HTML 页面。

下面是一个 HTTP 响应的例子：

```
HTTP/1.1 200 OK
Server: ApacheTomcat/6.0.14
Date: Fri, 20 Nov 2009 10:30:15 GMT
Content-Type: text/html
Last-Modified: Fri, 20 Nov 2009 10:40:25 GMT
Content-Length: 112

<html>
```

```
<head>
<title>HTTP 响应示例</title>
</head>
<body>
Hello HTTP!
</body>
</html>
```

浏览器的每次请求都要求建立一次单独的连接，在处理完每一次的请求后，就自动释放连接。

HTTP 的主要特点可概括如下。

(1) 支持客户/服务器模式。

(2) 简单快速：客户向服务器请求服务时，只需传送请求方法和路径。请求方法常用的有 GET、HEAD、POST。每种方法规定了客户与服务器联系的类型不同。HTTP 简单，使得 HTTP 服务器的程序规模小，因而通信速度很快。

(3) 灵活：HTTP 允许传输任意类型的数据对象。正在传输的类型由 Content-Type 加以标记。

(4) 无连接：无连接的含义是限制每次连接只处理一个请求。服务器处理完客户的请求，并收到客户的应答后，即断开连接。采用这种方式可以节省传输时间。

(5) 无状态：HTTP 是无状态协议。无状态是指协议对于事务处理没有记忆能力。缺少状态意味着如果后续处理需要前面的信息，则它必须重传，这样可能导致每次连接传送的数据量增大。另外，在服务器不需要先前信息时它的应答就较快。

1.5 本章小结

本章介绍了 Web 应用由静态到动态的演化过程、Web 服务器端常用的脚本技术。JSP 和 Servlet 技术是 Java Web 应用开发最重要的两项技术，本章重点剖析了 JSP 工作原理，以及 JSP 与 Servlet 之间的关系。HTTP 是应用最为广泛的一种网络协议，本章简单介绍了该协议诸如 GET、POST 常用请求方法，以及 HTTP 无状态的特点。

实验 1 安装与配置 JDK、Tomcat

一、实验内容

- 练习 JDK、Tomcat 的安装与环境变量配置。
- 在 JDK 环境下编写执行简单的 Java 程序。
- 运行与测试 Tomcat 服务器。

二、实验步骤

1. 安装 JDK

JDK(Java Development Kit)软件开发工具包是整个 Java 的核心，包括 Java 运行环境

JRE(Java Runtime Environment)、Java 工具及 Java 基础的类库等。JDK 可在网站免费下载：http://www.oracle.com/technetwork/java/javase/downloads/index.html。进入下载页面，接受协议，选择正确的操作系统后即可下载 JDK 的安装程序（本书使用的是 jdk-8u131-windows-x64.exe）。

运行 JDK 安装程序启动安装向导，单击“下一步”按钮进入定制安装界面，如图 1.3 所示。在图 1.3 中，选择“开发工具”，设置安装位置，单击“下一步”按钮安装所选组件，如图 1.4 所示。

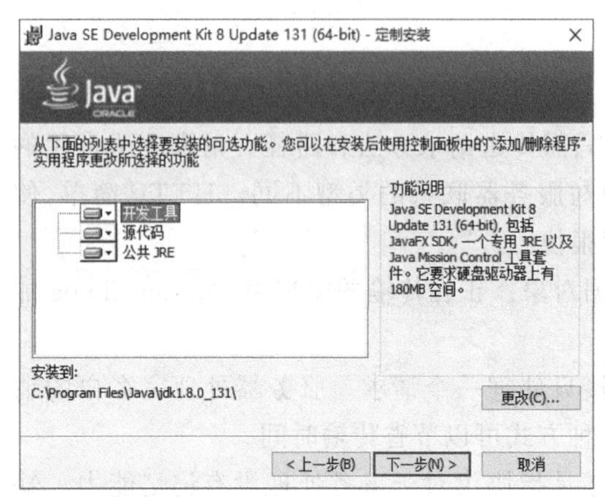

图 1.3　安装 Java SE JDK

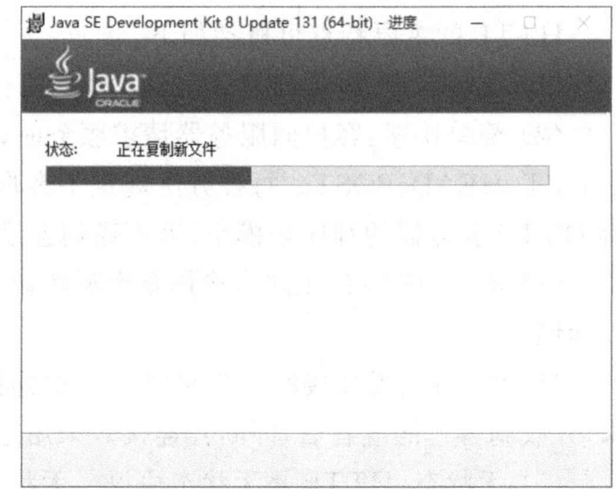

图 1.4　正在安装 Java SE JDK

开发工具安装完毕后，开始安装 JRE。根据需要更改目标文件夹（建议与 JDK 安装在同一位置），单击“下一步”按钮开始安装 JRE，如图 1.5 所示。完成 JRE 的安装，最终完成整个 JDK 的安装。安装成功后会显示成功信息，如图 1.6 所示。

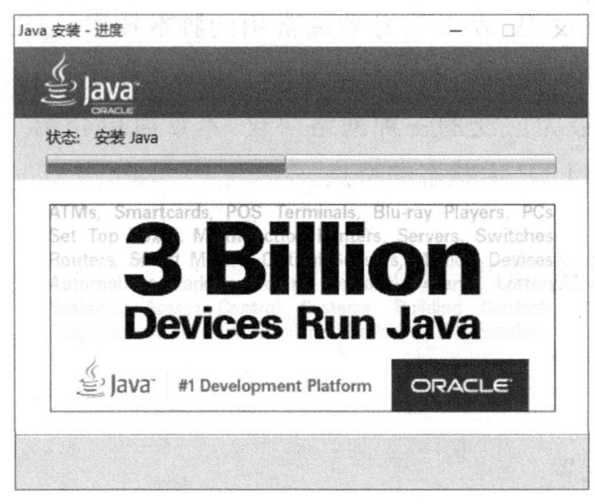

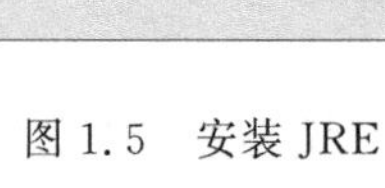

图 1.5　安装 JRE

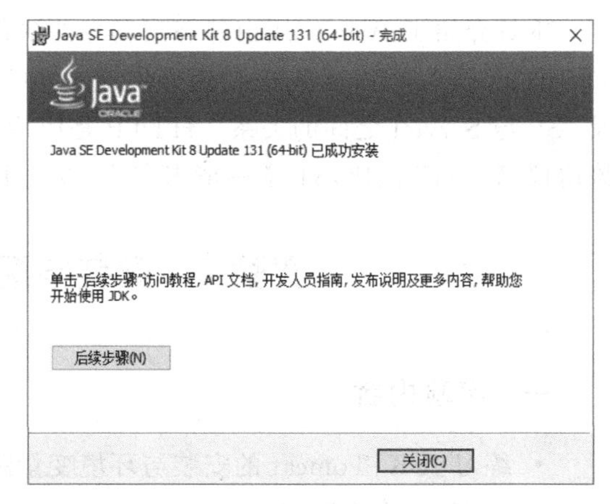

图 1.6　成功安装 Java SE JDK

2. 配置 JDK 环境变量

JDK 安装完成以后，为了在命令行状态中任何路径下都能访问编译器和虚拟机，还需要设置一下环境变量。打开“控制面板”，单击“系统与安全”进入“系统”界面，单击左侧的“高级系统设置”，弹出“系统属性”窗口，打开“高级”选项卡，单击最下面的“环境变量”按钮，弹出“环境变量”编辑对话框。对话框中包括用户变量和系统变量两个部分，如果设置用户的环境变量，则只允许当前用户使用，其他用户不能使用；如果设置系统的环境变量，则此计算机的每个用户均可使用。

单击选中系统变量中的 Path 变量，然后单击“编辑”按钮，在变量值最前面加入“C:\Program Files\Java\jdk1.8.0_131\bin;”，如图 1.7 所示，即把 JDK 安装后的 bin 目录加入 Path 中，注意用分号隔开。单击“确定”按钮完成系统环境变量的配置。

图 1.7　设置环境变量 Path

3. 测试 JDK

为测试 JDK 是否安装成功，在任务栏的搜索框中输入 cmd，单击打开“命令提示符”窗口，在命令行中输入 javac，如果 JDK 安装且配置正确，则显示如图 1.8 所示的信息。

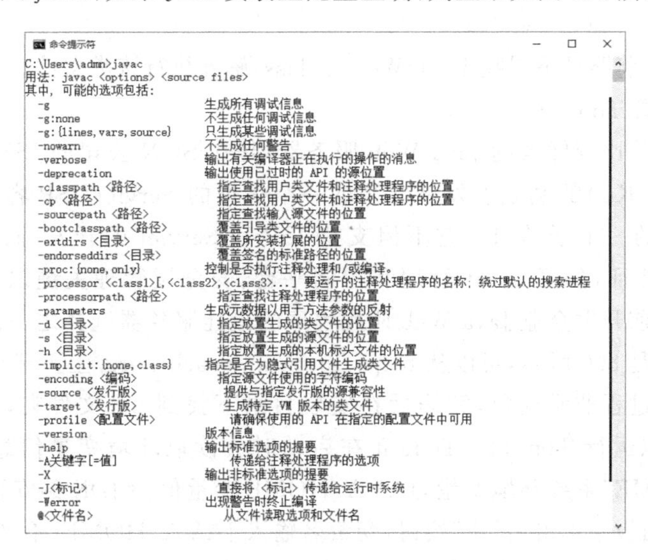

图 1.8　测试 JDK 环境

4. 编写简单的 Java 程序

编写运行一个 Java 程序分为 3 步：编写 Java 源程序、编译源程序、运行.class 字节码文件。

下面编写命令行程序，在命令行窗口输出“HelloWorld”。

(1) 编写 Java 源程序

用“记事本”或其他文本编辑器建立一个文档，命名为 HelloWorld.java（注意在“文件资源管理器”窗口的“查看”选项卡的“显示/隐藏”选项区中勾选“文件扩展名”复选框）。然后打开文件，编辑内容如下：

```
public class HelloWorld{
     public static void main(String[ ] args){
          System.out.println("HelloWorld! ");
     }
}
```

文件建立以后，保存到任意目录（以 C:\为例），这就是源程序文件（扩展名为.java）。

(2) 编译 Java 源程序

进入命令提示符窗口，利用 cd 命令，切换到源程序所在目录（在这里运行“cd \↙”切换到 C 盘根目录），然后输入下面的编译命令：

```
javac HelloWorld.java↙
```

该语句会调用 JDK 路径中 bin 文件夹下面的 javac.exe，对 HelloWorld.java 进行编译。

如果编译命令执行后，没有任何提示，则说明程序被顺利编译。在当前目录下会生成一个可供虚拟机解释运行的类文件 HelloWorld.class（扩展名为.class）。

(3) 执行 Java 程序

继续输入以下命令可以执行程序：

```
java HelloWorld↙
```

程序运行后会在屏幕上显示运行结果：

```
HelloWorld!
```

虚拟机会在当前路径下寻找 HelloWorld.class，解释执行该类文件。

5. 安装与配置 Tomcat

Tomcat 是一款比较优秀的 Java Web 服务器，是在 SUN 公司的 JSWDK(Java Server Web Development Kit)的基础上发展起来的一个优秀的 Servlet/JSP 容器，它是 Apache-Jakarta 软件组织的一个子项目。它不但支持 JSP 和 Servlet 的开发，而且还具备了商业 Web 应用容器的特征，如 Tomcat 管理和控制平台、安全域管理关键以及 Tomcat 阀等。Tomcat 已成为目前开发企业 Java Web 应用程序的最佳服务器选择之一。Tomcat 的版本很多，本书使用的是 8.0 版本，可以从 http://tomcat.apache.org/上下载相应的版本。

Tomcat 安装过程非常简单，完毕后在安装目录下找到 bin 文件夹，通过运行其中的 startup.bat 就可以运行 Tomcat。Tomcat 在启动时会读取环境变量信息，因此需要配置一个“JAVA_HOME”系统环境变量，JAVA_HOME 变量值为 JDK 的安装目录。

在系统变量面板中单击“新建”按钮，变量名输入 JAVA_HOME（不区分大小写），变量值输入 JDK 的安装目录，单击“确定”按钮，如图 1.9 所示。

此时再运行 startup.bat，启动后看到如图 1.10 所示的信息，则表示成功运行。正常启

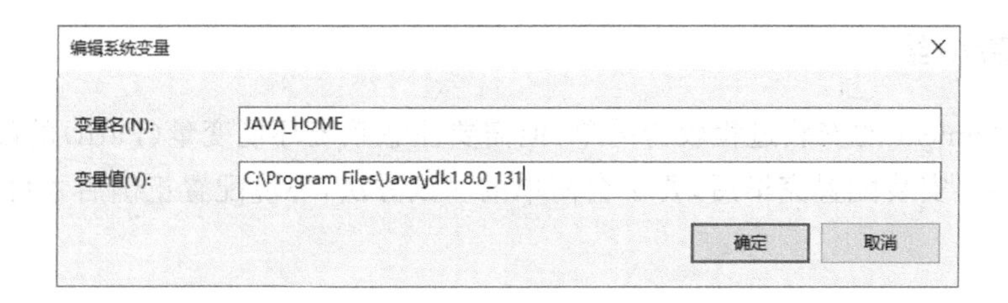

图 1.9 设置环境变量 JAVA_HOME

动后可以进行测试，打开 IE 浏览器，输入 http://localhost:8080，就可以看到如图 1.11 所示的相关信息。

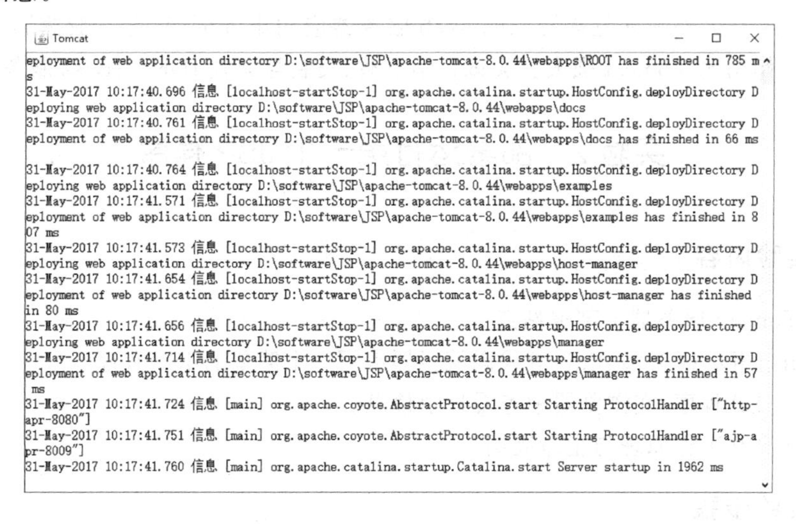

图 1.10 启动 Tomcat 服务器

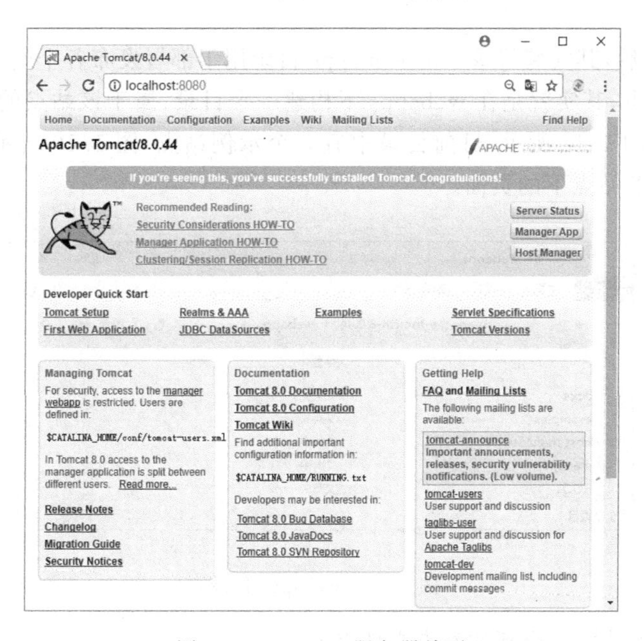

图 1.11 Tomcat 服务器首页

三、实验小结

JDK 和 Tomcat 的安装过程较为简单，但需要注意系统环境变量(Path)的配置，这一步容易出现错误。安装配置完毕后，要学会简单的测试方法，环境配置正确后才可以开始编写 JSP 程序。

四、补充练习

(1) 使用 JDK 编写一个简单的 Java 程序，在命令提示符窗口输出当前的系统时间。

提示：创建 java.util.Date 类的实例得到当前的系统时间。

(2) JBoss 是另外一款免费的 Java Web 服务器应用服务框架，它一般捆绑 Tomcat 作为内核，但其作用比 Tomcat 强大。尝试自学下载、安装与配置 JDK+JBoss 服务器环境。

实验 2　部署运行第一个 JSP 程序

一、实验内容

- 在 Tomcat 服务器上部署站点。
- 使用记事本或 UltraEdit 等代码编辑器编写一个简单的 JSP 程序。
- 运行 JSP 程序，在浏览器中查看显示信息。
- 理解 JSP 工作原理与生命周期。

二、实验步骤

1. 部署站点

安装 Tomcat 后，其安装目录中的 webapps 目录用于部署发布各个站点。所谓在 Tomcat 中发布一个站点，其实就是在 webapps 下构建一个目录，属于该站点的资源全部部署在该目录下即可，如图 1.12 所示，目前目录中有 5 个示例站点，图 1.10 所示的 Tomcat 服务器首页就是 ROOT 站点下的页面。

图 1.12　webapps 目录

在 webapps 下建立一个新的站点文件夹 test。

2. 编写 JSP 代码

在 test 站点文件夹中新建一个 JSP 文档，命名为 firstJSP. jsp。使用记事本或 UltraEdit 打开文档，编写代码如下：

```
<%@ page import = "java.util. * " contentType = "text/html; charset = gb2312" %>
<HTML>
  <HEAD>
     <TITLE> firstJSP </TITLE>
  </HEAD>
  <BODY>
    <% = new Date() %>
  </BODY>
</HTML>
```

3. 运行 JSP 程序

启动 Tomcat 服务器，在浏览器地址栏中输入地址：http://localhost：8080/test/firstJSP. jsp，即可看到如图 1.13 所示的结果。

三、实验小结

本次实验使用 JDK+Tomcat 服务器环境，在 webapps 目录下部署了一个站点，并创建一个 JSP 页面，这个页面的作用是在页面上输出当前的系统时间。

初学者在实践时容易犯以下错误。

1. 路径错误

如果在运行 JSP 程序时出现“404”错误，如图 1.14 所示，说明访问资源不存在，可以检查地址书写是否正确。地址是区分大小写的，图 1.14 的错误原因是将 firstJSP. jsp 写成 firstjsp. jsp。

图 1.13　第一个 JSP 程序显示结果

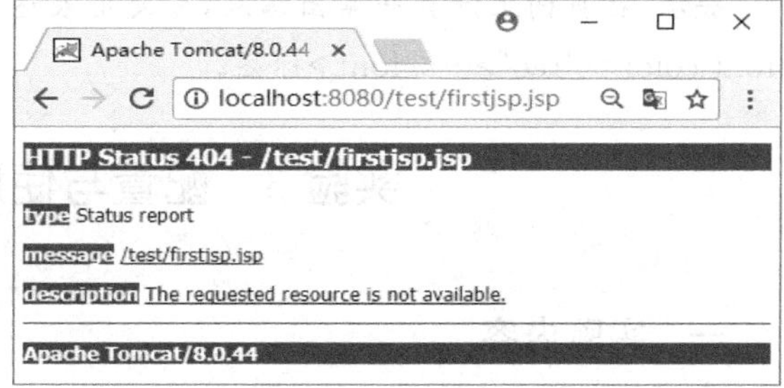

图 1.14　404 错误

2. 语法错误

如果在运行 JSP 程序时出现“500”错误，如图 1.15 所示，说明脚本代码语法错误，可以根据提示信息查找代码错误。图 1.15 的错误原因是将第 7 行代码<%＝new Date()%>写成<%＝new Data()%>。

此外，还容易出现端口占用等异常现象，需要初学者耐心地解决各种问题。

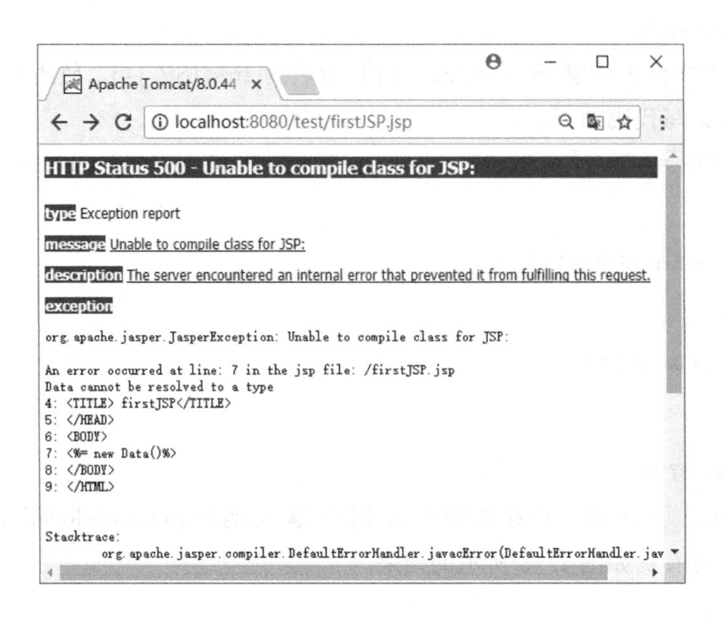

图 1.15　500 错误

四、补充练习

(1) 部署一个“web1”站点，编写 JSP 程序，能够在浏览器上输出“你好！欢迎来到这里!”。

提示：在页面上输出语句可使用脚本代码<% out.println("你好！欢迎来到这里");%>。

(2) 部署一个“web2”站点，编写 JSP 程序，能够显示“3＋5”的计算结果，并标记为红色。

提示：在页面上计算并输出结果，可使用表达式<%＝3＋5%>；红色样式显示可以使用<font color="red">…</font>标签。

实验 3　配置与使用 MyEclipse

一、实验内容

- 在 MyEclipse 中配置 JDK 和 Tomcat。
- 在 MyEclipse 中创建 Web 项目、包、类和 JSP，部署项目，运行调试 JSP 程序。

二、实验步骤

1. *启动 MyEclipse*

MyEclipse 企业级工作平台（MyEclipse Enterprise Workbench，MyEclipse）是对 Eclipse IDE 的扩展，利用它可以在数据库和 J2EE 的开发、发布，以及应用程序服务器的整合方面极大地提高工作效率。它是功能丰富的 J2EE 集成开发环境，包括了完备的编码、调试、测试和发布功能，完整支持 HTML、JSP、Servlet、Struts、JSF、CSS、Javascript、SQL、Hibernate 等。

本书中采用的是 MyEclipse 2015 版本，可以从网上下载安装，安装步骤在此不再赘述。

安装完成后，第一次运行 MyEclipse 时，会弹出对话框要求设置工作空间(Workspace)的路径，如图 1.16 所示，以后创建的每个项目资源文件默认会保存在该目录中。

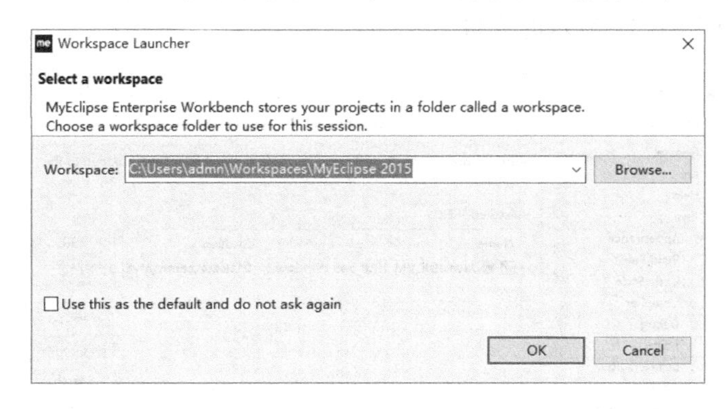

图 1.16　选择 Workspace

关闭 Welcome 欢迎页后，正式进入 MyEclipse 开发环境，如图 1.17 所示。

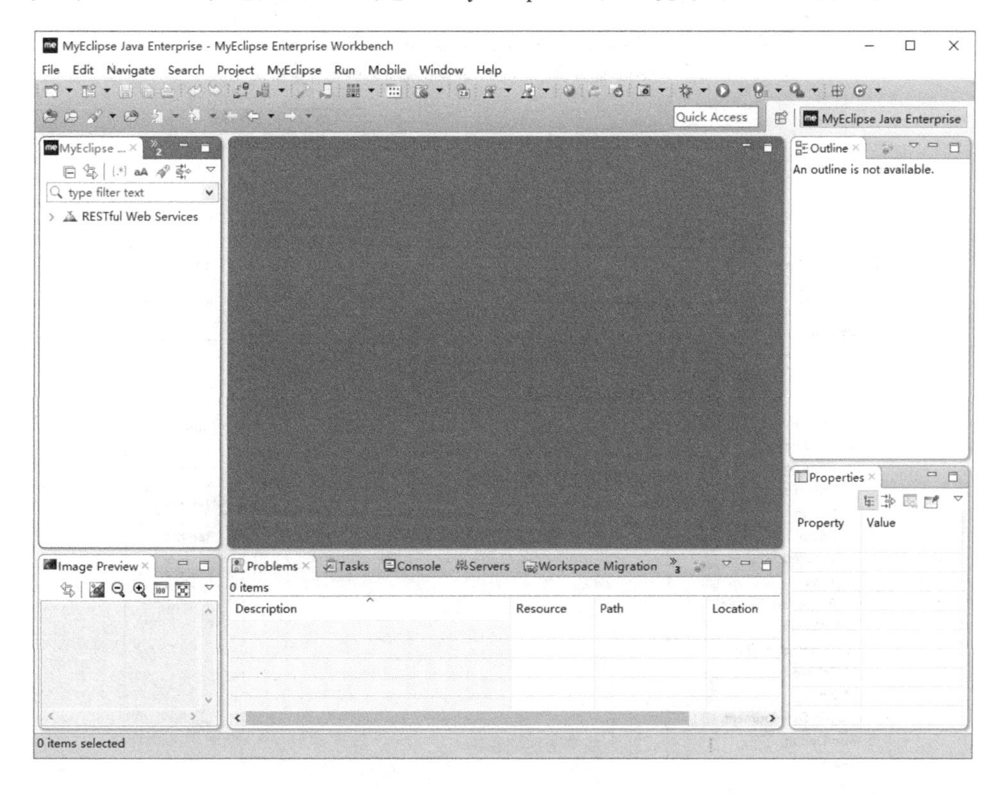

图 1.17　MyEclipse 工作环境

2. 在 MyEclipse 中配置 JDK 和 Tomcat

编写程序之前，需要指定 MyEclipse 运行程序时使用的 JDK 和 Tomcat 服务器。

（1）配置 JDK

选择菜单“Windows | Preferences”，打开“Preferences”窗口，双击左侧列表中的“Java”展开后，从中选择“Compiler”，设置 JDK Compliance 版本，本书为 1.8。

然后添加 JRE，在展开的“Java”中选择“Installed JREs”，显示如图 1.18 所示窗口，其中显示了 MyEclipse 默认的 JRE，要将其修改为新安装的。单击“Add”按钮，添加并选择 JRE 的安装目录后显示图 1.19 所示的窗口。

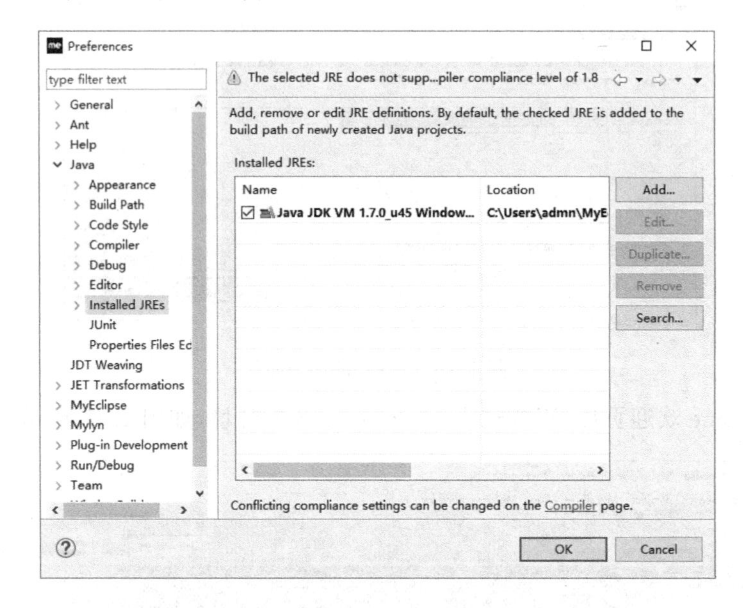

图 1.18　JRE 设置

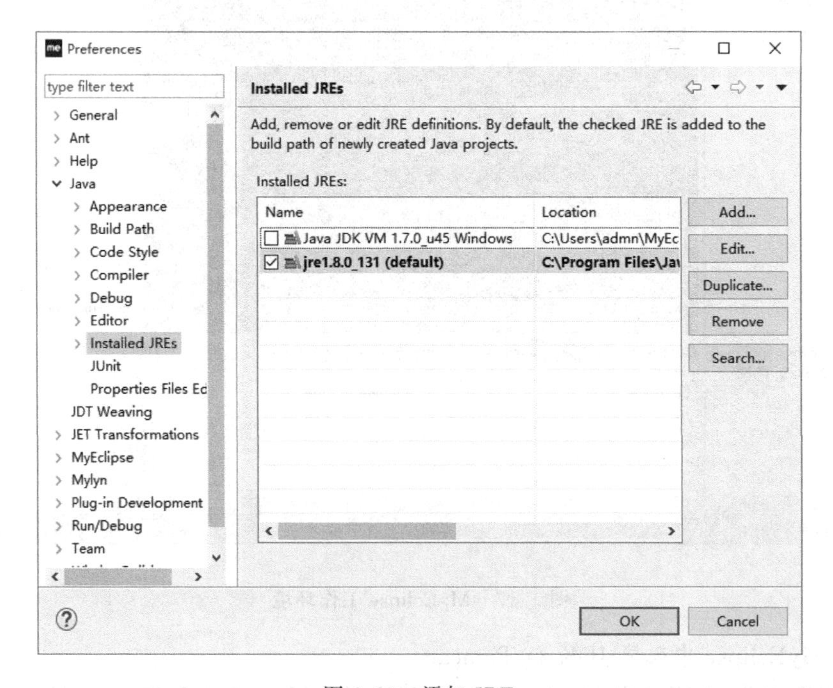

图 1.19　添加 JRE

（2）配置 Tomcat

重新打开“Preferences”窗口，选择“MyEclipse”节点，如图 1.20 所示。

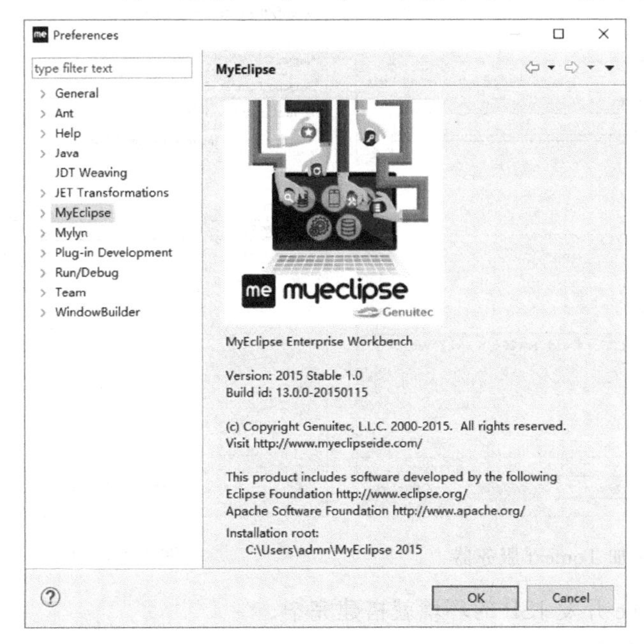

图 1.20　Preference 窗口 MyEclipse 界面

依次打开节点“Servers | Runtime Environments”，如图 1.21 所示。单击“Add”按钮，在打开的对话框中选择相应的 Tomcat 版本（本书选择“Apache Tomcat v8.0”）并勾选“Create a new local server”，如图 1.22 所示。单击“Next”按钮配置 Tomcat 的安装目录和 JRE，如图 1.23 所示。设置好后，单击“OK”按钮，并返回 MyEclipse。

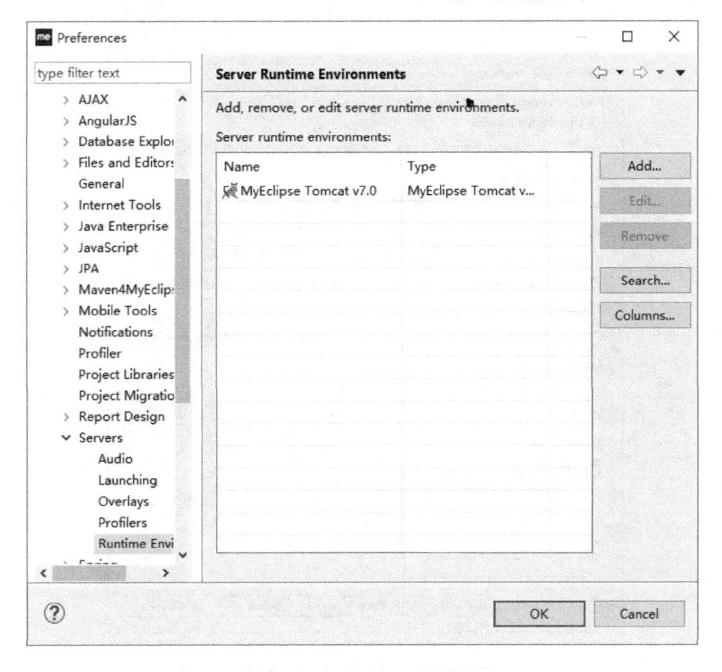

图 1.21　Servers 设置

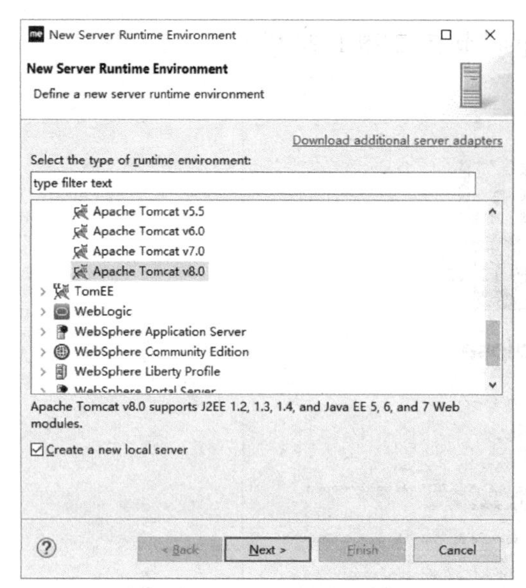

图 1.22　添加 Tomcat 服务器

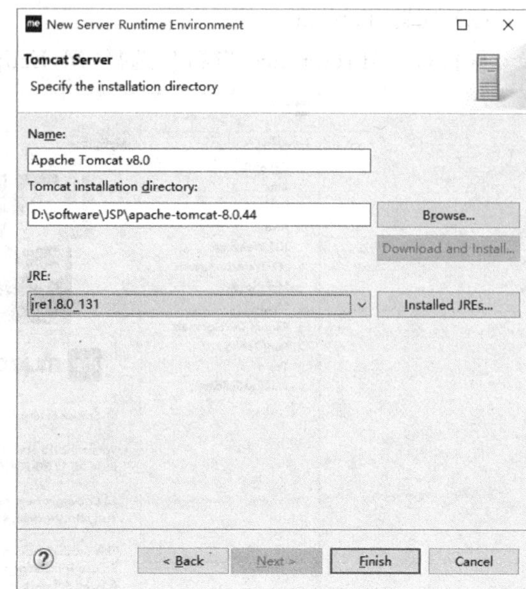

图 1.23　Tomcat 设置

至此，MyEclipse 开发 JSP 的环境就搭建完毕。

3. 创建 Web 项目

单击“File | New | Web Project”命令，出现如图 1.24 所示的窗口。在该窗口中输入要创建的项目名称，项目名称为“HelloJSP”，下面是该项目的路径信息和配置环境信息。项目创建完成后，显示如图 1.25 所示窗口。

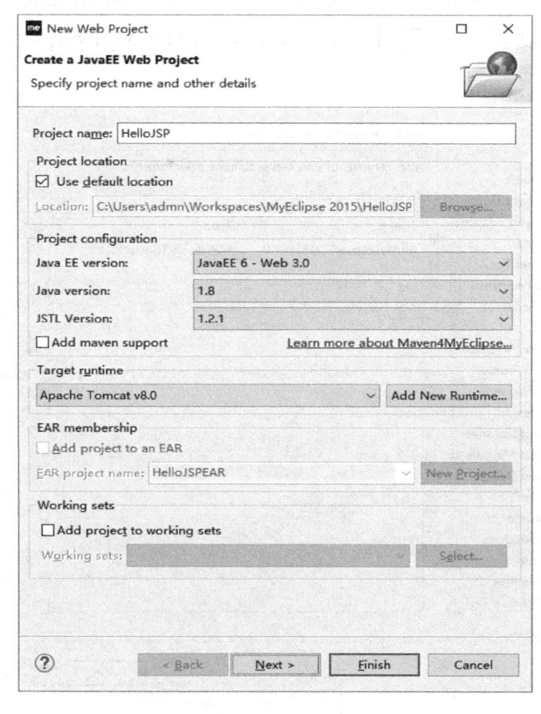

图 1.24　新建 Web 项目

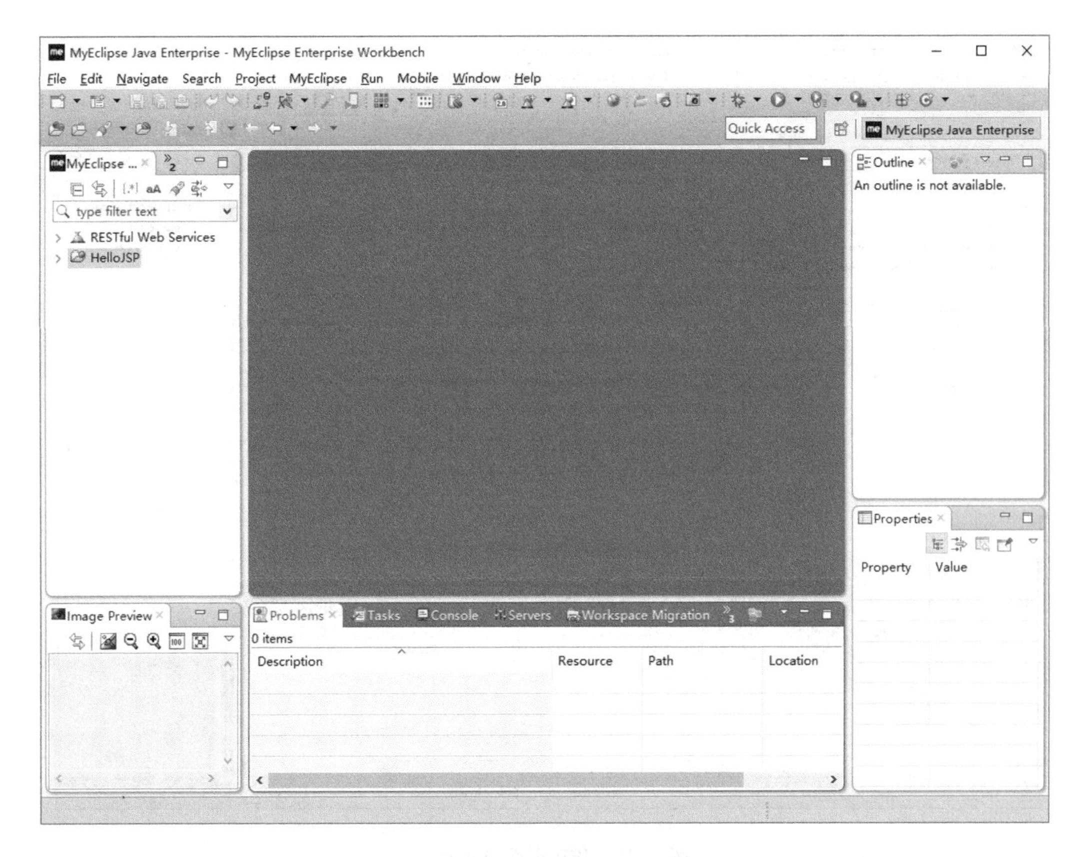

图 1.25　MyEclipse 项目显示

从该窗口的左侧“MyEclipse Explorer”面板，切换到包资源管理器“Package Explorer”，会显示该 HelloJSP 项目的信息，如图 1.26 所示。

4. 创建 JSP

在包资源管理器中右键单击“WebRoot ｜ New ｜ JSP”，显示如图 1.27 所示窗口。在“File Name”文本框中输入要创建的 JSP 页面的名称“Hello.jsp”，单击“Finish”按钮进入如图 1.28 所示的窗口。

图 1.26　包资源管理器

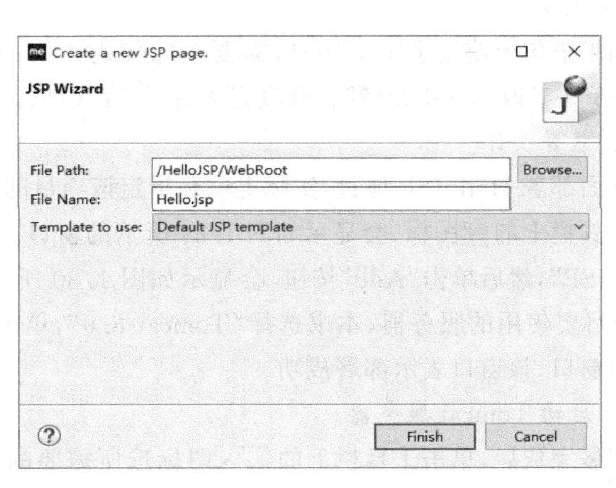

图 1.27　创建 JSP 页面

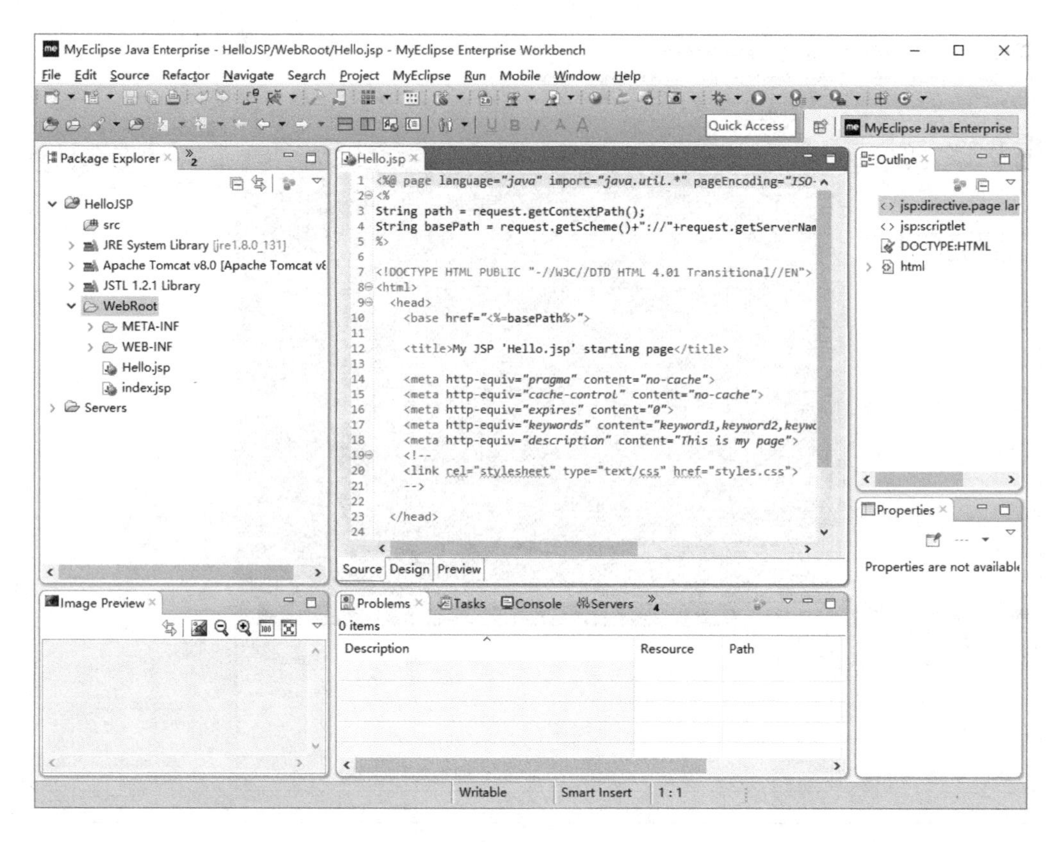

图 1.28 JSP 页面显示窗口

在该窗口中可以看到自动生成的 Hello.jsp 页面以默认的源代码的编辑窗口显示，现在在源代码显示视图中的<body>标签中输入以下语句：

```
<body>
    <%
    out.println("Hello!");
    out.println("你好!");
    %>
</body>
```

如果语句中使用了中文字符，需要在源代码的第一行中把该 JSP 文件的编码形式从“ISO-8859-1”改为“GB2312”。修改完毕后，保存文件。

5. 部署项目

下面部署 HelloJSP 项目，实际上就是指定该项目的服务器，并在服务器下创建该项目。单击工具栏上的图标，会显示如图 1.29 所示的窗口。在该窗口中选择 Project 的名称为“HelloJSP”，然后单击“Add”按钮，会显示如图 1.30 所示的窗口。在该窗口中选择 HelloJSP 项目要使用的服务器，本书选择“Tomcat 8.0”，单击“Finish”按钮，就会显示如图 1.31 所示的窗口，该窗口表示部署成功。

6. 启动 Tomcat 服务器

部署完成后，单击工具栏上的图标选所需要的 Tomcat 8.0 服务器 Start 启动，会在 MyEclipse 的控制面板中显示相关信息，如图 1.32 所示，表示服务器启动成功。

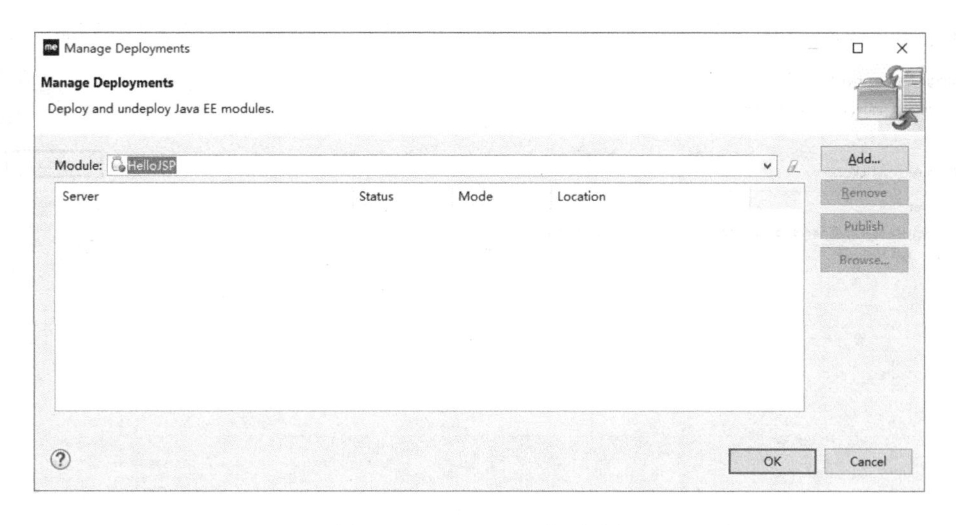

图 1.29 HelloJSP 项目部署

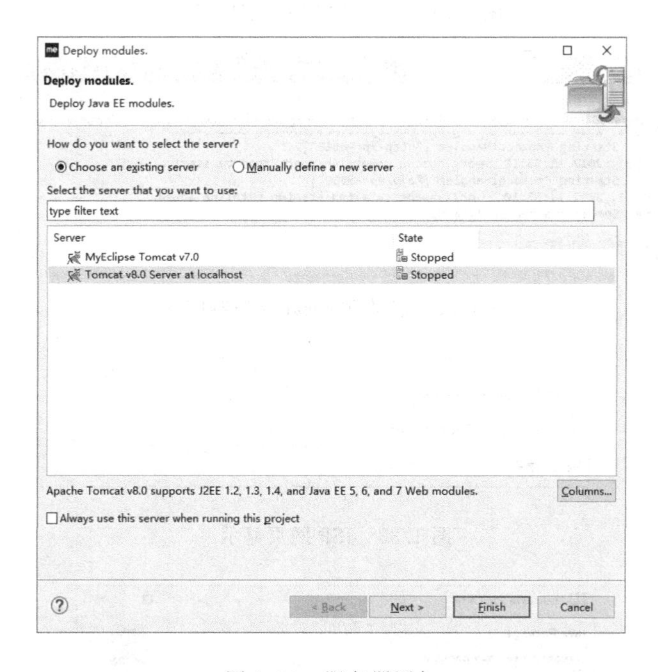

图 1.30 服务器添加

7. 运行 JSP 程序

打开浏览器，在地址栏中输入地址：http://localhost:8080/HelloJSP/Hello.jsp，确定后就可以打开图 1.33 所示的页面。

可以到 MyEclipse 的 workspace 目录下查看该项目的代码，也可以到 Tomcat 的 webapps 目录下查看部署之后的项目结构。

8. 创建包和类

在 Web 项目中用到的 Java 类统一放在 src 包文件夹内。在包资源管理器中右键单击“src | New | Package”，显示如图 1.34 所示窗口。在“Name”文本框中输入要创建的包的名称“test”，单击“Finish”按钮完成包的创建。

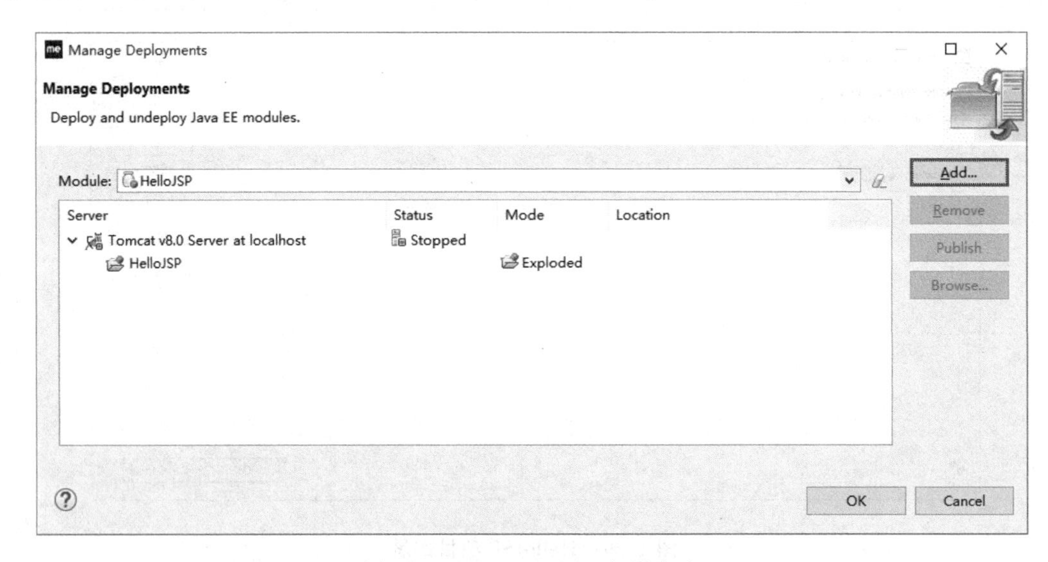

图 1.31　HelloJSP 项目部署成功

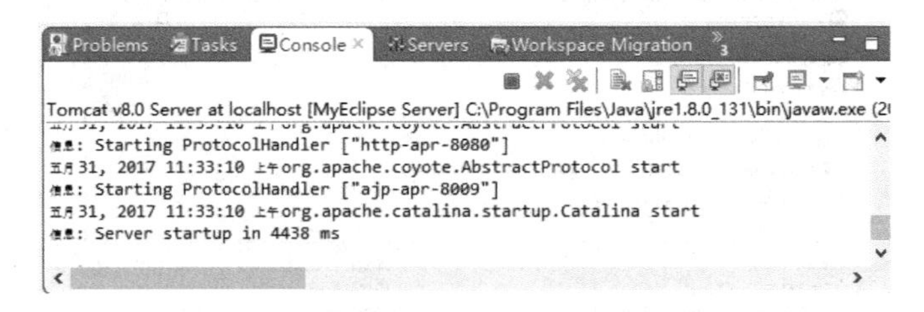

图 1.32　启动 Tomcat 服务器信息

图 1.33　JSP 网页显示

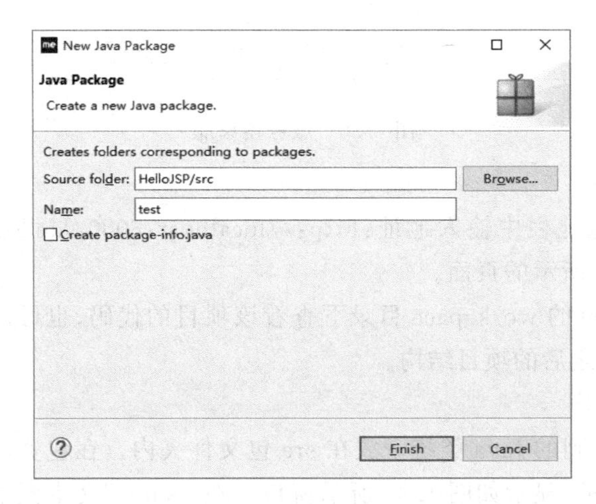

图 1.34　新建包

在包资源管理器中打开 src 后右键单击“test | New | Class”，显示如图 1.35 所示窗口。在“Name”文本框中输入要创建的类的名称“HelloWorld”，根据需要在下方设置类的属性，本例中勾选“public static void main(String[] args)”，即自动生成 main 方法，单击“Finish”按钮后打开如图 1.36 所示窗口。

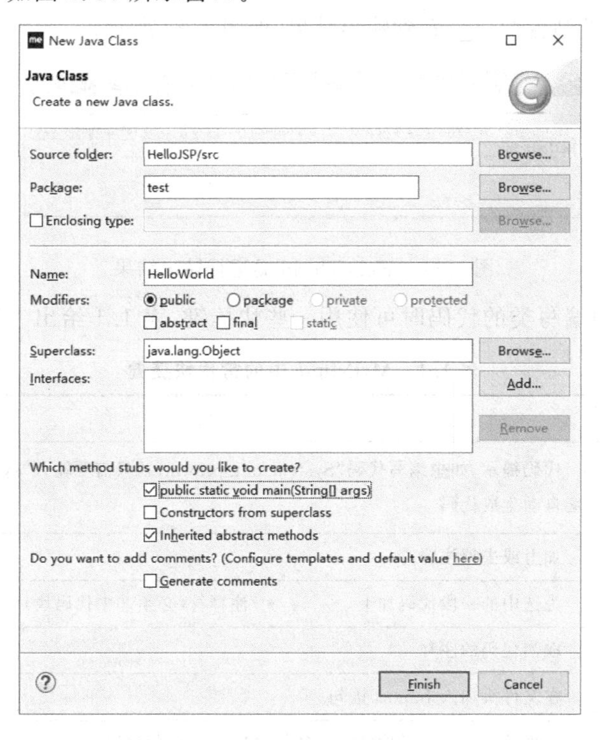

图 1.35 在 test 包中新建类

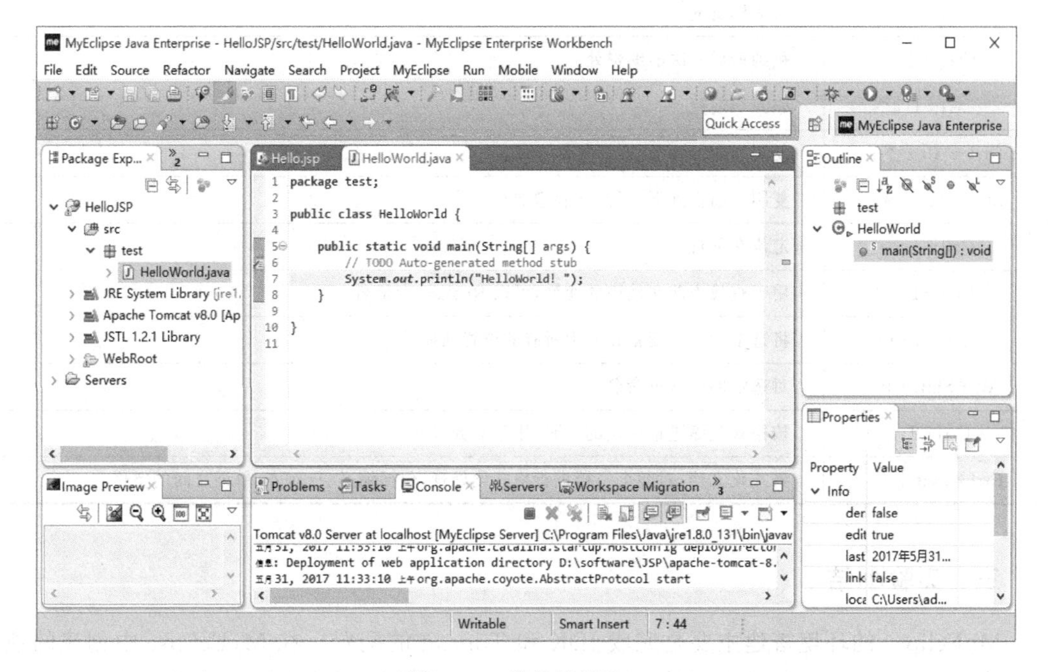

图 1.36 类的编辑窗口

在图 1.36 所示的窗口中间的类代码编辑窗口自动生成的 main 方法中添加如下代码：

```
System.out.println("HelloWorld! ");
```

代码编辑完成后保存。在代码编辑窗口空白处右键单击打开快捷菜单，单击“Run As | Java Application”，在控制台窗口会看到输出结果，如图 1.37 所示。

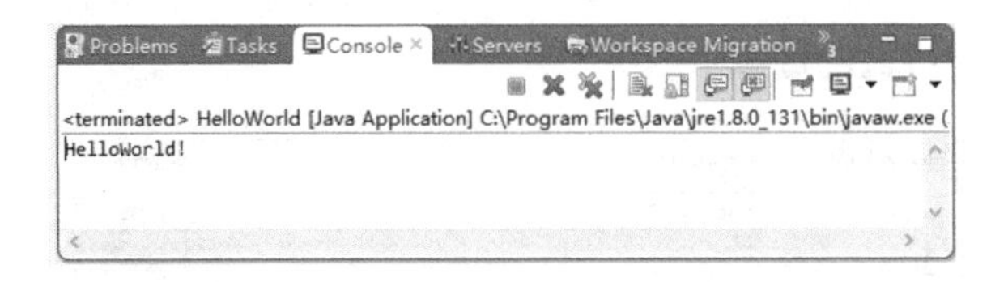

图 1.37　HelloWorld 类运行输出结果

在 MyEclipse 中编写类的代码时可使用一些快捷键，表 1.1 给出一些常用快捷键。

表 1.1　MyEclipse 中的常用快捷键

快捷键	功　能
Alt+/	代码提示，如想编写代码“System.out.println()”只需要输入“syso”然后使用该快捷键就会自动生成代码
Ctrl+/	加上或去掉注释符//
Ctrl+Shift+/	为选中的一段代码加上/* ... */注释符（必须选中代码块）
Ctrl+Shift+\	取消代码的注释
Ctrl+Shift+M	在文件头加入 Import 语句
Ctrl+Shift+O	缺少的 Import 语句被加入，多余的 Import 语句被删除
Ctrl+1	快速修复提示
Ctrl+Q	跳到最后一次的编辑处
Ctrl+D	删除当前行
Ctrl+Alt+↑	复制当前行到上一行（复制增加）
Ctrl+Alt +↓	复制当前行到下一行（复制增加）
Ctrl+L	定位在某行
Ctrl+F	用于查找当前文档中的变量，可以 Replace 变量名
Alt+Shift+O	将选中的一个变量在文中所有的位置凸显
Alt+Shift+R	对选定的变量重命名
Ctrl+I	按格式化缩进选中块的代码，用于对齐代码
Ctrl+Shift+F	格式化文档，对整个文档进行格式化处理，包括缩进、行对齐、单词之间的空格

三、实验小结

MyEclipse 的环境搭建主要是完成 JDK 和 Tomcat 的配置。在 MyEclipse 中创建的项目名称（Project Name）与站点名称（Context root URL）不一定相同。通过部署项目，会将资源打包成一个站点部署到 Tomcat 的 webapps 目录下。可以在 WebRoot 目录下直接创建 JSP,也可以在 WebRoot 下创建文件夹对 JSP 文件、图片、音乐等资源进行分类。

四、补充练习

(1) 练习在 MyEclipse 环境下配置 JDK 和 JBoss。

(2) 在 MyEclipse 下创建项目 BBS,新建一个 index.jsp,编写代码显示"这是 BBS 的首页",部署项目并运行服务器后,打开浏览器查看显示结果,如图 1.38 所示。

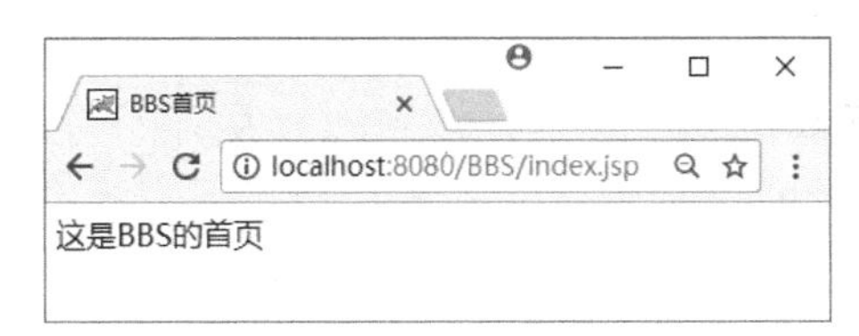

图 1.38 BBS 首页

第 2 章　Java 程序设计基础

【本章要点】

- Java 类和对象的概念。
- Java 类的继承。
- 接口的定义方法。
- JavaBean 的概念。
- 使用 Java 集合类存储对象。
- 使用 JDBC 技术实现数据访问。

Java Web 应用开发需要用到 Java 基础知识，本章将讲解 Web 应用开发中的 Java 基础必备知识，包括封装、继承与多态机制。Java 的封装机制是在使用抽象思维对事物的特征和行为进行提取的基础上，实现细节隐藏和权限访问的控制。JavaBean 是一种 Java 语言写成的可重用组件，用于封装数据和封装业务逻辑。学习完本章，可以完成 Web 应用的数据访问层和业务逻辑层的底层搭建，为后面 JSP 页面的开发打下基础。

2.1　类和对象

在现实世界中，万物皆对象。而要定义这些对象的本质，就要使用类，换句话说，就是要用类来定义这些对象的特征。所以，类是 Java 语言的基础。在类中，定义了数据和操作数据的代码，然后使用类来定义一个一个的对象。类是 Java 中一种重要的复合数据类型，创建一个新类，就相当于创建了一种新的数据类型。类是对象的模板，对象是类的一个实例。因此，所有的 Java 程序都是基于类的。

2.1.1　类的成员

在 Java 类中，使用数据来描述客观事物的特征，称为属性，使用数据的操作来描述客观事物的行为，称为方法。属性和方法统称为类的成员。在一个类中，既可以只包含对象的属性，也可以只包含对象的方法，但一个完整的类要同时包含对象的属性和方法，这也是比较常见的类的定义形式。

为了更好地理解 Java 类，下面举个简单的例子来进行说明。例如，要描述“学生”这一类客观事物，学生具有“学号”“姓名”“年龄”这样的属性，还有“上课”这样的行为，因此学生类的定义如例 2.1 所示。

【例 2.1】 创建一个学生类，封装学生的“学号”“姓名”“年龄”属性以及“上课”方法。

```
public class Student {
    String num;
    String name;
    int age;
    void attendClass( ){
        System.out.println("学生去上课。");
    }
}
```

在这个例子中,使用 num、name 和 age 三个变量来定义学生的三个属性,使用 attendClass( )方法实现学生上课的行为。

2.1.2 对象初始化与构造方法

1. 对象初始化

定义好一个类以后,还不能完全使用它,除非只使用其中的 static 成员。要使用一个类时,大多数情况下需要创建一个该类的对象,这个创建过程叫作对象的实例化过程或初始化过程。

继续上一节的例子,定义好了 Student 类,现在可以使用 Student 来实例化对象,比如定义小明、小丽两个学生实体,就可以使用如下代码:

```
Student xiaoming = new Student( );
Student xiaoli = new Student( );
```

实例化语句中 new 关键字的作用就是分配一段内存空间,利用后面指定的构造方法 Student ( )建立一个对象。所谓构造方法是指在类中定义的,并在对象被创建时所调用的方法,该方法的名称与类名相同,不需要指定返回值,也不需要使用 return 返回。引入构造方法的主要目的是完成对象被创建时的初始化工作。

【例 2.2】 使用 new 关键字实例化对象并给对象进行初始化。

```
public class Student {
    String num;
    String name;
    int age;
    void attendClass( ){
        System.out.println("学生去上课。");
    }
    public static void main(String[ ] args){
        Student xiaoming = new Student( );
        xiaoming.name = "小明";
        xiaoming.attendClass ( );
    }
}
```

程序运行结果:

```
学生去上课。
```

该程序在 main( )方法中使用 new 关键字创建一个对象 xiaoming 后,对 xiaoming 的 name 属性进行了初始化,并调用该对象的 attendClass ( )方法进行输出。

2. 构造方法

在类中,除了上面例子中用到的自定义方法和 main( )方法外,类还有一个特殊的方法,就是构造方法。当使用一个类创建对象时,Java 会自动调用该类的构造方法。即使没有显式的定义，每个类也会有一个隐藏的构造方法，这也正是为什么即使没有定义构造方法，仍然可以使用它去定义对象了。构造方法有以下几个重要特征。

(1) 构造方法的名字与类名相同。

(2) 构造方法没有返回类型。

(3) 使用类创建对象时，构造方法将立即被调用。

(4) 构造方法主要用于对象属性的初始化。

Java 会自动为每个类提供一个默认的构造方法，但是用户一旦定义了自己的构造方法，Java 就不会再使用默认的构造函数了。

【例 2.3】 使用构造方法对属性进行初始化。

```
public class Student {
    String num;
    String name;
    int age;
    public Student(String stuNum, String stuName, int stuAge){
        num = stuNum;
        name = stuName;
        age = stuAge;
    }
    void attendClass(String name ){
        System.out.println("学生" + name + "去上课。");
    }
    public static void main(String[ ] args){
        Student xiaoming = new Student("2009001", "小明", 23);
        xiaoming.attendClass ( );
    }
}
```

程序运行结果：

```
学生小明去上课。
```

该示例使用构造方法 Student(String stuNum, String stuName, int stuAge)实现对象 xiaoming 的初始化，即给该对象的三个属性进行赋值。可以看出，有了自定义的构造方法后，Java 将不再调用默认的构造方法。

2.1.3 this 关键字

不难发现，在上面的例子中，构造方法的三个局部变量是与类的三个实例变量(属性)相对应的，只有这样才能在定义对象时完成对各个属性的初始化过程。但有些情况下，局部变量与实例变量的名字是完全一致的，这种情况之所以被允许，正是因为 Java 定义了 this 这个关键字。this 可以在引用当前对象的所有方法内使用。也就是，this 总是调用该方法对象的一个引用。这样就可以直接引用对象，能用它来解决可能在实例变量和局部变量之间发生的任何同名的冲突。

【例 2.4】 使用 this 关键字来存取同名的实例变量。

```
public class Student {
    String num;
    String name;
    int age;
```

```
    public Student(String num, String name, int age){
        this.num = num;
        this.name = name;
        this.age = age;
    }
}
```

本例中使用的是另外一种 Student 类构造方法的写法，它使用了与实例变量相同的名字作为构造方法的局部变量，然后使用 this 关键字来进行赋值存取，防止实例变量被隐藏。

2.1.4　包

Java 语言使用包来对类和接口进行更好的管理。一个包就相当于操作系统中的文件夹，包中的类和接口就相当于文件。

包的名字有层次关系，各层之间以点分隔。定义一个包的语法格式为：

```
package pkg1[.pkg2[.pkg3…]];
```

包的定义要放在程序的第一行，它的前面只能有注释或空行。一个文件中最多只能有一条 package 语句。

【例 2.5】　创建一个包，用于存储类 A。

```
package com.test;                    //定义一个包
public class A {                     //定义一个类
    public void add(int i, int j){   //两个数求和并输出
        System.out.println(i + j);
    }
}
```

【例 2.6】　引用例 2.5 中创建的包，调用类 A 的 add 方法求两个数的和。

```
import com.test.*;                   //引入所需的类
public class B{
    public static void main(String[ ] args) {
        A a = new A ( );
        a.add(2, 3);                 //调用 A 类的 add( )方法
            }
}
```

程序运行结果：

```
5
```

在例 2.6 中要调用 A 类的 add( )方法实现两个整数的加法，所以程序开头使用 import 关键字引用 com.test 这个包中的所有类（*代表该包中定义的所有类，也可以只引用该包中的某个类），这样才可以访问 A 类。

需要指出的是，java.lang 是 Java 语言使用最广泛的包，它所包括的类是其他包的基础。这个包无须显式引用，它总是被编译器自动调入。

2.2　类的继承

继承是面向对象程序设计中的一个重要特性，通过继承可以实现源代码的复用，提高程序的可维护性。所谓继承，即在现有类的基础上建立新类的处理过程。利用继承，可以先创

建一个拥有共同属性的一般类,根据该一般类再创建具有特殊属性的新类。由继承而得到的类称为子类(或称为派生类,subclass),被继承的类称为父类(或称为超类,superclass)。

直接或间接被继承的类都是父类。

在继承关系中,子类从父类继承了所有非私有的属性和方法。通过继承,可以让子类复用父类的代码,同时也允许子类增加自己特有的属性和方法。这样使程序结构更加清晰,既减少了程序的编码量,又降低了程序维护的工作量。

2.2.1 父类与子类

Java 中继承是通过 extends 关键字实现的。定义类时在 extends 关键字后指明新定义类的父类,使得在两个类之间建立继承关系。新定义的子类就可以继承父类中非私有的属性和方法作为自己的成员属性和成员方法。但父类的构造方法不能被继承。

一个类的子类声明格式如下:

```
class SubClass [extends SuperClass] {
    ……
}
```

【例 2.7】 定义父类人类与其子类学生类、教师类的继承关系。

```
//People.java  定义父类人类 People
class People{
     String name;
     int age;
     public void eat( ) {
          System.out.println("人都是要吃饭的。");
     }
}
//Student.java  学生类 Student 继承 People 类
class Student extends People{
     public void attendClass( ) {
          System.out.println("学生要听课。");
     }
}
//Teacher.java  教师类 Teacher 继承 People 类
class Teacher extends People{
     public void teaching( ) {
          System.out.println("教师要讲课。");
     }
}
//TestExtend.java  测试类
public class TestExtend {
     public static void main(String[ ] args) {
          Student xiaoming = new Student ( );
          xiaoming.name = "张小明";
          xiaoming.age = 20;
          System.out.println("---------------------学生小明的描述--------------------------------");
          System.out.println("小明的名字叫" + xiaoming. name);
          System.out.println("小明的年龄是" + xiaoming.age);
          xiaoming.attendClass( );
          Teacher li = new Teacher ( );
```

```
        li.name = "李华";
        li.age = 30;
        System.out.println("--------------------李老师的描述--------------------------------");
        System.out.println("李老师的名字叫" + li.name);
        System.out.println("李老师的年龄是" + li.age);
        li.teaching( );
        li.eat( );
    }
}
```

程序运行结果：

```
--------------------学生小明的描述--------------------------------
小明的名字叫张小明
小明的年龄是20
学生要听课。
--------------------李老师的描述--------------------------------
李老师的名字叫李华
李老师的年龄是30
教师要讲课。
人都是要吃饭的。
```

该示例中，定义了三个类，分别是People、Student和Teacher。其中People是父类，定义了人类具有的属性，包括姓名和年龄，以及eat( )方法。通过extends关键字，Student继承People的所有属性和方法，同时还添加自己所特有的方法attendClass( )。而Teacher也继承People的所有属性和方法，同时添加自己特有的方法teaching( )。

2.2.2 方法重写

方法重写即是在子类中对父类中的方法保持名字不变，重写父类的方法体，以便完成不同的工作。比如，现实世界中，哺乳动物都会发声，但是不同的哺乳动物的发声方式不同。比如，猫是“喵喵”声，狗是“汪汪”声。因此在描述“叫”这个方法时就可以在不同的子类中各自重写哺乳类的call( )方法。

【例2.8】 方法重写的应用。

```
//Mammaul.java 父类 Mammaul 类
class Mammaul {
    public void call( ) {
        System.out.println("哺乳动物是会叫的。");
    }
}
//Cat.java  Cat 类继承 Mammaul 类
class Cat extends Mammaul {
    public void call( ) {                //重写父类 Mammaul 类的 call( )方法
        System.out.println("猫咪喵喵叫。");
    }
}
//Dog.java  Dog 类继承 Mammaul 类
class Dog extends Mammaul {
    public void call( ) {                //重写父类 Mammaul 类的 call( )方法
        System.out.println("狗狗汪汪叫。");
    }
```

```
}
//TestOverride.java  测试类
public class TestOverride {
    public static void main(String[ ] args) {
        Cat cat = new Cat( );
        System.out.println("--------------猫猫的叫声描述----------------------");
        System.out.println("猫猫怎么叫呢?");
        cat.call( );
        Dog dog = new Dog( );
        System.out.println("-------------狗狗的叫声描述-----------------------");
        System.out.println("狗狗又怎么叫呢?");
        dog.call( );
    }
}
```

程序运行结果：

```
--------------猫猫的叫声描述----------------------
猫猫怎么叫呢?
猫咪喵喵叫。
-------------狗狗的叫声描述-----------------------
狗狗又怎么叫呢?
狗狗汪汪叫。
```

该示例中，父类 Mammaul 中定义一个方法 call( )。子类 Cat、Dog 均对父类中的 call( )方法进行了重写。可以看到，call( )方法在不同的类中名字、返回类型以及参数列表都一样，只是方法的具体实现有所区别。当子类的实例分别调用 call( )方法时，调用的都是自己对应的 call( )方法，因此得到的结果也是不一样的。

2.2.3 super 关键字

子类在重写了父类的方法后，常常还需要使用父类中被重写的方法，这时就要调用父类中的方法，Java 中通过 super 关键字来实现对父类中被重写的方法的调用。

super 关键字调用父类中的方法可以被分成两种情况：调用父类的构造方法和调用父类中被重写的方法。

【例 2.9】 调用父类构造方法的 super 关键字用法。

```
class Mammaul {
    public Mammaul( ) {                 //默认的构造方法
        System.out.println("我是哺乳动物。");
    }
    public Mammaul(int legs) {          //带参的构造方法
        System.out.println("我是一只" + legs + "条腿的哺乳动物。");
    }
}
class Dog extends Mammaul {
    public Dog( ) {
        super(4);                       //调用父类的带参构造方法
        System.out.println("我是一只狗。");
    }
}
//测试类
```

```
public class TestSuper {
    public static void main(String[ ] args) {
        Dog dog = new Dog( );
    }
}
```

程序运行结果：

```
我是一只 4 条腿的哺乳动物。
我是一只狗。
```

【例 2.10】 使用 super 关键字调用父类中被重写的方法。

```
class Mammaul {
    public void call( ) {
        System.out.println("哺乳动物会叫。");
    }
}
class Dog extends Mammaul {
    public void call( ) {
        super.call( );                  //调用父类的 call( )方法
        System.out.println("狗狗会汪汪叫。");
    }
}
//测试类
public class TestSuper2 {
    public static void main(String[ ] args) {
        Dog dog = new Dog( );
        dog.call( );
    }
}
```

程序运行结果：

```
哺乳动物会叫。
狗狗会汪汪叫。
```

该示例中用 super 关键字实现子类对父类中被重写的方法的调用。尽管父类 Mammaul 中的 call( )方法被重写，不能直接调用，但是 super 允许调用定义在父类中的被重写的方法。

同样的，可以利用 super 关键字访问父类中被子类隐藏的属性。

2.2.4　访问修饰符

访问修饰符的作用是说明被声明的内容（类、属性、方法）的访问权限。合理地使用访问修饰符，可以降低类和类之间的耦合性（关联性），从而降低整个项目的复杂度，便于整个项目的开发和维护。在 Java 语言中访问控制权限有 4 种：public、private、protected 及无修饰符。

（1）public：用 public 修饰的成分是公有的，也就是说它可以被其他任何对象访问。

（2）private：类中限定为 private 的成员只能被这个类本身在类内访问，在类外不可见。

（3）protected：用 protected 修饰的成分是受保护的，可以被同一包中的其他类或异包中的子类访问。

（4）无修饰符（默认）：public、private、protected 这三个限定符不是必须写的。如果不写，表示可以被所在的包中其他类访问。

对于变量及方法，其访问修饰符与访问能力之间的关系如表 2.1 所示。

表 2.1　各种访问修饰符的比较

类型 \ 修饰符	private	默认	protected	public
同一类中	可访问	可访问	可访问	可访问
同一包中的类	不可访问	可访问	可访问	可访问
不同包中的子类	不可访问	不可访问	可访问	可访问
不同包中非子类	不可访问	不可访问	不可访问	可访问

【例 2.11】 访问修饰符的使用。

```
public class Shape {
    private double perimeter;
    private void setPerimeter( ) {
        System.out.println("计算该形状的周长。");
    }
    private void getPerimeter( ) {
        System.out.println("输出该形状的周长。");
    }
}
public class Test {
    public static void main(String[ ] args) {
        Shape shape = new Shape( );
        shape.setPerimeter( );
        shape.getPerimeter( );
    }
}
```

程序在进行编译时，报错信息如下：

```
Test.java:4:setPerimeter( )可以在 Shape 中访问 private
        shape.setPerimeter( );
Test.java:5:getPerimeter( )可以在 Shape 中访问 private
        shape.getPerimeter( );
```

原因是 setPerimeter( )和 getPerimeter( )方法在 Shape 类中声明时用 private 修饰符修饰，和 perimeter 属性一样完全封闭在类内，不允许外界访问。可将这两个方法的修饰符去掉，或改为 protected、public 即可实现访问。

2.3　抽象类和接口

有时我们创建一个类是为了让其他类来继承它，这样在定义该类时可以只定义一个所有子类共享的一般形式，至于细节交给各个子类去实现，这样的类称为抽象类。另外一些时候，我们需要定义一个类只知道要做什么但不知如何去做，即所有的实现都交给实现它的类来完成，这样的类我们把它定义成接口。

2.3.1 抽象类与抽象方法

抽象类使用 abstract 关键字来创建，里面所定义的抽象方法也使用 abstract 来定义。抽象类是抽象的，因此没有具体的实例。抽象方法没有内容，因此不需要被执行。如果一个类继承一个抽象类，那么子类就必须要重写父类中所有的抽象方法，否则它本身仍然是一个抽象类。

【例 2.12】 利用抽象类实现多态。

```
abstract class Animal {
    abstract void breathe( );
    abstract void move( );
    void breed( ) {
        System.out.println("动物会繁衍。");
    }
}
class Dog extends Animal {
    void breathe( ) {                    //重写父类 Animal 中的抽象方法 breathe( )
        System.out.println("狗狗用肺呼吸。");
    }
    void move( ) {                       //重写父类 Animal 中的抽象方法 move( )
        System.out.println("狗狗用四条腿跑。");
    }
}
class Fish extends Animal {
    void breathe( ) {                    //重写父类 Animal 中的抽象方法 breathe( )
        System.out.println("鱼儿用鳃呼吸。");
    }
    void move( ) {                       //重写父类 Animal 中的抽象方法 move( )
        System.out.println("鱼儿会游泳。");
    }
}
//测试类
public class TestAbstract {
    public static void main(String[ ] args) {
        Animal animal = new Dog( );
        animal.breed( );                 //调用从父类继承的成员方法
        animal.breathe( );               //调用子类 Dog 中重写的抽象方法
        animal.move( );
        Fish fish = new Fish( );
        fish.breed( );
        fish.breathe( );                 //调用子类 Fish 中重写的抽象方法
        fish.move( );
    }
}
```

程序运行结果：

```
动物会繁衍。
狗狗用肺呼吸。
狗狗用四条腿跑。
动物会繁衍。
鱼儿用鳃呼吸。
鱼儿会游泳。
```

该示例中，首先定义了一个抽象类 Animal，其中声明了两个抽象方法 breathe( )和 move( )以及一个实现了的成员方法 breed( )。接着定义两个子类 Dog 和 Fish，并分别实现方法 breathe( )和 move( )。最后，在测试类中生成类 Dog 的对象并把它的引用返回到 Animal 型的变量 animal 中，生成类 Fish 的对象将引用返回 Fish 型变量 fish 中。由于对象的多态性产生了上面的运行结果。

2.3.2 定义与实现接口

与 C++不同，Java 不允许多重继承，也就是说一个子类至多只能有一个父类。为了弥补这一不足，Java 中的接口可以实现多重继承，即一个类可以实现多个接口，这个机制使接口能够发挥出更加灵活、强大的功能。

interface 是声明接口的关键字。在 Java 中，接口中的属性只允许是静态常量，也就是 static 或 final 类型的。接口中的方法都是一些没有实现具体操作的抽象方法，并且要相关，即保持较高的内聚性。也就是说，接口定义的仅仅是某些特定功能的对外规范，而并没有真正实现这些功能，需要其实现类去实现。接口中无论是属性或方法，默认都是 public 类型。

Java 用关键字 implements 表示实现一个接口，在实现类中必须实现接口中定义的所有方法，且可以使用接口中定义的常量。

【例 2.13】 接口的定义和实现。

```
public interface Action {
    String name = "A person";
    public void walk( );
    public void run( );
}
publicclass Person implements Action {    //Person 类通过 implements 关键字实现 Action 接口
    private int age;
    private int birthDate;
    public void walk( ) {                 //实现 Action 接口中定义的 walk( )方法
        System.out.println(name + " is walking.");
    }
    public void run( ) {                  //实现 Action 接口中定义的 run( )方法
        System.out.println(name +" is running.");
    }
}
public class Test {
    public static void main(String[ ] args) {
        Action man = new Person( );
        man.walk( );
        man.run( );
    }
}
```

程序运行结果：

```
A person is walking.
A person is running.
```

这个程序分为三部分：第一部分是 Action 接口的定义；第二部分是 Person 类利用 implements 关键字实现了 Action 接口内的所有抽象方法，并定义了自己的私有属性；第三部分是 Test 测试类。Action 接口中定义的 name 字符串，虽然没有任何修饰符，但默认是 public static final 类型，且可以被 Person 类使用。

接口的定义与实现方法看似很简单，但是在实际应用中比较难以理解，首先必须明确接口不同于类的一些特性。

• 接口中的方法可以有参数列表和返回类型，但不能有任何方法体实现。

• 接口中可以包含属性，但是会被隐式地声明为 static 和 final，存储在该接口的静态存储区域内，而不属于该接口。

• 接口中的方法可以被声明为 public 或不声明，但结果都会按照 public 类型处理。

• 如果没有实现接口中所有方法，那么创建的仍然是一个接口，即接口可以继承接口（使用关键字 extends）。在继承时，父接口传递给子接口的只是方法说明，而不是具体实现，这在一定程度上消除了完全的多继承所带来的复杂性。一个接口可以有一个以上的父接口，一个类可以在继承某一父类的同时实现多个接口，即允许多重继承。

2.4　JavaBean 技术

JavaBean 是基于 Java 的组件技术，它提供了创建和使用以组件形式出现的 JavaBean 类的方法。JavaBean 通过封装属性和方法成为具有某种功能或者处理某个业务的对象，通过 JavaBean 的方法调用可以处理几乎所有通过 Java 编程可以完成的工作，这本身也是 JSP 的极大优势所在。这种方式大大拓展了编程人员的可操纵范围，不用再像以往其他类似语言一样，因为找不到实现所需功能的组件而一筹莫展。可以说，JavaBean 组件是目前具有功能强大和开发简单双重特点的最好的组件方式。

在 Java 模型中，通过 JavaBean 可以无限扩充 Java 程序的功能，通过 JavaBean 的组合可以快速生成新的应用程序。JavaBean 具有以下特性。

• 可以实现代码的重复利用。

• 易维护性、易使用性、易编写性。

• 可以在支持 Java 在任何平台上工作，而不需要重新编译。

• 可以在内部、网内或者网络之间进行传输。

• 可以以其他部件的模式进行工作。

2.4.1　封装数据的 JavaBean

经过分析不难发现，用户使用浏览器对网页进行浏览等操作，本质是对数据的操作或者执行某种业务逻辑。因此，在编写 JSP 程序之前，应首先进行实体的抽象。抽象是进行面向对象程序设计的第一步，简单来说，需要解决以下 3 个问题。

• 参与活动的实体。

• 实体具有的属性。

• 实体具有的行为（即方法）。

比如，就“用户登录”这一功能来讲，参与登录活动的实体是一个个“用户”，于是可以抽象出 User 类；每一个用户都具有 ID、用户名和密码等属性，于是在 User 类中封装这些成员属性；每一个用户都要在登录活动中进行判断其账号是否合法这一行为，于是可以在 Java

-Bean(业务 Bean)中封装该业务逻辑的方法。

实际上 JavaBean 本质上只是一个 Java 类而已,但必须符合一些标准化的规范。一个标准的封装数据的 JavaBean 通常具有几项特征。

- 是一个公共(public)类。
- 具有 public 的无参构造方法。
- 有一组 get 类型的公共方法,可以供外部对象得到内部的属性值。
- 可以通过一组 set 类型的公共方法,来改变内部的属性值。

JavaBean 的属性是内部核心的重要信息,一般设置为私有(private)权限。当 JavaBean 被实例化为一个对象时,可以通过使用 set 方法改变它的属性值,也就等于改变了这个 Java Bean 对象的状态。而这种状态的改变,常常也伴随着一连串的数据处理动作,使得其他相关的属性值也跟着发生变化。

【例 2.14】 抽象一个描述用户实体的 JavaBean 组件,封装用户 ID、用户名、密码等信息,提供相应的 set 和 get 方法,代码如下:

```
package ch02;

/**
 * 这是一个公有类
 * 描述用户实体的 JavaBean 组件
 */
public class User {

    /**
     * 私有属性
     */
    private Integer userId;            //用户 ID
    private String userName;           //用户名
    private String userPass;           //密码

    /**
     * 公有无参构造方法
     */
    public User() {
    }

    /**
     * 公有 set 和 get 方法
     */
    public Integer getUserId() {
        return userId;
    }
    public void setUserId(Integer userId) {
        this.userId = userId;
    }
    public String getUserName () {
        return userName;
    }
    public void setUserName(String userName) {
```

```
        this.userName = userName;
    }
    public String getUserPass() {
        return userPass;
    }
    public void setUserPass (String userPass) {
        this.userPass = userPass;
    }
}
```

使用这个 JavaBean 组件可以实例化不同的对象，对其属性进行设置与获取，十分方便。比如，下面测试类的代码：

```
package ch02;

public class Test {
    public static void main(String[] args) {
        User person = new User();
        person.setUserId(1);
        person.setUserName("张三");
        person.setUserPass("123");
        System.out.println("ID:" + person.getUserId());
        System.out.println("用户名:" + person.getUserName());
        System.out.println("密码:" + person.getUserPass());
    }
}
```

控制台输出结果：

```
ID:1
用户名:张三
密码:123
```

2.4.2　封装业务的 JavaBean

狭义上的 JavaBean 用于封装数据，广义上的 JavaBean 还用于封装业务，即处理过程。

【例 2.15】 抽象一个计算器类 Calculator，封装加、减、乘、除 4 种操作。

首先经分析，该活动围绕同一个 Calculator 实体具有 4 种业务逻辑，因此可以将其封装到一个 JavaBean 类中，代码如下：

```
package ch02;

public class Calculator {

    public double add(double num1, double num2) {
        return num1 + num2;
    }

    public double sub(double num1, double num2) {
        return num1 - num2;
    }

    public double multiply(double num1, double num2) {
        return num1 * num2;
```

```
    }

    public double divide(double num1, double num2) throws Exception {
        if(num2 - 0.01 < 0) {
            throw new Exception("除数不能为零");
        } else {
            return num1 / num2;
        }
    }
}
```

可以看到在这个 JavaBean 中，封装了 4 种业务逻辑，尤其是除法操作还对除数为零的情况做出异常处理。

通常情况下，业务逻辑会首先以接口形式进行抽象，然后进行业务逻辑的实现。

2.5 使用集合类存储对象

编写程序，一般都要采用一定的数据结构来描述解决的问题。在 java. util 包中的集合架构是一个统一的体系结构，该体系结构用于创建和操作一些重要的被广泛使用的数据结构。集合就是把多个元素组合成单一实体的对象，Java 集合架构支持两种类型的集合：Collections 和 Maps。它们分别在接口 Collection 和 Map 中定义。Collection 是最基本的集合接口，一个 Collection 代表一组 Object，即 Collection 的元素。一些 Collection 允许相同的元素而另一些不允许，一些能排序而另一些不能排序。

2.5.1 List 集合

次序是 List 最重要的特点，它确保维护元素特定的顺序。List 是有序的 Collection，使用此接口能够精确地控制每个元素插入的位置。用户能够使用索引(元素在 List 中的位置，类似于数组下标)来访问 List 中的元素，这类似于 Java 的数组。和下面要提到的 Set 不同，List 允许有相同的元素。

除了具有 Collection 接口必备的 iterator( )方法外，List 还提供一个 listIterator( )方法，返回一个 ListIterator 接口，和标准的 Iterator 接口相比，ListIterator 多了一些 add( )之类的方法，使用它可以从两个方向遍历 List，也可以从 List 中间插入和删除元素(只推荐 LinkedList 使用)。List 接口常用方法有以下五种。

- list. add( )：添加数据。
- list. remove( )：删除数据。
- list. removeAll( )：删除所有数据。
- list. retainAll( )：保留交集。
- list. subList(size1, size2)：返回 size1 到 size2 之间的数据。

实现 List 接口的常用类有 LinkedList、ArrayList、Vector 和 Stack。

ArrayList 实现了可变大小的数组。它允许对元素进行快速随机访问，但是向它中间插入与移除元素的速度很慢。每个 ArrayList 实例都有一个容量(Capacity)，即用于存储元素的数组的大小。这个容量可随着不断添加新元素而自动增加，但是增长算法并没有定义。

当需要插入大量元素时，在插入前可以调用 ensureCapacity 方法来增加 ArrayList 的容量以提高插入效率。ListIterator 只应该用来由后向前遍历 ArrayList，而不是用来插入和删除元素，因为这比 LinkedList 开销要大很多。

【例 2.16】 使用 ArrayList 存储数据的应用。

```
import java.util.*;                    //导入集合类所在的 java.util 包中所有类
public class TestArrayList {
    public static void main(String[ ] args) {
        ArrayList al = new ArrayList(11);
        for(inti = 0; i < 5; i++) {
            al.add("object" + (i + 1));
        }
        printList(al);
        al.remove(0);
        al.remove(2);
        Iterator it = al.listIterator( );
        while(it.hasNext( )){
            String a = (String)it.next( );
            System.out.print (a + " ");
        }
    }
    public static void printList(ArrayList al){
        System.out.print("current list:");
        for(inti = 0;i < al.size( );i++){
            System.out.print(al.get(i) + " ");
        }
    }
}
```

程序运行结果：

```
current list:object1 object2 object3 object4 object5 object2 object3 object5
```

printList 方法实现了输出 ArrayList 每个元素的功能，利用 ArrayList 集合对象的 add 方法实现了添加元素的功能，get 方法实现按照索引位置获取对象元素，remove 方法实现删除指定索引的对象元素。

2.5.2 Set 集合

Set 是一种不包含重复的元素的 Collection，而且 Set 最多有一个 null 元素。Set 与 Collection 有完全一样的接口。Set 接口不保证维护元素的次序。实现 Set 接口的常用类有 HashSet 和 TreeSet。在这里重点介绍 HashSet。

HashSet 是为快速查找而设计的 Set。

【例 2.17】 演示 HashSet 中元素的无序性。

```
import java.util.*;
public class TestHashSet {
    public static void main(String[ ] args) {
        Set set = new HashSet( );
        set.add("a");
        set.add("b");
        set.add("c");
```

```
            Iterator it = set.iterator( );
            while(it.hasNext( )) {
                System.out.print (it.next( ) + ", " );
            }
        }
    }
```

程序运行结果：

```
a, c, b,
```

为什么运行结果是 a,c,b,而不是 a,b,c 呢？这是因为 set 属于容器,里面存放的对象是没有特定次序的。

Set 集合内的元素不能重复,例如以下程序代码尽管两次调用 add 方法,实际上只加入了一个对象：

```
Set set = new HashSet( );
String s1 = new String("hello");
String s2 = new String("hello");
set.add(s1);
set.add(s2);
```

虽然变量 s1 和 s2 实际上引用的是两个内存地址不同的字符串对象,但是由于 s2.equals(s1)的比较结果为 true,因此 Set 认为它们是相等的对象,当第二次调用 add 方法时,add 方法不会把 s2 引用的字符串对象加入集合中。

2.5.3 Map 集合

Map 没有继承 Collection 接口,Map 提供 key 到 value 的映射。一个 Map 中不能包含相同的 key,每个 key 只能映射一个 value。Map 中的元素是键值成对的对象,像个小型数据库,最典型的应用就是数据字典。另外,Map 可以返回其所有键组成的 Set 和其所有值组成的 Collection,或其键值对组成的 Set,并且还可以像数组一样扩展多维 Map。Map 有两种比较常用的实现:HashMap 和 TreeMap。在这里重点介绍 HashMap。

在各种 Map 中,HashMap 用于快速查找。集合中的每一个元素对象包含一对键和值,集合中没有重复的键,但值对象可以重复。例如,如下程序语句：

```
Map map = new HashMap( );
map.put("1", "Mon");
map.put("1", "Monday");
map.put("2", "Monday");
```

由于第一次和第二次加入 Map 中的键都是 1,所以第一次加入的值将被覆盖,而第二个和第三个的值虽然相同,但是键不一样,所以分配不同的地址空间,不会发生覆盖,也就是说一共有两个元素在 map 这个 Map 类型集合中。

【例 2.18】 演示 HashMap 中方法的应用。

```
import java.util. * ;
public class TestHashMap {
    public static void main(String[ ] args) {
        HashMap register  =  new HashMap( );
        register.put("1", "A");
        register.put("2", "B");
        register.put("3", "C");
```

```
            register.put("4", "D");
            System.out.println("The HashMap holds " + register.size( ) +" elements");
            System.out.println(register);
            System.out.print("The keys are:");
            Set s = register.keySet( );
            Iterator ikey = s.iterator( );
            while(ikey.hasNext( )){
                System.out.print("\t" + ikey.next( ));
            }
            System.out.print("\n");
            System.out.print("The values are:");
            Collection sv = register.values( );
            Iterator ivalue = sv.iterator( );
            while(ivalue.hasNext( )){
                System.out.print("\t" + ivalue.next( ));
            }
        }
    }
```

程序运行结果:

```
The HashMap holds 4 elements
{3 = C, 2 = B, 4 = D, 1 = A}
The keys are:    3    2    4    1
The values are:  C    B    D    A
```

方法 put 可以初始化 Map 集合的对象。此外,因为 Map 的键不可能重复,所以可以用 Set 数据结构来存储;而 Map 的值有可能重复,所以要用 Collection 来存储。

2.6 JDBC 技术

JDBC 是 Java 数据库连接(Java Database Connectivity)的简称,是一种用于执行 SQL 语句的 Java API,可以为多种关系数据库提供统一访问,它由一组用 Java 语言编写的类和接口组成。通过 JDBC 提供的 API,可以向各种关系数据库发送 SQL 语句,进行数据库操作,完成数据库应用程序的开发。同时,由于 JDBC 是由纯 Java 语言编写的,所以用 Java 和 JDBC 开发的数据库应用程序可以在任何支持 Java 的平台上运行。JDBC API 是 Java 平台(包括 J2SE、J2EE)的一部分,有两个包:java. sql 和 javax. sql。现在这两个包已成为 Java 核心框架的组成部分。

2.6.1 java. sql 包

JDBC API 包括一个框架(来自 java. sql 包),凭借此框架可以动态地安装不同驱动程序用来访问不同数据源、发送 SQL 语句、处理返回的结果集或更新数据记录等。表 2.2 所示为执行 JDBC 数据库操作的常用 API。

表 2.2 常用 JDBC API

类或接口名称	说明
DriverManager	此类用于加载和卸载各种驱动程序并建立与数据库的连接
Connection	此接口表示与数据的连接

续 表

类或接口名称	说　明
Statement	此接口用于执行 SQL 语句
PreparedStatement	此接口用于执行预编译的 SQL 语句
ResultSet	此接口表示查询出来的数据库数据结果集
SQLException	此接口用于检索数据库提供的错误消息和错误代码

一般情况下，使用 JDBC 访问数据库步骤如下。

- 导入 JDBC API：首先利用 import 语句导入 java.sql 包。
- 装载驱动程序：针对不同 DBMS，使用 Class 类的 forName 方法加载驱动程序类的支持。
- 建立数据库连接：使用 DriverManager 类的 getConnection 方法，指明数据库或数据源的 URL，以及登录 DBMS 的用户名及口令，创建数据库连接对象（Connection 接口对象）。
- 创建 JDBC Statements 对象：使用已有的 Connection 数据库连接对象创建一个 Statement 对象，该对象把 SQL 语句通过适当的方法发送到 DBMS。
- 执行语句：对 SELECT 语句来说，使用 executeQuery 方法执行，返回结果是 ResultSet 类型的结果集；对 INSERT、UPDATE、DELETE 语句来说，使用 executeUpdate 方法执行，返回结果是影响的行数。
- 处理结果：对返回的结果集或影响行数进行处理，可以进行显示、判断等操作。
- 关闭资源：与各种对象创建的顺序相反，依次关闭 ResultSet、Statement、Connection 对象。

2.6.2　创建数据库连接

在对数据库中的数据进行查询或更新操作之前，首先要创建与数据库之间的连接，也就是利用加载的驱动程序类创建 Connection 对象。

【例 2.19】 使用微软为 JDBC 开发的 Microsoft SQL Server Driver for JDBC 第三方驱动，创建与 SQL Server 数据库 pubs 的连接。

```
public class Test {
    public static void main(String[ ] args) {
      try {
          Class.forName("com.microsoft.sqlserver.jdbc.SQLServerDriver");  //加载驱动程序
          //getConnection 方法指明连接数据库的数据源、用户名及口令
          Connection conn = DriverManager.getConnection(
                          "jdbc:sqlserver://localhost:1433;databaseName = pubs",
"sa", "sa");
          out.println("与数据库 pubs 连接成功");
      } catch (Exception e) {
          out.println("数据库连接失败");
          e.printStackTrace( );
      }
    }
}
```

程序运行，如果没有任何异常，则输出“与数据库 pubs 连接成功”；否则，输出“数据库连

接失败”,表示数据库连接有问题,应该检查数据源配置是否正确、驱动类是否书写正确等问题。

实际开发中经常使用第三方驱动方式来建立与数据库之间的连接。这种类型的连接需要外部 jar 包的支持。在 MyEclipse 中可将外部 jar 包添加到项目的库引用中,再加载驱动类。

2.6.3 关闭数据库连接

关闭对象很简单。需要说明的是这里的“对象”是一个复数,指代了 3 个实际的对象,它们是 ResultSet 对象、Statement 对象和 Connection 对象。关闭对象一般形式如下:

```
Connection conn = null;
Statement stmt = null;
ResultSet rs = null;
rs.close();
stmt.close();
conn close();
```

注意:

(1) 它们总是按这样的顺序被创建、被关闭,这由系统保证。

(2) 不一定要显式关闭它们。在程序结束时,它们会被系统自动关闭。

(3) 显式关闭某个对象,那么在该对象上建立的其他对象都将被关闭。其后使用该对象和在其上建立的对象都是非法的。

例如,显式关闭 Statement 对象 stmt,那么建立在其上的 ResultSet 对象 rs 也将被关闭。如果没有建立新的 Statement 对象并赋值给 stmt,那么使用 stmt 是非法的,使用 rs 也是非法的。

2.6.4 Statement 类和 PreparedStatement 类

与数据源建立连接后,就可以建立语句对象执行某些查询。SQL 操作中 SELECT 查询是最基本、最常用的操作,将数据库中的数据以某种视图模式显示给用户。JDBC 以 Statement 类和 PreparedStatement 类的对象作为 SQL 语句发送和执行的容器,以 ResultSet 类的对象存储 SELECT 语句执行后返回的结果。

Statement 类和 PreparedStatement 类都是 JDBC 用于执行 SQL 语句的容器对象,主要方法如表 2.3 所示。

表 2.3 Statement 类常用方法

方法	作用
boolean execute(String sql)	可任意执行 SQL 语句
ResultSet executeQuery(String sql)	用于执行对数据库不引起更新操作的 SQL 语句
int executeUpdate(String sql)	用于执行对数据库更新的 SQL 语句
void close( )	强制释放当前对象占用的数据库和 JDBC 资源

PreparedStatement 类扩展自 Statement 类，增加了对包含在语句中的参数记录器设值的能力。其不同之处有几个方面：首先，Statement 类对象用于执行简单的不含有参数的 SQL 语句，而 PreparedStatement 类对象用于执行带有 IN 参数的 SQL 语句。IN 参数是指在 SQL 语句被创建时尚未确定值的参数。其次，PreparedStatement 类对象执行的是已准备好的或预编译的 SQL 语句，因而一旦执行一次，就可多次重用。SQL 语句中的参数标识符用“?”表示，可使用指定输入值去改变它。而 Statement 类对象执行的是未经编译的 SQL 语句。

例如，执行 SQL 语句“select * from authors where au_id = '172-32-1176'”和“select * from authors where au_id = '213-46-8915'”，Statement 类和 PreparedStatement 类的执行过程大不一样。

如果使用 Statement 类，则先把“select * from authors where au_id = '172-32-1176'”存在 SQL 缓存池中，当查询的 au_id 不同时，需要重新编译存储到 SQL 缓存池，这样执行就慢。

如果使用 PreparedStatement 类执行，SQL 语句是“select * from authors where au_id = ?”，则该 SQL 语句存储在 SQL 缓存池，后面执行相同查询，就不需要再次编译 SQL 语句，只需将对应的 au_id 值带入执行就可以。

1. 创建执行 Statement 对象

创建 Statement 对象是通过 Connection 类的 createStatement()方法实现的，代码如下：

```
try {
    Class.forName("com.microsoft.sqlserver.jdbc.SQLServerDriver");        //加载驱动程序
    //getConnection 方法指明连接数据库的数据源、用户名及口令
    Connection conn = DriverManager.getConnection(
                         "jdbc:sqlserver://localhost:1433;databaseName = pubs", "sa", "sa");
    Statement stmt = conn.createStatement();
} catch (SQLException e) {
    e.printStackTrace();
}
```

在数据库连接 conn 基础上建立 Statement 对象 stmt，就可以通过该对象执行 SQL 语句了。Statement 提供了 3 种常用的执行 SQL 语句的方法。

(1) ResultSet executeQuery(String sql) throws SQLException

该方法执行给定的 SELECT 语句，返回一个 ResultSet 类型的对象存储结果。例如：

```
try {
    Statement stmt = conn.createStatement();
    ResultSet rs = stmt.executeQuery("select * from authors");
} catch (SQLException e) {
    e.printStackTrace();
}
```

这段代码通过 Statement 对象的 executeQuery 方法，执行了一条 SELECT 语句，返回的结果集是一个 ResultSet 对象 rs。

(2) int executeUpdate(String sql) throws SQLException

执行给定的 SQL 语句，一般为 INSERT、UPDATE 或 DELETE 等对数据库引起更新的语句，或者为不返回任何内容的 SQL 语句(DDL 语句)。当执行的是 INSERT、UPDATE

或 DELETE 语句时，返回值为表示影响的记录行数；返回值为 0，表示执行的是不返回任何内容的 SQL 语句。例如：

```
try {
    Statement stmt = conn.createStatement();
    int i   = stmt.executeUpdate("insert into authors(au_id, au_lname, au_fname, contract) values
    ('656 - 12 - 2222', 'Lee', 'Grace')");
} catch (SQLException e) {
    e.printStackTrace();
}
```

该代码通过 Statement 对象的 executeUpdate 方法向 pubs 数据库中的 authors 表中添加了一条作者记录，因此返回 i 的值为 1。

(3) boolean execute(String sql) throws SQLException

该方法可以执行任意的 SQL 语句，当返回结果为 ResultSet 对象时，返回值为 true，否则为 false。例如：

```
try {
    Statement stmt = conn.createStatement();
    Boolean flag = stmt.execute("insert into authors(au_id, au_lname, au_fname, contract)
    values('656 - 12 - 2222', 'Lee', 'Grace', 1)");
} catch (SQLException e) {
    e.printStackTrace();
}
```

该代码通过 Statement 对象的 execute 方法向 pubs 数据库中的 authors 表中添加了一条作者记录，由于 INSERT 语句返回的不是 ResultSet 对象，因此 flag 的值为 false。

2. 创建执行 PreparedStatement 对象

执行预编译语句需要创建一个 PreparedStatement 对象，可以使用 Connection 对象的 prepareStatement()方法创建。PreparedStatement 对象执行的是含有一个或多个 IN 参数的 SQL 语句。创建代码如下：

```
try {
    Class.forName("com.microsoft.sqlserver.jdbc.SQLServerDriver");       //加载驱动程序
    //getConnection 方法指明连接数据库的数据源、用户名及口令
    Connection conn = DriverManager.getConnection(
                        "jdbc:sqlserver://localhost:1433;databaseName = pubs", "sa", "sa");
    PreparedStatement pstmt = conn.preparedStatement("update authors set au_fname = ? where
au_id = ?");
    pstmt.setString(1, "Peter");
    pstmt.setString(2, "656 - 12 - 2222");
    pstmt.executeUpdate();
} catch (SQLException e) {
    e.printStackTrace();
}
```

该代码实现了 au_id 为“656-12-2222”作者的 au_fname 修改为“Peter”。需要注意的是 IN 参数的赋值操作。PreparedStatement 类提供了一系列的 setXXX(id, value)方法来为 IN 参数赋值，其中“XXX”表示与要赋值的参数相对应的数据类型名。如常用的字符型参数赋值用 setString()，为整数型参数赋值用 setInt()。id 指 SQL 语句中 IN 参数即“?”出现的顺序，从 1 开始。value 表示为参数赋的值。代码中 pstmt.setString(1, "Peter")表示 SQL

语句中第一个"?"用字符型数据"Peter"替换，pstmt. setString(2, "656-12-2222")表示 SQL 语句中第二个"?"用字符型数据"656-12-2222"替换。所以执行的完整 SQL 语句为"update authors set au_fname = 'Peter' where au_id = '656-12-2222'"。

由于 PreparedStatement 继承自 Statement，所以 Statement 类所提供的三种常用的执行 SQL 语句的方法 execute()、executeQuery()和 executeUpdate()也被继承，只是被重写为方法调用不用参数，即 PreparedStatement 对象调用的执行 SQL 语句的方法是无参方法。

2.6.5 ResultSet 结果集

JDBC 使用 ResultSet 对象存储 SQL 语句执行返回的结果集。

实质上，ResultSet 对象不仅具有数据存储的功能，它同时具有操纵数据、对数据进行更新等功能。通过对数据库的查询操作，可以将 SQL 语句中 SELECT 语句的查询结果返回并存储在结果集中。例如：

```
try {
    Statement stmt = conn.createStatement();
     ResultSet rs = stmt.executeQuery("select * from authors");
} catch (SQLException e) {
     e.printStackTrace();
}
```

1. 结果集中的行操作

为了能访问结果集中的数据行，ResultSet 类提供了行指针方法 next()来进行操作。声明如下：

```
boolean next() throws SQLException
```

当 next()方法执行后，当前行指针向下移动一行。但是要注意，初始状态下，行指针并不是指向结果集的第一行，而是指向结果集第一行记录的前面。所以结果集返回后，第一次调用 next()方法后，行指针才指向结果集的第一行。

通过 next()方法，程序就可以对整个结果集的所有记录进行遍历。

2. 结果集中的列操作

ResultSet 类提供了一系列 getXXX()方法来从结果集中获取某一列的值。其中，"XXX"表示与要获取的字段类型相对应的 Java 数据类型名。此类型的方法允许用户通过字段名或字段索引来确定具体要获取的列。如要获取 authors 表中字符型的 au_fname 列的值，可以通过以下方法获取：

```
String fname = rs.getString("au_fname");
```

在读取某一条记录的字段数据时，除了可如上述方法指明字段名称外，还可以按照读取字段顺序指明索引。注意，列索引是从 1 开始。例如，rs. getString("au_id")、rs. getString("au_fname")与 rs. getString(1)、rs. getString(3)效果相同，但建议采用指明字段名称的方法，这样程序可读性较好。

进行列操作和行操作返回了 ResultSet 对象结果集后，可以将某些特定字段的数据读取出来。

【例 2.20】 使用 JDBC 技术实现查询计算机专业学生信息的操作，将多条学生信息保存在集合类中。

```
public class Test {
    public static void main(String[ ] args) {
      try {
            Class.forName("com.microsoft.sqlserver.jdbc.SQLServerDriver");  //加载驱动程序
            //getConnection 方法指明连接数据库的数据源、用户名及口令
            Connection conn = DriverManager.getConnection(
                                    "jdbc:sqlserver://localhost:1433;databaseName = stuDB",
"sa", "sa");
            String sql = "select * from tbl_stu where dept = ?";
            PreparedStatement pstmt = conn.preparedStatement(sql);
            pstmt.setString(1, "计算机");
            ResultSet rs = pstmt.executeQuery();
            List list = new ArrayList();
            Student stu = null;
            while(rs.next()) {
                stu = new Student();
                stu.setId(rs.getString("id"));
                stu.setName(rs.getString("name"));
                stu.setGender(rs.getInt("gender"));
                stu.setDept(rs.getString("dept"));
                list.add(stu);
            }
        } catch (Exception e) {
            e.printStackTrace( );
        } finally {
            try {
                if(rs != null) {rs.close();  }
                if(pstmt != null) {pstmt.close();   }
                if(conn != null) {conn.close();   }
            } catch(SQLException ex) {
                e.printStackTrace( );
            }
        }
    }
}
```

2.7 本章小结

本章重点是使用 JavaBean 技术实现实体数据和业务逻辑的封装，使用接口进行业务逻辑的抽象，使用 JDBC 技术实现数据的访问。学习完本章，可以完成 Web 应用的数据访问层和业务逻辑层的底层搭建。

实验 4 面向对象的实体类设计

一、实验内容

- 创建实体类——用户类(User)、版块类(Board)、主题类(Topic)和回复类(Reply)。

- 使用集合类(Map、List 等)对象组织各种实体类对象。
- 编写测试类(UserTest)查询输出指定用户 ID 的用户信息。
- 编写测试类(BoardTest)遍历输出所有父版块与子版块的信息。
- 编写测试类(TopicTest)查询输出指定版块 ID 的主题类信息。
- 编写测试类(ReplyTest)查询输出指定主题 ID 的回复类信息。

按照附录项目案例的分析，首先对用户、版块、主题帖和回复帖 4 个实体进行属性的抽象。这个抽象的过程可参考 4 张数据表的字段，一般来说数据表中有什么字段，对应实体类中就有什么属性。然后围绕每个属性创建 set 和 get 方法，这就形成典型的实体 JavaBean。

将数据以某种数据结构进行存储。这种数据结构一般是以集合类对象为基础，常使用 List 集合和 Map 集合。这里比较复杂的是版块信息的存储，可综合使用 ArrayList 类和 HashMap 类来描述父版块与子版块的关系。

在论坛版块基本信息表(TBL_BOARD)中设计了 3 个字段：boardId、boardName 和 parentId。parentId 为"0"时，表示该版块是父版块；parentId 为"1"时，表示该版块是子版块，其父版块是 boardId 为"1"的版块，依此类推。示例数据如下：

boardId	boardName	parented
1	.NET 方向	0
2	Java 方向	0
3	C#语言	1
4	WinForms	1
5	ADO. NET	1
6	ASP. NET	1
7	Java 基础	2
8	JSP 技术	2
9	Servlet 技术	2
10	Eclipse 应用	2

这里 boardId 为"8"的"JSP 技术"子版块，由于 parentId 为"2"，说明其父版块是"Java 方向"。可以设计 HashMap 结构键值对为(parentId，childBoardList)，键 parentId 是指父版块的 ID，值 childBoardList 为 ArrayList 类型，表示属于这个父版块的所有子版块集合。当键 parentId 为 0 时，说明值 childBoardList 为所有父版块集合。

二、实验步骤

1. 创建项目和 entity 包、test 包

在 MyEclipse 中，创建 Web 项目，项目名称为 BBS，站点名称也为 BBS。在 src 源代码文件夹中创建实体包 entity 和 test，分别用于存储实体类和测试类，如图 2.1 所示。

2. 用户实体类——User

(1) 创建用户类 User，声明私有属性，代码如下：

```
package entity;

import java.util.Date;
```

```
public class User {
    private int userId;                  //用来唯一标识用户
    private String userName;             //用户名
    private String userPass;             //用户密码
    private int gender;                  //性别,1是女,2是男
    private String head;                 //头像,地址形式
    private Date regTime;                //注册时间
}
```

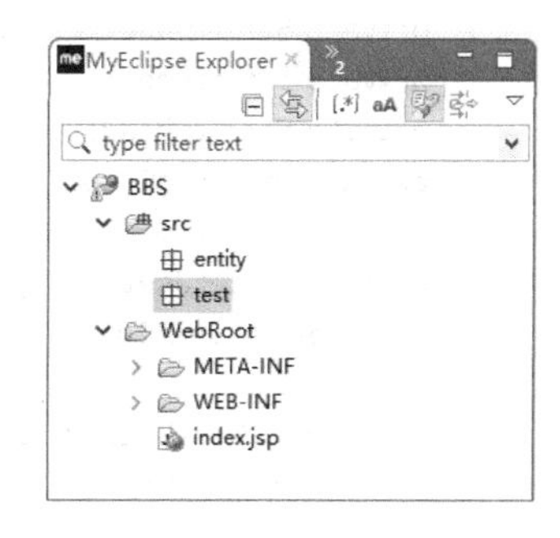

图 2.1　创建 entity 包和 test 包

(2) 针对每个私有属性,创建 set 和 get 方法。将光标停在需要创建方法的代码处,在右键快捷菜单中,选择“Source | Generate Getters and Setters...”,打开如图 2.2 所示的窗口,勾选所有属性复选框。

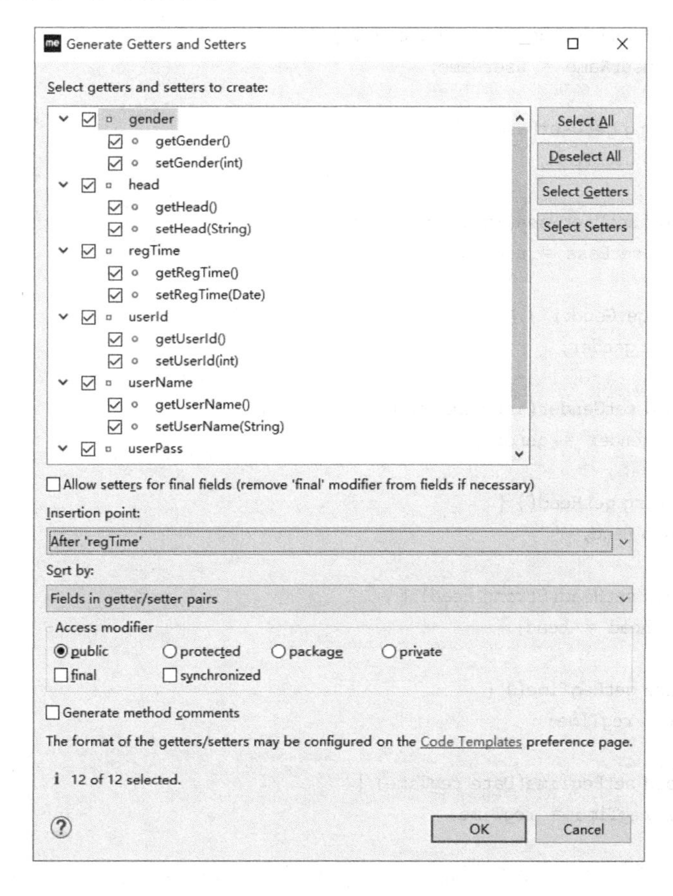

图 2.2　“Generate Getters and Setters”窗口

单击“OK”按钮确认后,代码如下:

```
package entity;

import java.util.Date;

public class User {
    private int userId;                  //用来唯一标识用户
    private String userName;             //用户名
```

```
    private String userPass;         //用户密码
    private int gender;              //性别,1 是女,2 是男
    private String head;             //头像,地址形式
    private Date regTime;            //注册时间

    public int getUserId() {
        return userId;
    }
    public void setUserId(int userId) {
        this.userId = userId;
    }
    public String getUserName() {
        return userName;
    }
    public void setUserName(String userName) {
        this.userName = userName;
    }
    public String getUserPass() {
        return userPass;
    }
    public void setUserPass(String userPass) {
        this.userPass = userPass;
    }
    public int getGender() {
        return gender;
    }
    public void setGender(int gender) {
        this.gender = gender;
    }
    public String getHead() {
        return head;
    }
    public void setHead(String head) {
        this.head = head;
    }
    public Date getRegTime() {
        return regTime;
    }
    public void setRegTime(Date regTime) {
        this.regTime = regTime;
    }
}
```

set 和 get 方法负责对当前引用对象的属性值进行设置和获取。

(3) 编写测试类,使用 ArrayList 集合类对象组织多个用户对象。遍历输出所有用户信息,代码如下:

```
package test;

import java.util.ArrayList;
import java.util.Date;
import java.util.List;
```

```
import entity.User;

public class UserTest {
    public static void main(String[ ] args) {
        User user1 = new User();                        //实例化 user1 对象
        user1.setUserId(1);
        user1.setUserName("user1");
        user1.setUserPass("111");
        user1.setGender(1);
        user1.setHead("1.gif");
        user1.setRegTime(new Date());

        User user2 = new User();                        //实例化 user2 对象
        user2.setUserId(2);
        user2.setUserName("user2");
        user2.setUserPass("222");
        user2.setGender(2);
        user2.setHead("2.gif");
        user2.setRegTime(new Date());

        User user3 = new User();                        //实例化 user3 对象
        user3.setUserId(3);
        user3.setUserName("user3");
        user3.setUserPass("333");
        user3.setGender(1);
        user3.setHead("3.gif");
        user3.setRegTime(new Date());

        List userList = new ArrayList();                //创建集合类对象
        userList.add(user1);
        userList.add(user2);
        userList.add(user3);

        System.out.println("用户 ID" + "\t" + "用户名" + "\t" + "密码" + "\t"
                + "性别" + "\t" + "头像" + "\t" + "注册时间");
        for (int i = 0; i < userList.size(); i++) {    //使用 for 循环,输出每一个用户对
                                                        象的属性信息
            User user = (User)userList.get(i);
            System.out.print(user.getUserId() + "\t");
            System.out.print(user.getUserName() + "\t");
            System.out.print(user.getUserPass() + "\t");
            System.out.print(user.getGender() + "\t");
            System.out.print(user.getHead() + "\t");
            System.out.print(user.getRegTime() + "\n");
        }
    }
}
```

右键单击代码空白处,选择“Run As | Java Application”,控制台中给出以下输出结果:

```
用户 ID    用户名    密码    性别    头像     注册时间
1          user1     111     1       1.gif    Sat Apr 01 14:23:03 CST 2017
2          user2     222     2       2.gif    Sat Apr 01 14:23:03 CST 2017
```

```
3          user3      333      1          3.gif     Sat Apr 01 14:23:03 CST 2017
```

(4) 在 User 实体类中重写继承自 Object 类的 toString()方法，定义 User 类型对象输出字符串信息。修改 User 类，代码如下：

```
package entity;

import java.util.Date;

public class User {
        ……//省略私有属性和 set、get 方法
        public String toString() {
             return this.userId + "\t" + this.userName + "\t" + this.userPass + "\t" +
                         this.gender + "\t" + this.head + "\t" + this.regTime;
        }
}
```

修改 UserTest 测试类，代码如下：

```
package test;

import java.util.ArrayList;
import java.util.Date;
import java.util.List;

import entity.User;

public class UserTest {
        public static void main(String[] args) {
                ……//省略代码
                System.out.println("用户 ID" + "\t" + "用户名" + "\t" + "密码" + "\t" + "性
                                 别" + "\t"+ "头像" + "\t" + "注册时间");
                for (int i = 0; i < userList.size(); i++) {
                        User user = (User)userList.get(i);
                        System.out.println(user);
                }
        }
}
```

运行输出结果不变，但由于重写了 toString()方法，输出对象信息时，只需打印对象引用(user)即可。

(5) 修改测试类代码，创建集合类对象时应用泛型，规定集合中只允许存储 User 类型元素，修改代码如下：

```
package test;

import java.util.ArrayList;
import java.util.Date;
import java.util.List;

import entity.User;

public class UserTest {
        public static void main(String[] args) {
```

```
        ……//省略代码
        List<User> userList = new ArrayList<User>();
        userList.add(user1);
        userList.add(user2);
        userList.add(user3);

        System.out.println("用户 ID" + "\t" + "用户名" + "\t" + "密码" + "\t" + "性
                          别" + "\t"+ "头像" + "\t" + "注册时间");
        for (int i = 0; i < userList.size(); i++) {
            User user = userList.get(i);
            System.out.println(user);
        }
    }
}
```

这里使用“<>”的方式规定 List 集合中只允许存储 User 类型元素，如果此时编写语句“userList.add("anyString");”，编译器会马上提示错误信息，不会把这种严重性错误留到运行时的。另外，由于元素的类型是一定的，利用 get()方法从 userList 集合中取出元素时，也无须强制类型转换。

(6) 使用强制的 for 循环替代传统的 for 循环，遍历集合类元素，修改代码如下：

```
package test;

import java.util.ArrayList;
import java.util.Date;
import java.util.List;

import entity.User;

public class UserTest {
    public static void main(String[] args) {
        ……//省略代码
        List<User> userList = new ArrayList<User>();
        userList.add(user1);
        userList.add(user2);
        userList.add(user3);

        System.out.println("用户 ID" + "\t" + "用户名" + "\t" + "密码" + "\t" + "性
                          别" + "\t"+ "头像" + "\t" + "注册时间");
        for(User user : userList) {
            System.out.println(user);
        }
    }
}
```

在增强的 for 循环中，不需要定义循环变量 i，只需要定义一个 User 类型的元素变量 user，在循环体中使用该对象即可。

(7) 在测试类中，查询输出指定用户 ID 的用户信息，代码如下：

```
package test;

import java.util.ArrayList;
```

```
import java.util.Date;
import java.util.List;

import entity.User;

public class UserTest {
        public static void main(String[ ] args) {
            ……//省略代码
            List<User> userList = new ArrayList<User>();
            userList.add(user1);
            userList.add(user2);
            userList.add(user3);

            System.out.println("用户 ID" + "\t" + "用户名" + "\t" + "密码" + "\t" + "性
别" + "\t"
                                    + "头像" + "\t" + "注册时间");
            for(User user : userList) {
                System.out.println(user);
            }

            System.out.println("查找输出指定用户 ID 的用户信息");
            for(User user : userList) {
                if (user.getUserId() == 2) {
                    System.out.println(user);
                }
            }
        }
}
```

在 for 循环中，取出 user 对象的 userId 属性进行判断，如果等于指定用户 ID，则输出该用户信息，输出结果如下：

```
用户 ID    用户名    密码    性别    头像     注册时间
1          user1     111     1       1.gif    Sat Apr 01 14:50:23 CST 2017
2          user2     222     2       2.gif    Sat Apr 01 14:50:23 CST 2017
3          user3     333     1       3.gif    Sat Apr 01 14:50:23 CST 2017
查找输出指定用户 ID 的用户信息
2          user2     222     2       2.gif    Sat Apr 01 14:50:23 CST 2017
```

3. 版块实体类——Board

(1) 创建版块类 Board，代码如下：

```
package entity;

public class Board {
        private int boardId;                          //用来唯一标识版块
        private String boardName;                     //版块名称
        private int parentId;                         //主版块 id
        public int getBoardId() {
            return boardId;
        }
        public void setBoardId(int boardId) {
            this.boardId = boardId;
        }
```

```
        public String getBoardName() {
            return boardName;
        }
        public void setBoardName(String boardName) {
            this.boardName = boardName;
        }
        public int getParentId() {
            return parentId;
        }
        public void setParentId(int parentId) {
            this.parentId = parentId;
        }
        public String toString() {
            return this.boardId + "\t" + this.boardName + "\t" + this.parentId;
        }
    }
```

(2) 使用 Map 集合和 List 集合存储所有版块信息，编写测试类遍历输出所有父版块与子版块的信息，代码如下：

```
package test;

import java.util.ArrayList;
import java.util.HashMap;
import java.util.List;
import java.util.Map;

import entity.Board;

public class BoardTest {
    public static void main(String[] args) {
        /*
         * 将所有版块信息构造为一个 Map 集合
         */
        Map<Integer, List<Board>> mapBoard = new HashMap<Integer, List<Board>>();

        Board mainBoard1 = new Board();
        mainBoard1.setBoardId(1);
        mainBoard1.setBoardName(".NET 方向");
        mainBoard1.setParentId(0);

        Board mainBoard2 = new Board();
        mainBoard2.setBoardId(2);
        mainBoard2.setBoardName("Java 方向");
        mainBoard2.setParentId(0);

        List<Board> mainBoardList = new ArrayList<Board>();
        mainBoardList.add(mainBoard1);
        mainBoardList.add(mainBoard2);

        mapBoard.put(0, mainBoardList);     //以 0 为键,mainBoardList 为值存储至 Map 集合中
```

```
Board sonBoard1 = new Board();
sonBoard1.setBoardId(3);
sonBoard1.setBoardName("C# 语言");
sonBoard1.setParentId(1);

Board sonBoard2 = new Board();
sonBoard2.setBoardId(4);
sonBoard2.setBoardName("WinForms");
sonBoard2.setParentId(1);

Board sonBoard3 = new Board();
sonBoard3.setBoardId(5);
sonBoard3.setBoardName("ADO.NET");
sonBoard3.setParentId(1);

Board sonBoard4 = new Board();
sonBoard4.setBoardId(6);
sonBoard4.setBoardName("ASP.NET");
sonBoard4.setParentId(1);

List<Board> sonBoardList1 = new ArrayList<Board>();
sonBoardList1.add(sonBoard1);
sonBoardList1.add(sonBoard2);
sonBoardList1.add(sonBoard3);
sonBoardList1.add(sonBoard4);

mapBoard.put(1, sonBoardList1);    //以 1 为键,sonBoardList1 为值存储至 Map 集合中

Board sonBoard5 = new Board();
sonBoard5.setBoardId(7);
sonBoard5.setBoardName("Java 基础");
sonBoard5.setParentId(2);

Board sonBoard6 = new Board();
sonBoard6.setBoardId(8);
sonBoard6.setBoardName("JSP 技术");
sonBoard6.setParentId(2);

Board sonBoard7 = new Board();
sonBoard7.setBoardId(9);
sonBoard7.setBoardName("Servlet 技术");
sonBoard7.setParentId(2);

Board sonBoard8 = new Board();
sonBoard8.setBoardId(10);
sonBoard8.setBoardName("Eclipse 应用");
sonBoard8.setParentId(2);

List<Board> sonBoardList2 = new ArrayList<Board>();
sonBoardList2.add(sonBoard5);
```

```
        sonBoardList2.add(sonBoard6);
        sonBoardList2.add(sonBoard7);
        sonBoardList2.add(sonBoard8);

        mapBoard.put(2, sonBoardList2);     //以 2 为键,sonBoardList2 为值存储至 Map 集合中

        /*
         * 从 Map 集合中取出各个版块信息并输出
         */
        List<Board> listMainBoard = mapBoard.get(new Integer(0));     //主版块 List
        for (Board mainBoard : listMainBoard) {
            System.out.println(mainBoard.getBoardName());             //输出主版块名
            List<Board> listSonBoard = mapBoard.get(mainBoard.getBoardId());
                                                                      //取得子版块 List
            for (Board sonBoard : listSonBoard) {
                System.out.println("\t" + sonBoard.getBoardName()); //输出子版块名
            }
        }
    }
}
```

程序运行输出结果如下：

```
.NET 方向
    C#语言
    WinForms
    ADO.NET
    ASP.NET
Java 方向
    Java 基础
    JSP 技术
    Servlet 技术
    Eclipse 应用
```

三、实验小结

抽象实体类重点是封装私有属性及其 set 和 get 方法，然后使用集合类 JavaBean 设计数据结构，便于进行数据存储和读取。

四、补充练习

(1) 仿照用户实体类(User)和版块实体类(Board)，创建主题实体类(Topic)和回复实体类(Reply)。

提示：抽象实体类的私有属性可参照数据表字段。

(2) 编写 Topic 类的测试类 TopicTest 和 Reply 类的测试类 ReplyTest，使用集合类对象对数据进行存储，查询输出指定版块 ID 的主题类信息和指定主题 ID 的回复类信息。

提示：Topic 类和 Reply 类的对象均可以使用 List 集合进行存储。

实验 5　面向对象的数据访问接口设计

一、实验内容

- 定义 4 个数据访问接口 UserDao、BoardDao、TopicDao 和 ReplyDao。
- 编写 UserDao 接口的实现类 UserDaoImpl。
- 编写 BoardDao 接口的实现类 BoardDaoImpl。
- 编写 TopicDao 接口的实现类 TopicDaoImpl。
- 编写 ReplyDao 接口的实现类 ReplyDaoImpl。
- 使用多态的方式调用 UserDao 接口的方法。

DAO 是 Data Access Object 数据访问接口。数据访问，顾名思义就是与数据库打交道，处于业务逻辑与数据库资源中间。一般情况下，系统设计思路是围绕每一个实体设计数据访问接口，这是因为系统的活动基本上都是在进行围绕实体的数据处理过程。

附录的需求分析得出 BBS 系统具备的一些功能，接下来就是要细化这些功能，将每一条功能抽象为数据访问接口中的一个方法(行为)。由于接口中的方法都是抽象的，所以无须实现，而是重点设计每个方法的参数和返回结果类型。

1. UserDao 接口的方法

- 根据用户名查找用户：public User findUser(String userName)；
- 根据用户 ID 查找用户：public User findUser(int userId)；
- 添加用户：public int addUser(User user)；
- 更新用户：public int updateUser(User user)；

2. BoardDao 接口的方法

- 查询所有版块：public Map findBoard()；
- 根据版块 ID 查找版块：public Board findBoard(int boardId)；

3. TopicDao 接口的方法

- 根据主题 ID 查找主题：public Topic findTopic(int topicId)；
- 返回某版块内第 page 页的主题列表：public List findListTopic(int page, int boardId)；
- 添加主题：public int addTopic(Topic topic)；
- 删除主题：public int deleteTopic(int topicId)；
- 更新主题：public int updateTopic(Topic topic)；
- 返回某版块的主题数：public int findCountTopic(int boardId)；

4. ReplyDao 接口的方法

- 根据回复 ID 查找回复：public Reply findReply(int replyId)；
- 添加回复：public int addReply(Reply reply)；
- 删除回复：public int deleteReply(int replyId)；
- 更新回复：public int updateReply(Reply reply)；
- 返回某主题的第 page 页回复列表：public List findListReply(int page, int topicId)；
- 返回某主题的回复数：public int findCountReply(int topicId)；

二、实验步骤

1. 创建 dao 包

在 src 源代码文件夹中创建数据访问接口包 dao，用于数据访问接口，如图 2.3 所示。

2. 定义 UserDao 接口

在 dao 包中，创建 UserDao 接口，其中定义两个常量表示性别，4 个抽象方法，代码如下：

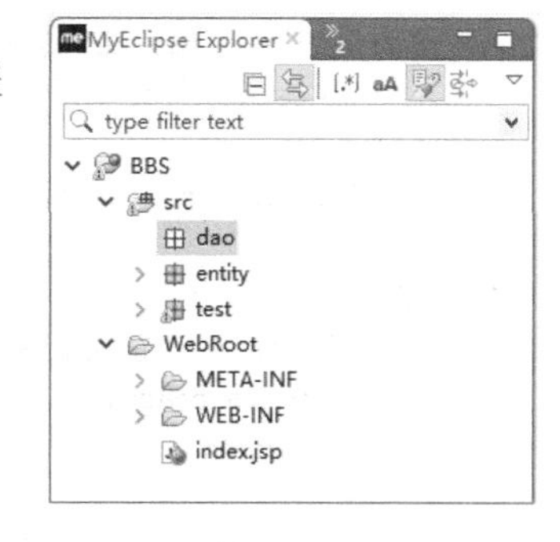

图 2.3 创建 dao 包

```
package dao;

import entity.User;

public interface UserDao {
    public static final int FEMALE = 1;           //代表女性
    public static final int MALE = 2;             //代表男性

    /**
     * 根据用户名查找论坛用户
     * @param userName
     * @return
     */
    public User findUser(String userName);

    /**
     * 根据用户名查找论坛用户
     * @param userId
     * @return
     */
    public User findUser(int userId);

    /**
     * 添加论坛用户，返回添加个数
     * @param user
     * @return
     */
    public int addUser(User user);

    /**
     * 修改论坛用户的信息，返回修改个数
     * @param user
     * @return
     * @throws Exception
     */
    public int updateUser(User user);
}
```

3. 定义 BoardDao 接口

在 dao 包中，创建 BoardDao 接口，其中定义两个抽象方法，代码如下：

```
package dao;
```

```
import java.util.Map;

import entity.Board;

public interface BoardDao {
    /**
     * 查找版块 map,key 是父版块号,value 是子级版块对象集合
     * @return 封装了版块信息的 Map
     */
    public Map findBoard();

    /**
     * 根据版块 id 查找版块
     * @param boardId
     * @return
     */
    public Board findBoard(int boardId);
}
```

4. 定义 TopicDao 接口和 ReplyDao 接口

定义方法同上,代码略。

5. 实现 UserDao 接口

在 dao 包下创建 impl 包,用于存放数据访问接口的实现类,如图 2.4 所示。

在 impl 包下定义 UserDao 接口的实现类 UserDaoImpl,实现 UserDao 接口所有的方法,代码如下:

图 2.4 创建 dao.impl 包

```
package dao.impl;

import dao.UserDao;
import entity.User;

public class UserDaoImpl implements UserDao {

    private User[] users = new User[10];
    /**
     * 添加用户
     */
    public int addUser(User user) {
        for(int i=0;i<10;i++){
            if(users[i]==null){
                users[i] = user;
                return 1;
            }
        }
        return 0;
    }

    /**
     * 根据用户名查找用户
     */
    public User findUser(String userName) {
```

```
        for(int i = 0;i < 10;i ++ ){
            if(users[i]! = null && users[i].getUserName().equals(userName)){
                return users[i];
            }
        }
        return null;
    }

    /**
     * 根据用户 ID 查找用户
     */
    public User findUser(intuserId) {
     for(int i = 0;i < 10;i ++ ){
            if(users[i]!= null && users[i].getUserId() == userId){
                return users[i];
            }
        }
        return null;
    }

    /**
     * 更新用户,用户 ID 不可以更改
     */
    public int updateUser(User user) {
        for(int i = 0;i < 10;i ++ ){
            if(users[i]! = null && users[i].getUserName().equals(user.getUserName())){
                users[i] = user;
                return 1;
            }
        }
        return 0;
    }
}
```

在 UserDaoImpl 实现类中，抽象一个私有的 User 类型数组，用于暂时存放 User 对象数据。读者应该可以联想到，将来 User 对象数据肯定是要存在数据库里的，这将会在后面的实验完成。

6. 编写测试类 UserDaoTest

编写测试类 UserDaoTest 使用 UserDao 接口及其实现类 UserDaoImpl，使用多态的方法调用 UserDao 接口的方法，代码如下：

```
package test;

import java.util.Date;

import dao.UserDao;
import dao.impl.UserDaoImpl;
import entity.User;

public class UserDaoTest {
    public static void main(String[] args) {
```

```
        UserDao userDao = new UserDaoImpl();        //用接口引用实现类的对象

        User user1 = new User();                    //实例化 user1 对象
        user1.setUserId(1);
        user1.setUserName("user1");
        user1.setUserPass("111");
        user1.setGender(1);
        user1.setHead("1.gif");
        user1.setRegTime(new Date());
        userDao.addUser(user1);

        User user2 = new User();                    //实例化 user2 对象
        user2.setUserId(2);
        user2.setUserName("user2");
        user2.setUserPass("222");
        user2.setGender(2);
        user2.setHead("2.gif");
        user2.setRegTime(new Date());
        userDao.addUser(user2);

        System.out.println("用户 ID" + "\t" + "用户名" + "\t" + "密码" + "\t"
                + "性别" + "\t" + "头像" + "\t" + "注册时间");
        System.out.println(userDao.findUser(1));  //根据用户 ID 查找 user 对象

        User user = new User();
        user.setUserId(1);
        user.setUserName("user1");
        user.setUserPass("111111");
        user.setGender(1);
        user.setHead("1.gif");
        user.setRegTime(new Date());
        userDao.updateUser(user);                   //根据用户 ID 修改用户信息

        System.out.println("修改用户信息后输出结果");
        System.out.println(userDao.findUser(1));
    }
}
```

程序运行结果为：

```
用户 ID   用户名    密码     性别    头像     注册时间
1         user1     111      1       1.gif    Sat Apr 01 15:03:55 CST 2017
修改用户信息后输出结果
1         user1     111111   1       1.gif    Sat Apr 01 15:03:55 CST 2017
```

7. 实现 BoardDao 接口

在 impl 包下定义 BoardDao 接口的实现类 BoardDaoImpl，实现 BoardDao 接口所有的方法，代码如下：

```
package dao.impl;

import java.util.ArrayList;
import java.util.HashMap;
```

```
import java.util.List;
import java.util.Map;

import dao.BoardDao;
import entity.Board;

public class BoardDaoImpl implements BoardDao {
    // 保存版块信息的 Map
    private Map<Integer, List<Board>> map = new HashMap<Integer, List<Board>>();
    private int parentId = 0;           //父版块 id 初始值为 0,parentNo 将作为 map 的 key
    private List<Board> mainList = null; //保存父版块集合
    private List<Board> sonList = null;  //保存属于同一个父版块的一组子版块,将作为 map
                                          的 value

    public BoardDaoImpl() {             //构造方法初始化版块信息
        Board mainBoard1 = new Board();
        mainBoard1.setBoardId(1);
        mainBoard1.setBoardName(".NET 方向");
        mainBoard1.setParentId(0);

        Board mainBoard2 = new Board();
        mainBoard2.setBoardId(2);
        mainBoard2.setBoardName("Java 方向");
        mainBoard2.setParentId(0);

        List<Board> mainBoardList = new ArrayList<Board>();
        mainBoardList.add(mainBoard1);
        mainBoardList.add(mainBoard2);

        map.put(0, mainBoardList);      //以 0 为键,mainBoardList 为值存储至 Map 集合中

        Board sonBoard1 = new Board();
        sonBoard1.setBoardId(3);
        sonBoard1.setBoardName("C# 语言");
        sonBoard1.setParentId(1);

        Board sonBoard2 = new Board();
        sonBoard2.setBoardId(4);
        sonBoard2.setBoardName("WinForms");
        sonBoard2.setParentId(1);

        Board sonBoard3 = new Board();
        sonBoard3.setBoardId(5);
        sonBoard3.setBoardName("ADO.NET");
        sonBoard3.setParentId(1);

        Board sonBoard4 = new Board();
        sonBoard4.setBoardId(6);
        sonBoard4.setBoardName("ASP.NET");
        sonBoard4.setParentId(1);
```

```
        List<Board> sonBoardList1 = new ArrayList<Board>();
        sonBoardList1.add(sonBoard1);
        sonBoardList1.add(sonBoard2);
        sonBoardList1.add(sonBoard3);
        sonBoardList1.add(sonBoard4);

        map.put(1, sonBoardList1);        //以 1 为键,sonBoardList1 为值存储至 Map 集合中

        Board sonBoard5 = new Board();
        sonBoard5.setBoardId(7);
        sonBoard5.setBoardName("Java 基础");
        sonBoard5.setParentId(2);

        Board sonBoard6 = new Board();
        sonBoard6.setBoardId(8);
        sonBoard6.setBoardName("JSP 技术");
        sonBoard6.setParentId(2);

        Board sonBoard7 = new Board();
        sonBoard7.setBoardId(9);
        sonBoard7.setBoardName("Servlet 技术");
        sonBoard7.setParentId(2);

        Board sonBoard8 = new Board();
        sonBoard8.setBoardId(10);
        sonBoard8.setBoardName("Eclipse 应用");
        sonBoard8.setParentId(2);

        List<Board> sonBoardList2 = new ArrayList<Board>();
        sonBoardList2.add(sonBoard5);
        sonBoardList2.add(sonBoard6);
        sonBoardList2.add(sonBoard7);
        sonBoardList2.add(sonBoard8);

        map.put(2, sonBoardList2);        //以 2 为键,sonBoardList2 为值存储至 Map 集合中
    }

    public Map<Integer, List<Board>> findBoard() {
        return map;
    }

    public Board findBoard(int boardId) {
        mainList = map.get(0);
        for(Board mainBoard : mainList) {
            if (mainBoard.getBoardId() == boardId) {
                return mainBoard;
            }
            parentId = mainBoard.getBoardId();
            sonList = map.get(parentId);
            for(Board sonBoard : sonList) {
                if (sonBoard.getBoardId() == boardId) {
```

```
                        return sonBoard;
                    }
                }
            }
            return null;
        }
    }
```

8. 编写测试类 BoardDaoTest

编写测试类 BoardDaoTest 使用 BoardDao 接口及其实现类 BoardDaoImpl,使用多态的方法调用 BoardDao 接口的方法,代码如下:

```
package test;

import java.util.List;
import java.util.Map;

import dao.BoardDao;
import dao.impl.BoardDaoImpl;
import entity.Board;

public class BoardDaoTest {
    public static void main(String[] args) {
        BoardDao boardDao = new BoardDaoImpl();                //取得版块接口的实现对象
        Map<Integer, List<Board>> mapBoard = boardDao.findBoard();
                                                               //取得 Map 形式的版块信息

        List<Board> listMainBoard = mapBoard.get(new Integer(0));    //主版块 List
        for(Board mainBoard : listMainBoard) {
            System.out.println(mainBoard.getBoardName());           //输出主版块名

            List<Board> listSonBoard = mapBoard.get(mainBoard.getBoardId());
                                                                    //取得子版块 List
            for(Board sonBoard : listSonBoard) {
                System.out.println("\t" + sonBoard.getBoardName());  //输出子版块名
            }
        }

        System.out.println("\n输出指定版块 ID 的版块信息:");
        System.out.println("版块 ID" + "\t" + "版块名称" + "\t" + "父版块 ID");
        System.out.println(boardDao.findBoard(3));
    }
}
```

程序运行结果为:

```
.NET 方向
    C# 语言
    WinForms
    ADO.NET
    ASP.NET
Java 方向
    Java 基础
    JSP 技术
```

```
    Servlet 技术
    Eclipse 应用

输出指定版块 ID 的版块信息:
版块 ID    版块名称    父版块 ID
3          C# 语言     1
```

9. 使用接口常量

在 User 实体类中，修改 toString()方法，使用条件运算符：条件表达式 A ? 表达式 B : 表达式 C，根据 gender 的值得出性别（男或女），修改 User 类代码如下：

```
package entity;

import java.util.Date;

public class User {
    ……//省略以上代码
    public String toString() {
        char sex = gender == 1 ? '女':'男';                  //判断性别
        return this.userId + "\t" + this.userName + "\t" + this.userPass + "\t"
        + sex + "\t" + this.head + "\t" + this.regTime;
    }
}
```

在 UserDaoTest 测试类中，可直接使用接口常量，代码如下：

```
package test;

import java.util.Date;

import dao.UserDao;
import dao.impl.UserDaoImpl;
import entity.User;

public class UserDaoTest {
    public static void main(String[ ] args) {
        UserDao userDao = new UserDaoImpl();               //用接口引用实现类的对象

        User user1 = new User();                           //实例化 user1 对象
        user1.setUserId(1);
        user1.setUserName("user1");
        user1.setUserPass("111");
        user1.setGender(UserDao.FEMALE);
        user1.setHead("1.gif");
        user1.setRegTime(new Date());
        userDao.addUser(user1);

        User user2 = new User();                           //实例化 user2 对象
        user2.setUserId(2);
        user2.setUserName("user2");
        user2.setUserPass("222");
        user2.setGender(UserDao.MALE);
        user2.setHead("2.gif");
        user2.setRegTime(new Date());
```

```
        userDao.addUser(user2);

        System.out.println("用户 ID" + "\t" + "用户名" + "\t" + "密码" + "\t"
                + "性别" + "\t" + "头像" + "\t" + "注册时间");
        System.out.println(userDao.findUser(1));            //根据用户 ID 查找 user 对象

        User user = new User();
        user.setUserId(1);
        user.setUserName("user1");
        user.setUserPass("111111");
        user.setGender(UserDao.MALE);
        user.setHead("1.gif");
        user.setRegTime(new Date());
        userDao.updateUser(user);                           //根据用户 ID 修改用户信息

        System.out.println("修改用户信息后输出结果");
        System.out.println(userDao.findUser(1));
    }
}
```

这里设置 User 对象性别时，使用 UserDao 接口的 FEMALE 或 MALE 常量，程序运行结果为：

```
用户 ID    用户名    密码     性别    头像     注册时间
1          user1     111      女      1.gif    Sat Apr 01 15:20:09 CST 2017
修改用户信息后输出结果
1          user1     111111   男      1.gif    Sat Apr 01 15:20:09 CST 2017
```

三、实验小结

本次实验围绕每个实体类设计数据访问接口，并且实现接口方法。设计接口时，将对数据的操作抽象为不同的方法，关注方法的参数与返回值。基于多态机制调用接口方法的好处在于，在后面的实验里将使用 JDBC 技术修改 DAO 实现类，用来替代本节实验的实现类。

四、补充练习

(1) 设计主题和回复的数据访问接口：TopicDao 和 ReplyDao，创建实现类 TopicDaoImpl 和 ReplyDaoImpl 实现接口。

(2) 编写测试类 TopicTest 和 ReplyTest，调用接口方法，检查接口方法实现是否正确。

实验 6　编写数据库连接类

一、实验内容

- 创建 BBS 论坛所需的数据库和表。
- 编写数据库连接类：BaseDao。

实际开发中经常使用第三方驱动方式来建立与数据库之间的连接。这种类型的连接无须配置 ODBC 数据源，只需要外部 jar 包的支持。在 MyEclipse 中可将外部 jar 包添加到项目的库引用中，再加载驱动类。

二、实验步骤

1. 创建 BBS 数据库和数据表

BBS 数据库表结构如图 2.5 所示。

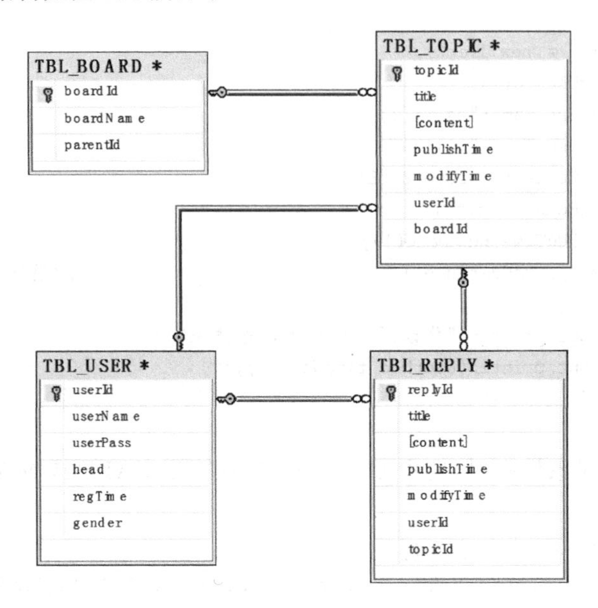

图 2.5　BBS 数据库表结构图

(1) 运行以下 SQL 脚本，在 BBS 数据库中创建数据表：

```
if exists (select * from dbo.sysobjects where id = object_id(N'[dbo].[TBL_BOARD]') and OBJECTPROPERTY(id, N'IsUserTable') = 1)
drop table [dbo].[TBL_BOARD]
GO

if exists (select * from dbo.sysobjects where id = object_id(N'[dbo].[TBL_REPLY]') and OBJECTPROPERTY(id, N'IsUserTable') = 1)
drop table [dbo].[TBL_REPLY]
GO

if exists (select * from dbo.sysobjects where id = object_id(N'[dbo].[TBL_TOPIC]') and OBJECTPROPERTY(id, N'IsUserTable') = 1)
drop table [dbo].[TBL_TOPIC]
GO

if exists (select * from dbo.sysobjects where id = object_id(N'[dbo].[TBL_USER]') and OBJECTPROPERTY(id, N'IsUserTable') = 1)
drop table [dbo].[TBL_USER]
GO

CREATE TABLE [dbo].[TBL_BOARD] (
[boardId] [int] NOT NULL ,
[boardName] [varchar] (50) COLLATE Chinese_PRC_CI_AS NOT NULL ,
[parentId] [int] NOT NULL
```

```
) ON [PRIMARY]
GO

CREATE TABLE [dbo].[TBL_REPLY] (
[replyId] [int] IDENTITY (1, 1) NOT NULL ,
[title] [varchar] (50) COLLATE Chinese_PRC_CI_AS NOT NULL ,
[content] [varchar] (1000) COLLATE Chinese_PRC_CI_AS NOT NULL ,
[publishTime] [datetime] NOT NULL ,
[modifyTime] [datetime] NOT NULL ,
[userId] [int] NOT NULL ,
[topicId] [int] NOT NULL
) ON [PRIMARY]
GO

CREATE TABLE [dbo].[TBL_TOPIC] (
[topicId] [int] IDENTITY (1, 1) NOT NULL ,
[title] [varchar] (50) COLLATE Chinese_PRC_CI_AS NOT NULL ,
[content] [varchar] (1000) COLLATE Chinese_PRC_CI_AS NOT NULL ,
[publishTime] [datetime] NOT NULL ,
[modifyTime] [datetime] NOT NULL ,
[userId] [int] NOT NULL ,
[boardId] [int] NOT NULL
) ON [PRIMARY]
GO

CREATE TABLE [dbo].[TBL_USER] (
[userId] [int] IDENTITY (1, 1) NOT NULL ,
[userName] [varchar] (20) COLLATE Chinese_PRC_CI_AS NOT NULL ,
[userPass] [varchar] (20) COLLATE Chinese_PRC_CI_AS NOT NULL ,
[head] [varchar] (100) COLLATE Chinese_PRC_CI_AS NOT NULL ,
[regTime] [datetime] NOT NULL ,
[gender] [smallint] NOT NULL
) ON [PRIMARY]
GO
```

(2) 向 4 张数据表中添加测试数据，TBL_BOARD 表测试数据如表 2.4 所示，其他表测试数据自拟。

表 2.4 TBL_BOARD 表测试数据

boardId	boardName	parented	boardId	boardName	parented
1	.NET 方向	0	6	ASP. NET	1
2	Java 方向	0	7	Java 基础	2
3	C#语言	1	8	JSP 技术	2
4	WinForms	1	9	Servlet 技术	2
5	ADO. NET	1	10	Eclipse 应用	2

2. 创建数据库连接类 BaseDao

把创建数据库连接、释放资源、执行 SQL 等操作封装到一个专门的类 BaseDao 中，代码如下：

```
package dao.impl;

import java.sql.*;

public class BaseDao {
    public final static String driver = "com.microsoft.sqlserver.jdbc.SQLServerDriver";
                                                                        //数据库驱动
    public final static String url = "jdbc:sqlserver://localhost:1433;DataBaseName = bbs";
                                                                                  //url
    public final static String dbName = "sa";                           //数据库用户名
    public final static String dbPass = "sa123456";                     //数据库密码

    /**
     * 得到数据库连接
     *
     * @throws ClassNotFoundException
     * @throws SQLException
     * @return 数据库连接
     */
    public Connection getConn() throws ClassNotFoundException, SQLException {
        Class.forName(driver);                                          //注册驱动
    Connection conn = DriverManager.getConnection(url, dbName, dbPass);  //获得数据库连接
    return conn;                                                        //返回连接
    }

    /**
     * 释放资源
     *
     * @param conn
     *             数据库连接
     * @param pstmt
     *             PreparedStatement 对象
     * @param rs
     *             结果集
     */
    public void closeAll(Connection conn, PreparedStatement pstmt, ResultSet rs) {
        /* 如果 rs 不空,关闭 rs */
        if (rs != null) {
            try {
                rs.close();
            } catch (SQLException e) {
                e.printStackTrace();
            }
        }
        /* 如果 pstmt 不空,关闭 pstmt */
        if (pstmt != null) {
            try {
                pstmt.close();
            } catch (SQLException e) {
                e.printStackTrace();
            }
```

```
        }
        /* 如果 conn 不空,关闭 conn */
        if (conn != null) {
            try {
                conn.close();
            } catch (SQLException e) {
                e.printStackTrace();
            }
        }
    }

    /**
     * 执行 SQL 语句,可以进行增、删、改的操作,不能执行查询
     *
     * @param sql
     *              预编译的 SQL 语句
     * @param param
     *              预编译的 SQL 语句中的'?'参数的字符串数组
     * @return 影响的条数
     */
    public int executeSQL(String preparedSql, String[] param) {
        Connection conn = null;
        PreparedStatement pstmt = null;
        int num = 0;

    /* 处理 SQL,执行 SQL */
    try {
        conn = getConn();                                   //得到数据库连接
        pstmt = conn.prepareStatement(preparedSql);         //得到 PreparedStatement 对象
            if (param != null) {
                for (int i = 0; i < param.length; i++) {
                    pstmt.setString(i + 1, param[i]);           //为预编译 sql 设置参数
                }
            }
            num = pstmt.executeUpdate();                    //执行 SQL 语句
        } catch (ClassNotFoundException e) {
            e.printStackTrace();                           //处理 ClassNotFoundException 异常
        } catch (SQLException e) {
            e.printStackTrace();                            //处理 SQLException 异常
        } finally {
            closeAll(conn, pstmt, null);                    //释放资源
        }
        return num;
    }
}
```

三、实验小结

BaseDao 类可以为 Dao 的基类,使用 JDBC 连接数据库、释放资源、执行 sql,可以被其他 Dao 实现类继承或实例化使用。

四、补充练习

编写测试类 BaseDaoTest，测试该类是否可以成功连接数据库。

提示：由于此处连接数据库的方式是使用微软驱动，所以需要向项目中添加该驱动的支持：sqljdbc42.jar。测试类代码如下：

```
package test;

import java.sql.Connection;
import java.sql.SQLException;

import dao.impl.BaseDao;

public class BaseDaoTest {
    public static void main(String[] args) {
        BaseDao baseDao = new BaseDao();
        Connection conn = null;
        try {
            conn = baseDao.getConn();
        } catch (ClassNotFoundException e) {
            e.printStackTrace();
        } catch (SQLException e) {
            e.printStackTrace();
        } finally {
            baseDao.closeAll(conn, null, null);
        }
    }
}
```

执行该程序，如果控制台无任何信息输出，说明连接数据库，释放资源操作执行正常。

实验 7　实现数据更新操作

一、实验内容

- UserDaoImpl 实现类继承 BaseDao 类。
- 实现添加用户和更新用户操作。

二、实验步骤

1. UserDaoImpl 类继承 BaseDao 类

UserDaoImpl 类已经实现 UserDao 接口，在此基础上继承 BaseDao 类，代码如下：

```
public class UserDaoImpl extends BaseDao implements UserDao {
……
}
```

2. 实现添加用户和更新用户方法

利用 BaseDao 类的功能，实现 UserDao 定义的 addUser(User user)和 updateUser(User user)方法，代码如下：

```
package dao.impl;

import java.sql.Connection;
import java.sql.PreparedStatement;
import java.sql.ResultSet;
import java.text.SimpleDateFormat;
import java.util.Date;

import dao.UserDao;
import entity.User;

public class UserDaoImpl extends BaseDao implements UserDao {

    private Connection conn = null;                      //保存数据库连接
    private PreparedStatement pstmt = null;              //用于执行 SQL 语句
    private ResultSet rs = null;                         //用户保存查询结果集

    /**
     * 添加用户
     * @param user
     * @return 添加条数
     */
    public int addUser(User user) {
        String sql =
    "insert into TBL_USER(username,userpass,gender,head,regTime) values(?,?," + user.getGen-
der() + ",?,?)";
        String time = new SimpleDateFormat("yyyy-MM-dd HH:mm:ss").format(new Date());
                                                                         //取得日期时间
        String[] parm = { user.getUserName(), user.getUserPass(),user.getHead(),time };
        return this.executeSQL(sql, parm);               //执行 sql,并返回影响行数
    }

    /**
     * 修改用户密码
     * @param user
     * @return 更新条数
     */
    public int updateUser(User user){
        String sql  = "update TBL_USER set userpass = ? where username = ?";
        String[] parm = { user.getUserPass(),user.getUserName() };
        return this.executeSQL(sql, parm);               //执行 sql,并返回影响行数
    }

    /**
     * 根据用户名查找用户
     * @param userName
     * @return 根据用户名查询的用户对象
     */
    public User findUser(String userName) {
        return null;
    }
```

```
    /**
     * 根据用户 id 查找用户
     * @param userId
     * @return 根据 userid 查询的用户对象
     */
    public User findUser(int userId) {
        return null;
    }
}
```

三、实验小结

本次实验有了 BaseDao 类的支持，执行添加、修改和删除操作时，代码量明显减少。

四、补充练习

（1）实现 UserDao、TopicDao、BoardDao 和 ReplyDao 接口中尚未实现的增、删、改方法。

（2）编写测试类使用 ReplyDao 的实现类添加回复信息。

实验 8　实现数据查询操作

一、实验内容

- 实现 TopicDao 接口查询主题列表的方法。
- 实现 BoardDao 接口查询版块 Map 的方法。

二、实验步骤

1. 实现查询主题列表方法

TopicDaoImpl 类已经实现 TopicDao 接口，在此基础上继承 BaseDao 类。实现 findListTopic(int page, int boardId)方法，代码如下：

```
package dao.impl;

import java.sql.Connection;
import java.sql.PreparedStatement;
import java.sql.ResultSet;
import java.util.ArrayList;
import java.util.List;

import dao.TopicDao;
import entity.Topic;

public class TopicDaoImpl extends BaseDao implements TopicDao {

    private Connection conn = null;                   //保存数据库连接
    private PreparedStatement pstmt = null;           //用于执行 SQL 语句
    private ResultSet rs = null;                      //用户保存查询结果集
```

```
/**
 * 添加主题
 *
 * @param topic
 * @return 增加条数
 */
public int addTopic(Topic topic) {
    return 0;
}

/**
 * 删除主题
 *
 * @param topicId
 * @return 删除条数
 */
public int deleteTopic(int topicId) {
    return 0;
}

/**
 * 更新主题
 *
 * @param topic
 * @return 更新条数
 */
public int updateTopic(Topic topic) {
    return 0;
}

/**
 * 查找一个主题的详细信息
 *
 * @param topicId
 * @return 主题信息
 */
public Topic findTopic(int topicId) {
    return null;
}

/**
 * 查找主题 List
 *
 * @param page
 * @return 主题 List
 */
public List findListTopic(int page, int boardId) {
    List list = new ArrayList();                //用来保存主题对象列表
    int rowBegin = 0;                           //开始行数,表示每页第一条记录在数
                                                  据库中的行数
```

```
        if (page > 1) {
            rowBegin = 20 * (page - 1);           //按页数取得开始行数,设每页可以显
                                                   示 10 条回复
        }
        String sql = "select top 20 * from TBL_TOPIC where boardId = " + boardId
                    + " and topicId not in (select top " + rowBegin
                    + " topicId from TBL_TOPIC where boardId = " + boardId
                    + " order by publishTime desc ) order by publishTime desc";
        try {
            conn = this.getConn();                     //获得数据库连接
            pstmt = conn.prepareStatement(sql);        //得到一个 PreparedStatement 对象
            rs = pstmt.executeQuery();                 //执行 SQL,得到结果集

            /* 将结果集中的信息取出保存到 list 中 */
            while (rs.next()) {
                Topic topic = new Topic();             //主题对象
                topic.setTopicId(rs.getInt("topicId"));
                topic.setTitle(rs.getString("title"));
                topic.setPublishTime(rs.getDate("publishTime"));
                topic.setUserId(rs.getInt("userId"));
                list.add(topic);
            }
        } catch (Exception e) {
            e.printStackTrace();                       //处理异常
        } finally {
            this.closeAll(conn, pstmt, rs);            //释放资源
        }
        return list;
    }

    /**
     * 根据版块 id 取得该版块的主题数
     *
     * @param boardId
     * @return 主题数
     */
    public int findCountTopic(int boardId) {
        return 0;
    }
}
```

2. 实现查询版块 Map 方法

BoardDaoImpl 类已经实现 BoardDao 接口，在此基础上继承 BaseDao 类。实现 findBoard()方法，代码如下：

```
package dao.impl;

import java.sql.Connection;
import java.sql.PreparedStatement;
import java.sql.ResultSet;
import java.util.ArrayList;
```

```
import java.util.HashMap;
import java.util.List;
import java.util.Map;

import dao.BoardDao;
import entity.Board;

public class BoardDaoImpl extends BaseDao implements BoardDao {
    private Connection conn = null;                    //用于保存数据库连接
    private PreparedStatement pstmt = null;            //用于执行 SQL 语句
    private ResultSet rs = null;                       //用户保存查询结果集
    private HashMap map = new HashMap();               //保存版块信息的 Map
    private int parentId = 0;             //父版块 id 初始值为 0,parentNo 将作为 map 的 key
    private List sonList = null;   //保存属于同一个父版块的一组子版块,将作为 map 的 value

    /**
     * 查找版块
     *
     * @return 封装了版块信息的 Map
     */
    public Map findBoard() {
        String sql = "select * from TBL_BOARD order by parentId,boardId";
                                                       //查询板块的 sql 语句
        try {
            conn = this.getConn();                     //得到数据库连接
            pstmt = conn.prepareStatement(sql);        //得到 PreparedStatement 对象
            rs = pstmt.executeQuery();                 //执行 sql 取得结果集
            sonList = new ArrayList();                 //实例化

            /* 循环将版块信息封装成 Map */
            while (rs.next()) {
                if (parentId != rs.getInt("parentId")) {
                    map.put(new Integer(parentId), sonList);
                                                       //将上一组子版块保存到 map 中
                    sonList = new ArrayList();
                                          //重新产生一个 ArrayList 对象,用于存放下一组子版块
                    parentId = rs.getInt("parentId");
                                              //为 parentNo 重新设值,用于 map 的新 key 值
                }
                Board board = new Board();             //版块对象
                board.setBoardId(rs.getInt("boardId"));                          //版块 ID
                board.setBoardName(rs.getString("boardName"));                 //版块名称
                sonList.add(board);                    //保存属于同一父版块的子版块
            }
            map.put(new Integer(parentId), sonList); //保存最后一个 sonList
        } catch (Exception e) {
            e.printStackTrace();                       //处理异常
        } finally {
            closeAll(conn, pstmt, rs);                 //释放资源
        }
        return map;
```

```
        }

        /**
         * 根据版块 id 查找版块
         *
         * @param boardId
         * @return
         */
        public Board findBoard(int boardId) {
            return null;
        }
}
```

三、实验小结

本次实验有了 BaseDao 类的支持，执行查询操作时，虽然代码量没有明显减少，但至少无须关注连接数据库和释放资源等操作，而是更多致力于将 ResultSet 结果集中的每一条数据转化为一个实体对象，多条记录（多个实体）就形成 List 集合对象。

四、补充练习

（1）实现 UserDao、TopicDao、BoardDao 和 ReplyDao 接口中尚未实现的查询方法。

（2）编写测试类使用 BoardDao 的实现类查询出版块信息，打印出版块信息。

第3章　网页设计基础

【本章要点】

- HTML 文字段落控制。
- HTML 表格布局和 DIV+CSS 布局。
- 使用 JavaScript 实现表单验证。

本章首先讲解 HTML 语言常用标签的使用方法，其次介绍表格布局和 DIV 布局，最后介绍常用的表单验证方法。

3.1　HTML 基础

HTML(HyperText Mark-up Language)即超文本标记语言，是目前网络上应用最为广泛的语言，也是构成网页文档的主要语言。HTML 是表示网页的一种规范，它通过标记符定义了网页内容的显示格式。在文本文件的基础上，增加一系列描述文本格式、颜色等的标记，再加上声音、动画以及视频等，形成精彩的画面。

HTML 文档制作相对简单，且功能强大，具有以下特点。

- 简易性：HTML 版本升级采用超集方式，从而更加灵活方便。
- 可扩展性：HTML 语言的广泛应用带来了加强功能，增加标识符等要求，HTML 采取子类元素的方式，为系统扩展带来保证。
- 平台无关性：虽然 PC 大行其道，但使用 MAC 等其他机器的大有人在，HTML 可以使用在广泛的平台上，这也是 WWW 盛行的另一个原因。

HTML 其实是文本，它需要浏览器的解释，HTML 的编辑器大体可以分为两种：基本编辑软件(Windows 自带的记事本或写字板)和所见即所得软件(Frontpage、Dreamweaver 等)。

1. HTML 文档的一般结构

HTML 文档是一种纯文本格式的文件，其基本结构可以分成以下三个部分。

- HTML 部分：每个文档都以打开 HTML 标记开始，以关闭 HTML 标记结束，即 <HTML>…</HTML>。
- 头部分：头部分以<HEAD>标记开始，以</HEAD>标记结束；此部分包含文档的标题、使用的脚本、样式定义等信息。还可以包含搜索工具和索引所要的其他信息。
- 正文部分：跟在头部分之后的内容，包含需要显示在网页中的文本、图形、链接、表格和表单等。以<BODY>标记开始，以</BODY>标记结束。

2. 利用记事本制作网页的步骤

具体操作步骤如下。

（1）打开记事本。在任务栏的搜索框中输入“记事本”，单击打开“记事本”编辑环境。

（2）编辑 HTML 文档。按照 HTML 语法规则编辑内容。

（3）保存 HTML 文档。在记事本中选择“文件|保存”命令，在弹出的“另存为”对话框中首先选定文件要存放的位置；然后在“文件名”文本框中输入以.html 或.htm 为扩展名的文件名；在“保存类型”下拉列表框中选择“所有文件(*.*)”选项；最后单击“保存”按钮将记事本内容保存即可。

（4）浏览 HTML 文档。要浏览已经创建好的 HTML 文档的方法很多，最简单的方法就是双击.htm 文件，将会直接在默认的浏览器中打开对应的文件。

3. HTML 文档的书写规则

这里需要提醒读者的是，HTML 具有一定的书写规则。了解这些规则有助于读者更加全面快速地掌握 HTML，将书写规则归纳为以下几点。

- 元素的开始标记包含在“<”和“>”之间，结束标记包含在“</”和“>”之间。
- 所有非单标记必须有相匹配的开始标记和结束标记。
- 文档具有唯一的根元素 html，它包含所有其他元素。
- 所有元素必须正确嵌套。不能出现像<head><body>…</head></body>这样的代码。
- 标记的属性可以有选择地使用，属性之间没有顺序的要求。
- 元素的属性表示为“名字=值”的形式，值必须包含在双引号或单引号中。
- 属性名不区分大小写，建议用小写表示。
- HTML 并不要求在书写时缩进，但是为了程序的易读性，一般建议使用标记时首尾对齐，内部的内容向右缩进几格。

【例 3.1】 制作一个简单的网页。其效果如图 3.1 所示。

```
<html>
    <head>
        <title> 制作一个简单的网页 </title>
    </head>
    <body>
        这里是正文部分
    </body>
</html>
```

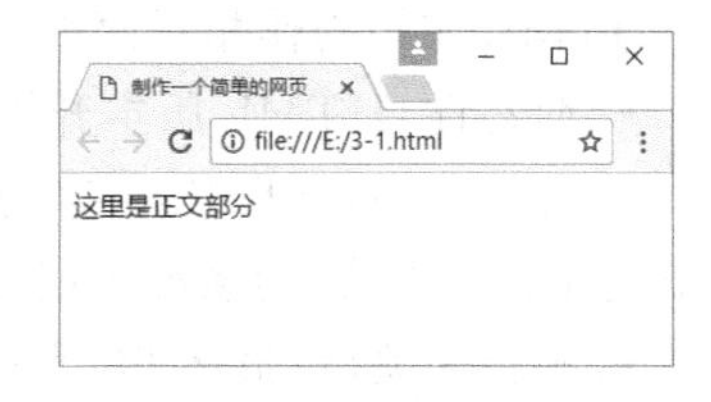

图 3.1　一个简单的网页文件

3.2 头部内容

HTML 文档的结构包括头部和主体部分，其中头部提供关于网页的信息，主体部分提供网页的具体内容。

头部信息都存放在<head></head>标记之间，在该标记中可以添加元数据、样式和脚本等多个标记。

3.2.1 <title>标记

浏览器窗口顶部显示的文本信息一般是网页的“标题”，在<title></title>标记之间加入要显示的标题文本即可，如例 3.1 所示。

3.2.2　<base>标记

<base>标记为页面上所有链接指定的默认地址或默认目标。该标记包含两个常用属性：href 属性用于设置网页文件链接的地址；target 属性用于设置页面显示的目标窗口，它的值可以是_blank、_parent、_self、_top。

【例 3.2】 演示<base>标记的用法。

```
<html>
    <head>
        <base href = "http://www.baidu.com" />
        <base target = "_blank">
    </head>
    <body>
        <img src = "logo.gif">
    </body>
</html>
```

3.2.3　<meta>标记

元数据<meta>标记主要功能是定义页面的一些信息。例如，文件的关键字、作者信息、网页过期时间等，HTML 文件的头部文件可以有多个<meta>标记。

基本语法：<meta http-equiv="" name="" content="">

注意：http-equiv 属性用于设置一个 http 的标题域，但确定值由 content 属性决定，name 属性用于设置元信息出现的形式，content 属性用于设置元信息出现的内容。

- 设置页面关键字——keywords

网页中的关键字主要是为搜索引擎服务的，有时为了提高网站被搜索引擎搜到的概率，需要设置多个跟网站主题相关的关键字：<meta name="keywords" content="value">。value 用于说明为该网页定义的关键字，可以是多个关键字。

- 设置页面过期时间——expires

设置页面过期时间或者跳转，这就需要设置网页元信息的 http-equiv 属性和 content 属性来设置网页的过期时间：<meta http-equiv="expires" content="value">。expires 用于设计页面过期时间，content 属性设置具体过期时间。

3.3　主体内容

<body></body>是 HTML 文档的主体部分，可以包含<p></p>、<h1></h1>、<a></a>、<input/>等多种标记，文本、图像都会在其中显示出来。

3.3.1　文字段落控制

1. 分段标记 <p>…</p>

在一般情况下，正文标记符<body>…</body>之间的文本是以无格式的方式显示的，浏览器会忽略 HTML 文档中的多余空格或回车符，文本显示的行宽是随着浏览器宽度的改变而自动变化的。那么，要将文本划分段落就必须使用换行标记、分段标记等。

分段标记放在一个段落的头尾，用于定义一个段落。<p>…</p>标记不但使标记的文本文字独立成为一段，还可以使段与段之间显示效果上多空一行。格式为：

```
<p align = "left | center | right"> 文字 </p>
```

说明：属性 align 用来设置段落在页面中的水平对齐方式。其中 left 为默认取值，表示左对齐；center 表示居中对齐；right 表示右对齐。

【例 3.3】 段落标记的使用。

```
<html>
    <head>
        <title>段落标记的使用</title>
    </head>
    <body>
        <p align = "center">枫桥夜泊</p>
        <p align = "center">张继</p>
        <p align = "right">月落乌啼霜满天，江枫渔火对愁眠。</p>
        <p align = "left">姑苏城外寒山寺，夜半钟声到客船。</p>
    </body>
</html>
```

2. 换行标记

标记是在文档中强制换行，它只有开始标记没有结束标记，称为单标记，它可以包含属性，但没有结束标记。格式为：

```
文本<br>
```

<p>与
的区别在于：前者是将文本划分为段落，而后者是在同一段内强制换行，不会在行与行之间留下空行。需要产生多个空行，可以连续使用多个
标记实现，但是<p>标记不能完成此功能。以
标记产生的空行比<p>标记分段产生的行间距要小。

【例 3.4】 换行标记的使用。

```
<html>
    <head>
        <title>换行标记的使用</title>
    </head>
    <body>
        <p align = "center">望月怀远</p>
        <p align = "center">张九龄</p>
        <p align = "right">海上生明月，天涯共此时.<br>
            情人怨遥夜，竟夕起相思。<br>
            灭烛怜光满，披衣觉露滋。<br>
            不堪盈手赠，还寝梦佳期。<br>
        </p>
    </body>
</html>
```

例 3.3 和例 3.4 网页显示分别如图 3.2 和图 3.3 所示。

3. 标题标记<hn>…</hn>

标题是一段文字的核心，一般总是用加强的效果来突出显示。网页中的信息可以根据主次不同设置不同大小的标题，为文章增加条理。

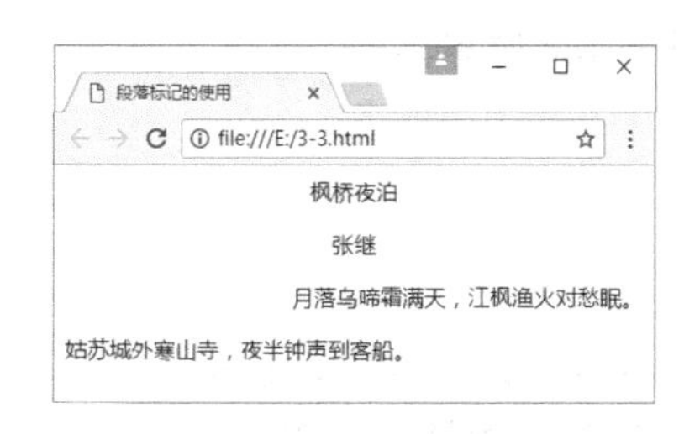

图 3.2　段落标记的使用

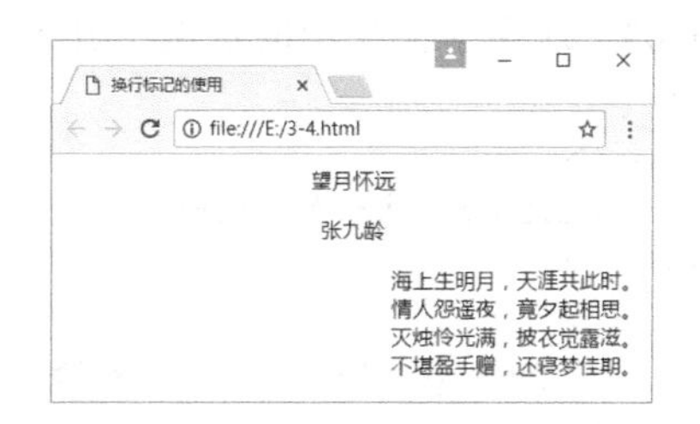

图 3.3　换行标记的使用

HTML 文档中应用<hn>标记后，浏览器会自动将字体解释成“黑体”，同时将内容设置为一个段落。格式为：

```
<hn align = "left | center | right"> 标题文字 </hn>
```

说明：*n* 用来表示标题文字的大小，*n* 取 1～6 的整数，取 1 时文字最大，取 6 时文字最小。属性 align 用来设置标题在页面中的水平对齐方式。其中 left 为默认取值，表示左对齐；center 表示居中对齐；right 表示右对齐。

【例 3.5】　比较普通文本与六级至一级标题的不同效果。其效果如图 3.4 所示。

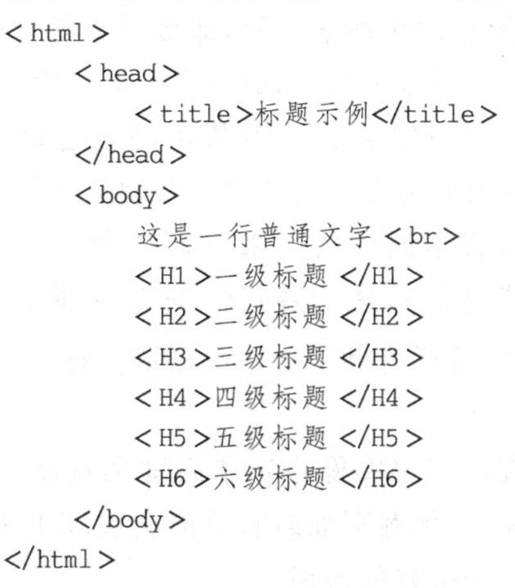

```
<html>
    <head>
        <title>标题示例</title>
    </head>
    <body>
        这是一行普通文字<br>
        <H1>一级标题</H1>
        <H2>二级标题</H2>
        <H3>三级标题</H3>
        <H4>四级标题</H4>
        <H5>五级标题</H5>
        <H6>六级标题</H6>
    </body>
</html>
```

图 3.4　标题示例

4．字体标记<font>…</font>

在网页中为了增强页面的层次感，文字可以用大小、字体、颜色来区分。<font>标记用于控制字符的样式。格式为：

```
<font size = "字体大小" face = "字体名称" color = "颜色">被设置的文字内容</font>
```

字体标记属性功能说明如表 3.1 所示。

表 3.1　字体标记属性说明

属性名	功　能　说　明
size	设置字体大小，取绝对值时可取 1～7，3 为默认值，值越大文字显示越大；取相对值时，+1 表示比默认值大一号，反之亦然
face	设置字体，指定字体名称。中文默认字体为“宋体”，英文默认字体为 Times New Roman
color	设置文字颜色，默认值为黑色，其值可取颜色名称，也可取十六进制值

【例 3.6】 应用字体标记的示例。其效果如图 3.5 所示。

```
<html>
    <head>
        <title>字体示例</title>
    </head>
    <body>
        <font size="3" color="red">This is some text!</font><br>
        <font size="2" color="blue">This is some text!</font><br>
        <font face="verdana" color="green">This is some text!</font>
    </body>
</html>
```

3.3.2 图像标记

在 HTML 中，图像由<img>标记定义。<img>是单标记。要在页面上显示图像，需要使用源属性(src)，src 指"source"。源属性的值是图像的 URL 地址。定义图像的语法是：

```
<img src="url" alt="some_text" width="" height="">
```

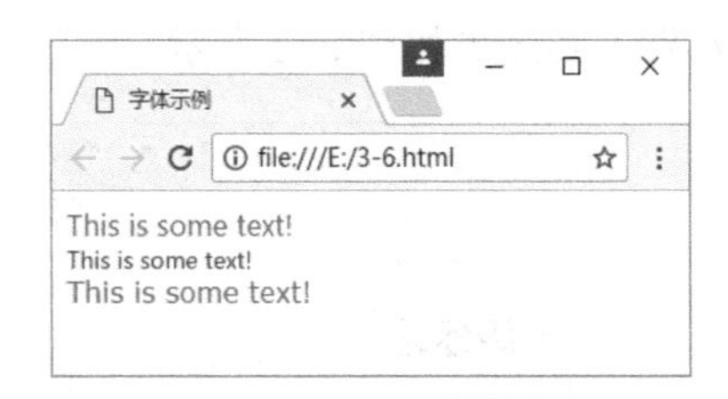

图 3.5 字体标记示例

浏览器将图像显示在文档中图像标签出现的地方。如果将图像标签置于两个段落之间，那么浏览器会首先显示第一个段落，然后显示图片，最后显示第二段。

alt 属性用来为图像定义一串预备的可替换的文本，替换文本属性的值是用户定义的。在浏览器无法载入图像时，用替换文本属性的值来告诉读者失去的信息。此时，浏览器将显示这个替代性的文本而不是图像。为页面上的图像都加上替换文本属性是个好习惯，这样有助于更好地显示信息，并且对于那些使用纯文本浏览器的人来说是非常有用的。

height 与 width 属性用于设置图像的高度与宽度。如果图像指定了高度和宽度，页面加载时就会保留指定的尺寸。如果没有指定图片的大小，加载页面时有可能会破坏 HTML 页面的整体布局。所以指定图像的高度和宽度也是一个很好的习惯。

3.3.3 超链接标记

HTML 使用标签<a>来设置超文本链接。超链接可以是一个字、一个词，或者一组词，也可以是一幅图像，可以单击这些内容来跳转到新的文档或者当前文档中的某个部分。当把鼠标指针移动到网页中的某个链接上时，鼠标指针会变为一只小手。在标签<a>中使用了 href 属性来描述链接的地址。链接语法为：

```
<a href="url">链接文本</a>
```

例如：

```
<a href="http://www.baidu.com">访问百度</a>
```

上面这行代码显示为：访问百度，单击这个超链接会把用户带到百度的首页。

使用 target 属性，可以定义被链接的文档在何处显示。下面这行会在新窗口打开被链接的文档：

```
<a href="http://www.baidu.com/" target="_blank">访问百度</a>
```

3.3.4 表格

要设计好的网页，网页的合理布局非常关键。表格可以将文本和图片按行、列排列，实现网页的布局要求，利于表达信息。

1. 表格的基本结构

表格由<table>标记来定义。每个表格均有若干行（由<tr>标记定义，结束标记</tr>可以省略，表格有多少行就应该定义多少个<tr>标记)，每行被分割为若干单元格（由<td>标记定义，结束标记</td>可以省略。表格中有多少个单元格就应该定义多少个<td>标记)。字母td指表格数据(table data)，即数据单元格的内容。数据单元格可以包含文本、图片、列表、段落、表单、水平线、表格等。格式为：

```
<table border = "n" width = "x|x%" height = "y|y%" cellspacing = "I" cellpadding = "j">
    <tr><th>表头1</th><th>表头2</th><th>…</th><th>表头n</th></tr>
    <tr><td>表项1</td><td>表项2</td><td>…</td><td>表项n</td></tr>
    ……
    <tr><td>表项1</td><td>表项2</td><td>…</td><td>表项n</td></tr>
</table>
```

通过上面的格式可以看出在网页中，创建一个表格需要若干个标记按照一定的结构顺序排列实现。

【例3.7】 网页中简单表格示例。其效果如图3.6所示。

```
<html>
    <head>
        <title>简单表格示例</title>
    </head>
    <body>
        <table border = "1">
            <tr><td> row 1, cell 1 </td><td> row 1, cell 2 </td>
            <tr><td> row 2, cell 1 </td><td> row 2, cell 2 </td>
        </table>
    </body>
</html>
```

【例3.8】 表格中单元格间距的设置使用。其效果如图3.7所示。

```
<html>
    <head>
        <title>表格中单元格间距的设置使用</title>
    </head>
    <body>
        <table border = "3" cellspacing = "10">
            <tr><td> row 1, cell 1 </td><td> row 1, cell 2 </td>
            <tr><td> row 2, cell 1 </td><td> row 2, cell 2 </td>
        </table>
        <table border = "3" cellpadding = "15">
            <tr><td> row 1, cell 1</td><td> row 1, cell 2 </td>
            <tr><td> row 2, cell 1 </td><td> row 2, cell 2 </td>
        </table>
    </body>
</html>
```

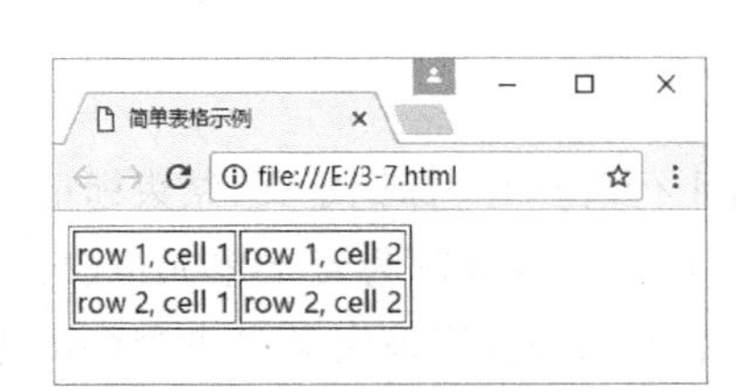

图 3.6　简单表格示例

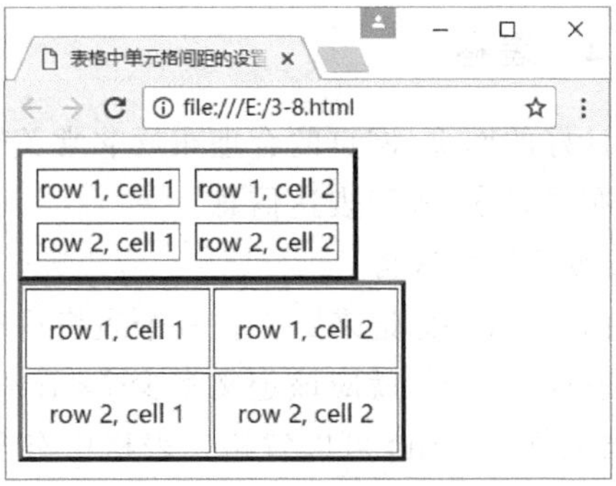

图 3.7　表格中单元格间距的设置使用

2. 不规则表格

网页中经常会需要使用不规则表格，可以通过设置< td >、< th >的 rowspan 和colspan 属性实现。

【例 3.9】 跨列示例。其效果如图 3.8 所示。

```
< html >
    < head >
        < title > 跨列示例 </title>
    </head >
    < body >
        < table border = 1 >
            < tr >< td > 1,1 < td > 1,2 < td > 1,3
            < tr >< td colspan = 2 > 2,1 2,2 < td > 2,3
        </table >
    </body >
</html >
```

【例 3.10】 跨行示例。其效果如图 3.9 所示。

```
< html >
    < head >
        < title >跨行示例</title >
    </head >
    < body >
        < table border = 1 >
            < tr >< td > 1,1 < td rowspan = 2 > 1,2 < BR > 2,2 < td > 1,3
            < tr >< td > 2,1 < td > 2,3
        </table >
    </body >
</html >
```

图 3.8　跨列示例

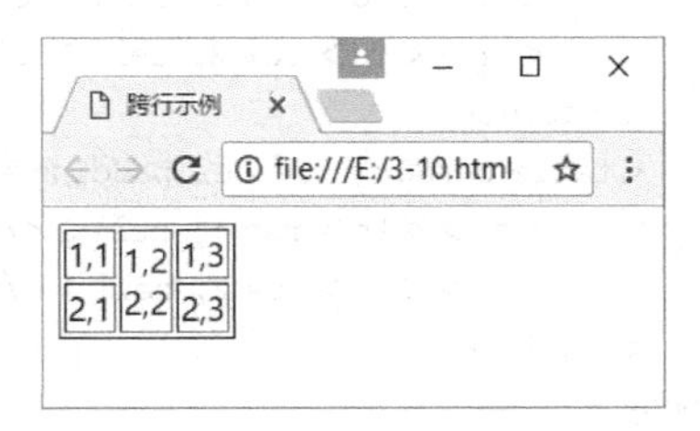

图 3.9　跨行示例

3.3.5　表单

一般情况下，WWW 除了向用户提供信息浏览服务外，还必须提供用户与服务器之间的信息交流。例如，用户注册时，要向服务器提供自己的基本信息，而服务器向用户反馈注册成功与否的信息。要实现这样的交互操作，HTML 通过表单(form)来实现。

1. 表单的基本概念

网页中具有可输入项及项目选择等控件所组成的栏目称为表单。网页中就是通过表单来交流和反馈信息的。定义表单的标记有<form>…</form>和<input>，基本语法与格式为：

```
<form name="表单名" action="URL" method="get|post">
    <input type="表单项类型" name="表单项名称" value="默认值" size="x" maxlength="y">
        ……
</form>
```

<form>标记主要处理表单结果的处理和传输。<input>标记主要用来设计表单中提供给用户的输入形式，是单标记。它们的属性如表 3.2 所示。

表 3.2　<form>和<input>标记属性

标记名	属性名	功　能　说　明
<form>	name	设置表单名称，在一个网页中唯一标识一个表单
	action	设置表单的处理方式，往往是网址
	method	设置表单的数据传送方向，取值为 get(获得表单)和 post(送出表单)
<input>	type	设置加入表单项的类型，取值为 text(单行文本框)、password(密码框)、checkbox(复选框)、radio(单选按钮)、submit(提交按钮)、reset(重置按钮)和 button(自定义按钮)
	name	设置表单项的控件名
	value	设置控件对应初始值
	size	设置单行文本区域的宽度
	maxlength	设置允许输入的最大字符数目

2. 常用表单元素及其应用

(1) 单行文本框

单行文本框为用户提供了输入简单文字的页面元素。格式为：

```
<input type="text" name="名称" value="文本框初始值" size="文本框宽度" maxlength="允许输入的最长字符数">
```

(2) 密码框

密码框是提供输入用户密码的页面元素，密码字符串显示为“*”。格式为：

```
<input type="password" name="名称" value="密码框初始值" size="密码框宽度" maxlength="允许输入的最长字符数">
```

(3) 按钮

网页制作中按钮分为三种类型：提交按钮、重置按钮和自定义按钮。每种按钮都有自己特定的使用场合。

提交按钮为用户提供将表单数据发送到服务器端的页面元素，当用户单击“提交”按钮时，浏览器自动完成信息传送任务，用户无须为提交按钮编写任何代码。

重置按钮为用户提供将表单中已经存在的数据清除的页面元素，当用户单击“重置”按钮时，浏览器将自动清空表单中的数据，用户无须为重置按钮编写任何代码。

当用户单击自定义按钮时，可以触发特定事件，事件函数的代码必须由用户编写。

三种按钮的语法格式如表3.3所示。

表3.3　按钮的语法格式

类型	语法格式
提交按钮	<input type="submit" name="控件名" value="按钮名">
重置按钮	<input type="reset" name="控件名" value="按钮名">
自定义按钮	<input type="botton" name="控件名" value="按钮名">

(4) 复选框

页面中有些地方需要列出几个项目，让浏览者通过选择按钮选择项目。选择按钮可以是复选框(checkbox)或单选按钮(radio)。用<input>标记的type属性可以设置选择按钮的类型，属性value可设置该选项按钮的控制初值。checked表示是否选择该选项。Name属性是控件名称，同一组的选择按钮的控件名称是一样的。

复选框格式为：

```
<input type="checkbox" name="控件名" value="复选框值"  checked>
```

(5) 单选按钮

单选按钮格式为：

```
<input type="radio" name="控件名" value="单选按钮值" checked>
```

只有一组单选按钮的name值相同时，才能达到单项选择(互斥选择)的目的。

(6) 多行文本框

表单中的意见反馈往往需要浏览者发表意见或建议，提供的输入区域一般较大，可以输入较多的文字，此时可使用多行文本框。多行文本框使用<textarea>…</textarea>标记设置。格式为：

```
<textarea name="控件名称" rows="行数" cols="列数">
    多行文本
</textarea>
```

其中，rows和cols属性设置的是不用滚动条就可以看到的部分。

3. 表单综合示例

为了表单在网页中显示整齐，一般在表单中使用无线表格。下面举一个表单综合示例，将表单与表格结合，学习使用表格来布局表单。

【例3.11】 网页中经常需要浏览者留言，下面设计一个关于留言簿的表单综合示例。其效果如图3.10所示。

```
<html>
    <head><title>表单综合示例</title></head>
    <body>
        <h1 align="center">请留言</h1>
```

图 3.10　表单综合示例

```
<form method = "post">
    <table border = "1" cellspacing = "0" align = "center">
        <tr>
            <td>姓名：
            <td><input name = "name" type = "text" size = "20">
            <td>密码：
            <td><input name = "psw" type = "password" size = "20">
        <tr>
            <td>性别：
            <td>
                <input name = "sex" type = "radio" value = "1" checked>男
                <input name = "sex" type = "radio" value = "2">女
            <td>爱好：
            <td>
                <input name = "hobby1" type = "checkbox">电影
                <input name = "hobby2" type = "checkbox">音乐
                <input name = "hobby3" type = "checkbox">读书
                <input name = "hobby4" type = "checkbox">旅游
        <tr>
            <td>Email:
            <td><input name = "email" type = "text" size = "20">
            <td>专业：
            <td>
                <select name = "pro"size = "1">
                    <option>请选择您所学的专业
                    <option>心理学
                    <option>计算机
                    <option>国际贸易
                </select>
        <tr>
            <td>主题：
            <td colspan = "3">
                <input name = "email" type = "text" size =  "60">
        <tr>
            <td>留言：
            <td colspan = "3">
                <textarea name = "memo" rows = "6" cols = "60">请写下您的留言
                </textarea>
```

```
                    <tr>
                        <td colspan="4" align="center">
                            <input name="submit" type="submit">
                            <input name="reset" type="reset" value="清除重写">
                </table>
            </form>
        <body>
</html>
```

3.4 页面布局

3.4.1 表格布局

利用表格布局可以在一个布局表格中使用多个布局单元格对页面进行布局。这是进行 Web 页面布局最常用的方法，也可以使用多个单独的布局表格进行更复杂的布局，或者将一个新的布局表格嵌套在现有的布局表格中进行布局。这样可以灵活而随心所欲地进行布局，而不用担心其他部分被更改时受到影响。

图 3.11 表格布局

【例 3.12】 完成如图 3.11 所示的网页布局。

在 Dreamweaver 中制作该表格布局的步骤如下。

(1) 插入一个 3 行 1 列宽度是 350 像素、边框为 0 像素的表格，其他属性设置如图 3.12 所示。

(2) 将光标点定位到第 2 行，插入一个 1 行 3 列且宽度为 100%的表格，如图 3.13 所示。

(3) 将光标点定位到第 3 行，插入一个 5 行 2 列且宽度为 100%的表格，如图 3.14 所示。

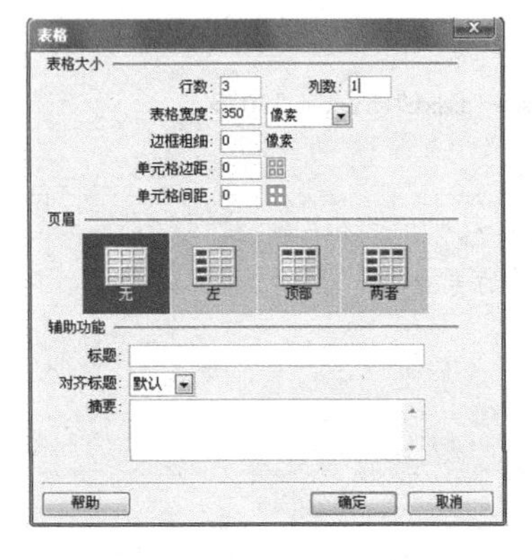

图 3.12 插入整体表格

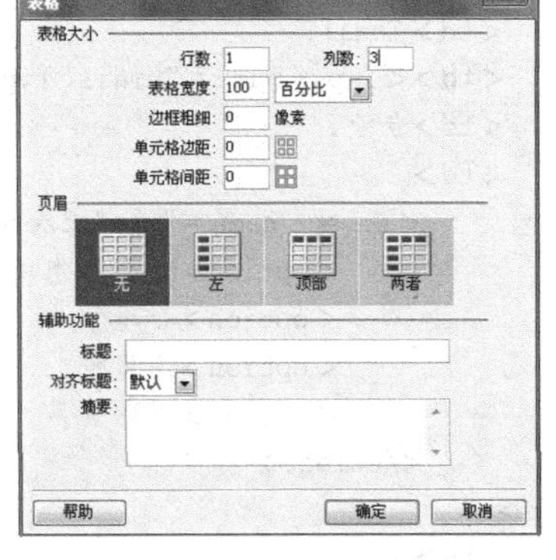

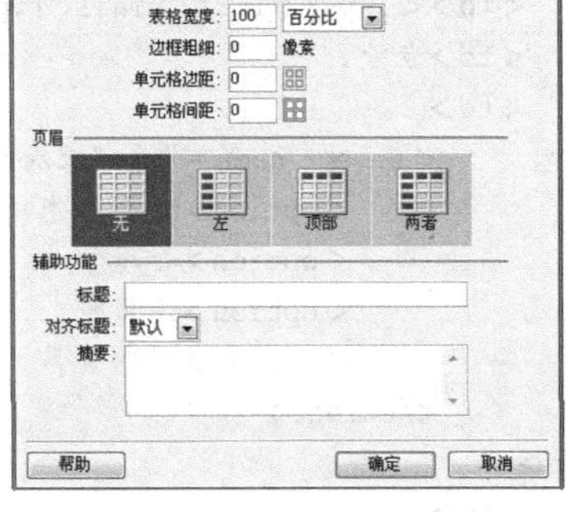

图 3.13 在第 2 行中插入表格

图 3.14 在第 3 行中插入表格

经过上述三个步骤完成的表格布局的效果如图 3.15 所示。

(4) 在相应的单元格中插入所需的图像、文字等。

表格布局具有方便、排列有规律、结构均匀的优点，但也存在明显的不足：

- 产生垃圾代码；

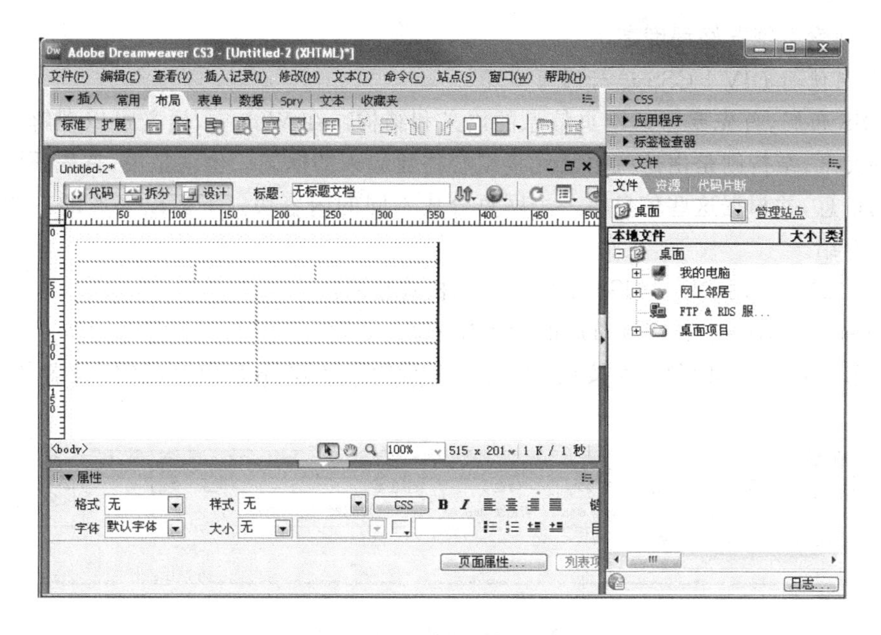

图 3.15　表格布局后的效果

- 影响页面下载时间；
- 灵活性不大，难以修改。

基于以上所述的表格布局的优缺点，表格布局一般应用于内容或数据整齐的场合。

3.4.2　DIV+CSS 布局

1. 什么是 DIV 和 CSS

DIV 是指 HTML 标记集中的标记“< div >”，中文可以理解为层的概念。简单来说，DIV 元素是用来为 HTML 文档内大块(block-level)的内容提供布局结构和背景的。DIV 的开始标记和结束标记之间的所有内容都是用来构成这个块的，其中所包含元素的特性由 DIV 标记的属性来控制，或者是通过使用样式表格式化这个块来进行控制。在可以预计的将来，表格的地位依然十分重要，但是 DIV 必然代表网络世界的发展方向。

CSS 是 Cascading Style Sheets 的简称，中文译作“层叠样式表”，通常把它称作样式表，是一种格式化网页的标准方式。在网页中使用 CSS 技术，不光可以控制大多数传统的文本格式，还可以有效地对页面的布局、颜色、背景和其他效果实现更加精确的控制。只要对相应的代码做一些简单的修改，就可以改变同一页面的不同部分，或者不同页面的网页的外观和格式。

2. 网页中采用 DIV+CSS 的优势

使用 DIV+CSS 技术可以使网页的内容和样式进行分离，这对于所见即所得的传统表格布局设计方式是一个很大的冲击。DIV+CSS 技术具有以下优势：

- 网页改版维护更加方便快捷；
- 保持视觉的一致性；
- 使页面载入更快；

- 对搜索引擎友好程度高。

3. *如何使用 DIV+CSS 进行网页布局*

用 CSS 布局，首先要考虑网页信息的语义和结构。在 Web 中，语义可以理解为构建网页的各种元素，结构则是由这些语义元素组合搭建起来的框架。也就是说，首先要清楚页面要显示的信息，并根据这些信息将一个网页分成不同的内容块。下面以经典的三栏式布局为例进行介绍。

【例 3.13】 利用 DIV+CSS 制作经典三栏式布局。

在 Dreamweaver 中制作该布局的步骤如下。

(1) 选择布局工具栏的按钮，在页面上绘制一个层 apDiv1，各属性设置如图 3.16 所示。

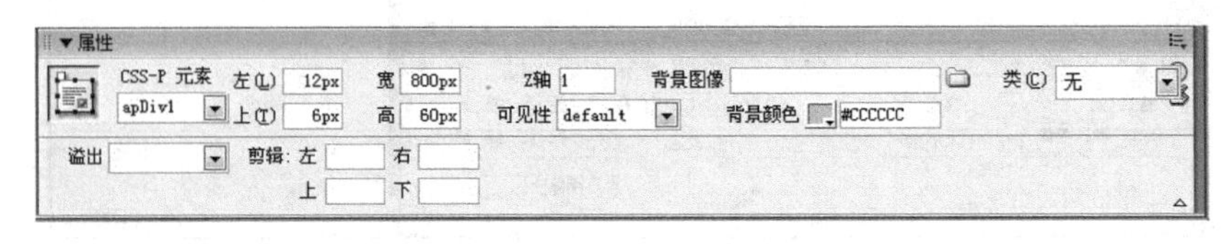

图 3.16　apDiv1 的属性设置

(2) 选择布局工具栏的按钮，在页面上绘制一个层 apDiv2，各属性设置如图 3.17 所示。

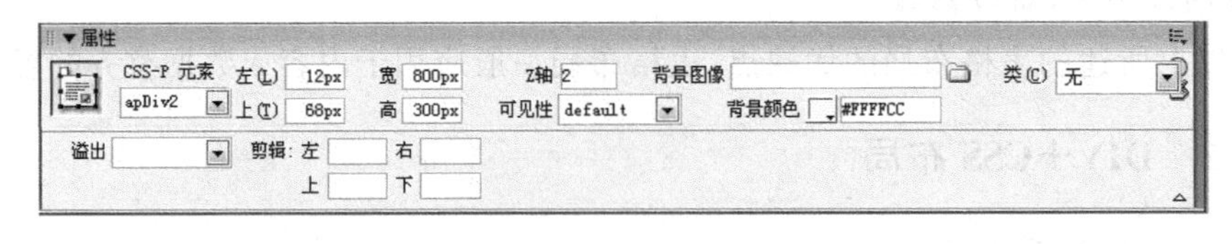

图 3.17　apDiv2 的属性设置

(3) 选择布局工具栏的按钮，在页面上绘制一个层 apDiv3，各属性设置如图 3.18 所示。

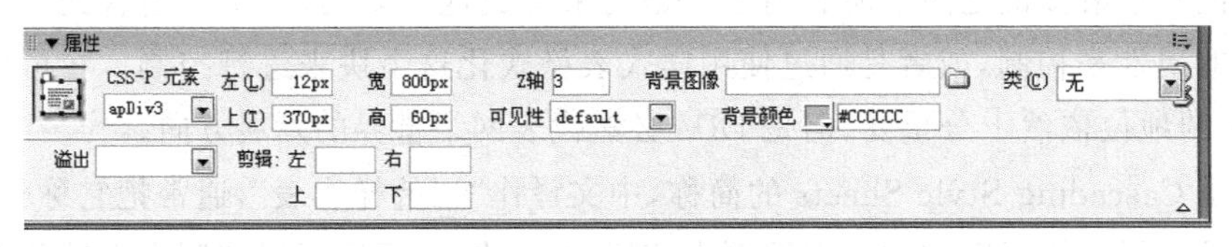

图 3.18　apDiv3 的属性设置

(4) 经过布局之后的页面效果如图 3.19 所示。

图 3.19　经过布局之后的页面效果

进过第一步的 DIV＋CSS 布局之后，可以在层上按照要求添加布局表格，满足整体网页的结构需求。

3.5 JavaScript 的简单应用

3.5.1 什么是 JavaScript

JavaScript 是一种基于对象的脚本语言，使用它可以开发 Internet 客户端的应用程序。JavaScript 在 HTML 页面中以语句形式出现，并且可以执行相应的操作。

JavaScript 是一种解释型的、基于对象的脚本语言。尽管与诸如 C＋＋和 Java 这样成熟的面向对象的语言相比，JavaScript 的功能要弱一些，但对于它的预期用途而言，JavaScript 的功能已经足够大了。

JavaScript 不是任何其他语言的精简版（例如，它只是与 Java 有点模糊而间接的关系），也不是任何事物的简化。不过，它有其局限性。例如，不能使用该语言来编写独立运行的应用程序，并且该语言读写文件的功能也很少。此外，JavaScript 脚本只能在某个解释器上运行，该解释器可以是 Web 服务器，也可以是 Web 浏览器。

JavaScript 具有如下特点。

- JavaScript 使网页增加互动性。
- JavaScript 使有规律重复的 HTML 文段简化，减少下载时间。
- JavaScript 能及时响应用户的操作，对提交表单进行即时的检查，无须浪费时间交由 CGI 验证。
- JavaScript 的特点是无穷无尽的，只要你有创意。

一个 JavaScript 程序其实是一个文档、一个文本文件。它是嵌入 HTML 文档中的。所以，任何可以编写 HTML 文档的软件都可以用来开发 JavaScript。

3.5.2 JavaScript 的事件处理

事件是浏览器响应用户交互操作的一种机制，JavaScript 的事件处理机制可以改变浏览器响应用户操作的方式，这样就开发出具有交互性并易于使用的网页。

浏览器为了响应某个事件而进行的处理过程，叫作事件处理。

事件定义了用户与页面交互时产生的各种操作，例如单击超链接或按钮时，就产生一个单击（click）操作事件。浏览器在程序运行的大部分时间都等待交互事件的发生，并在事件发生时，自动调用事件处理函数，完成事件处理过程。

事件不仅可以在用户交互过程中产生，而且浏览器自己的一些动作也可以产生事件，例如，当载入一个页面时，就会发生 load 事件；卸载一个页面时，就会发生 unload 事件等。

归纳起来，必须使用的事件有三大类：

- 引起页面之间跳转的事件，主要是超链接事件。
- 事件浏览器自己引起的事件。
- 事件在表单内部同界面对象的交互。

3.5.3 JavaScript 的数据类型和变量

1. JavaScript 的数据类型

JavaScript 有六种数据类型。主要的类型有 number、string、object 以及 Boolean 类型，其他两种类型为 null 和 undefined，每种类型的使用说明如表 3.4 所示。

表 3.4 JavaScript 的数据类型

数据类型	说 明
String 字符串类型	用单引号或双引号来说明，如“The cow jumped over the moon.”
数值类型	支持整数和浮点数。整数可以为正数、0 或者负数；浮点数可以包含小数点，也可以包含一个“e”（大小写均可，在科学记数法中表示“10 的幂”）或者同时包含这两项
Boolean 类型	可能的 Boolean 值有 true 和 false。这是两个特殊值，不能用作 1 和 0
Undefined 类型	一个为 undefined 的值就是指在变量被创建后，但未给该变量赋值以前所具有的值
Null 类型	Null 值就是没有任何值，什么也不表示
Object 类型	除了上面提到的各种常用类型外，对象也是 JavaScript 中的重要组成部分，这部分将在后面章节详细介绍

2. JavaScript 的变量

在 JavaScript 中变量用来存放脚本中的值，这样在需要用这个值的地方就可以用变量来代表，一个变量可以是一个数字、文本或其他一些东西。

JavaScript 是一种对数据类型变量要求不太严格的语言，所以不必声明每一个变量的类型，变量声明尽管不是必需的，但在使用变量之前先进行声明是一种好的习惯。可以使用 var 语句来进行变量声明。例如，var men = true;//men 中存储的值为 Boolean 类型。

JavaScript 是一种区分大小写的语言，因此将一个变量命名为 computer 和将其命名为 Computer 是不一样的。

另外，变量名称的长度是任意的，但必须遵循以下规则：

- 第一个字符必须是一个字母（大小写均可）、一个下划线(_)或一个美元符($)。
- 后续的字符可以是字母、数字、下划线或美元符。

3.5.4 JavaScript 的对象及其属性和方法

JavaScript 是基于对象的编程，而不是完全的面向对象的编程。通俗的说，对象是变量的集合体，对象提供对于数据的一致的组织手段，描述了一类事物的共同属性。

在 JavaScript 中，可以使用以下几种对象：

- 由浏览器根据 Web 页面的内容自动提供的对象。
- JavaScript 的内置对象，如 Date、Math 等。
- 服务器上的固有对象。
- 用户自定义的对象。

JavaScript 中的对象是由属性和方法两个基本的元素构成的。对象的属性是指对象的背景色、长度、名称等。对象的方法是指对属性所进行的操作，就是一个对象自己所属的函数，如对对象取整、使对象获得焦点、使对象获得随机数等一系列操作。

在进行表单验证时，常用 String 对象。表 3.5 总结出 String 对象常用的属性和方法。

表 3.5　String 对象常用的属性和方法

	名称	说明
属性	length	获取字符串字符的个数
方法	indexOf("子字符串",起始位置)	查找子字符串的位置
	charAt(index)	获取位于指定索引位置的字符
	substring(index1,index2)	求子串
	toLowerCase(　)	将字符串转换成小写
	toUpperCase(　)	将字符串转换成大写

3.5.5　表单验证示例

【例 3.14】　电子邮件的格式验证。效果如图 3.20 所示。

当用户在文本框中输入电子邮件时，要对电子邮件的格式进行验证。一般从三个方面进行：

- 电子邮件不能为空；
- 电子邮件中必须有@符号；
- 电子邮件中必须有.符号。

关键代码如下：

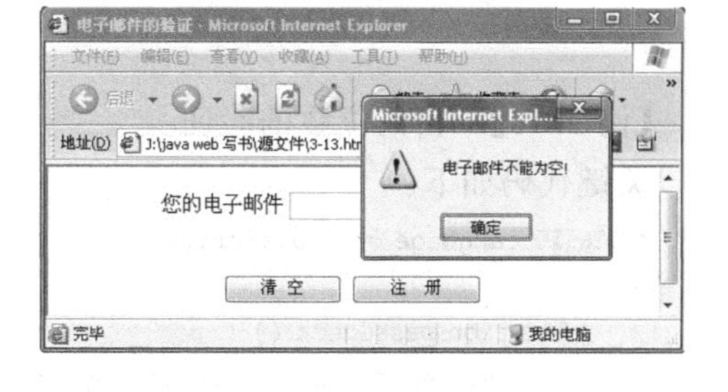

图 3.20　电子邮件格式验证

```
<SCRIPT LANGUAGE = "JavaScript">
    function checkEmail ( )
        {
            var strEmail = document.myform.txtEmail.value;
            if (strEmail.length == 0)
                {
                alert("电子邮件不能为空!");
                    return false;
                }
        if (strEmail.indexOf("@",0) == -1)        //返回结果 -1 表示没找到"@"字符
                {
                alert("电子邮件格式不正确\n 必须包含@符号!");
                    return false;
                }
            if (strEmail.indexOf(".",0) == -1)   //返回结果 -1 表示没找到"."字符
                {
                alert("电子邮件格式不正确\n 必须包含.符号!");
                    return false;
                }
            return true;
        }
</SCRIPT>
......
```

```
< FORM name = "myform" method = "post" action = "reg_success. htm" onSubmit = "return checkEmail( )">
……                                                        //表单的提交事件
< INPUT name = "registerButton" type = "submit" id = "registerButton" value = "注 册"   >
……
```

【例 3. 15】 验证用户名中不能包含数字。

关键代码如下：

```
< SCRIPT language  =  "JavaScript">
    function checkUserName () {
        var fname  =  document. myform. txtUser. value;
        if(fname. length ! =  0){
        for(i = 0;i < fname. length;i + + ){
        var ftext  =  fname. substring(i,i + 1);        // 验证用户名不能包含数字
        if(ftext < 9 || ftext > 0){
            alert("名字中包含数字 \n" + "请删除名字中的数字和特殊字符");
            return false                    }          }      }
            else{
                alert("请输入“名字”文本框");
            document. myform. txtUser. focus();
            return false       }
            return true;       }
……
```

【例 3. 16】 密码位数的验证。

关键代码如下：

```
< SCRIPT language  =  "JavaScript">
……
    function passCheck () {
        var userpass  =  document. myform. txtPassword. value;
        if(userpass  = =  ""){
            alert("未输入密码 \n"  +  "请输入密码");
            document. myform. txtPassword. focus();
            return false;    }
        if(userpass. length < 6){
            alert("密码必须多于或等于 6 个字符. \n");
            return false;    }
        return true;    }
……
</SCRIPT >
……
```

【例 3. 17】 多个条件验证的组织。

```
< SCRIPT language  =  "JavaScript">
……
function validateform(){
        if(checkUserName()&&passCheck( ))
        return true;
else
        return false;       }
</SCRIPT >
……
< FORM name = "myform" onSubmit = "return validateform( )" method = "post" action = "reg_suc-
```

```
cess.htm">……
    <INPUT name="registerButton" type="submit" id="registerButton" value="登  录  ">
    ……
```

【例 3.18】 即时提示错误的特效。

使用 DIV 层的内容动态改变，在每个输入框后添加一个 DIV 层，根据用户的输入，动态显示错误信息。实现步骤如下。

(1) 在登录文本框后插入 DIV 标签 loginError（即没有样式的 DIV 层），如图 3.21 所示。

图 3.21　插入 DIV 标签

(2) 修改源代码，设置 DIV 的显示方式为 inline，即和文本框在同一行。

```
<div id="loginError" style="display:inline">
</div>
```

(3) 添加文本框失去焦点的事件函数。

```
function checkLogin( ){
  var myDiv = document.getElementById ("loginError") ;
  myDiv.innerHTML = "";
  var strName = document.userfrm.loginName.value;
  if (strName.length == 0)
  {
     myDiv.innerHTML = "<font color='red'>用户名不能为空</font>";
     return;
  }
}
……
<INPUT name="loginName" type="text"  onblur="checkLogin( )">
```

3.6　本章小结

本章概括了 HTML 的基本标签，重点强调表格与表单标签的使用。对于网页设计来说，首先需要关注的是页面布局问题，本章既讲解了传统的表格布局方式，也介绍了 DIV+CSS 布局方式。最后介绍了 JavaScript 语言，在客户端能够实现较为简单的表单验证操作。

实验 9　静态页面布局

一、实验内容

- 建立 BBS 站点。
- 结合 DIV+CSS 和表格方式布局首页 index.html。

本实验采用 DIV+CSS 方式对页面进行整体布局，以页面内容为单位“勾勒”出一个一个 DIV 块，然后在每一个 DIV 块内使用表格方式进行局部布局。对于每个 DIV 层要注意控制 CSS 样式。标准的表格是行列固定的，根据具体情况采用合并单元格、拆分单元格等方式改变表格的布局。

二、实验步骤

1. 新建站点

使用Dreamweaver，新建站点，命名为BBS。选择“站点 | 新建站点”命令，弹出如图3.22所示的界面，输入名称bbs。单击“下一步”按钮，选择“否，我不想使用服务器技术”单选按钮，如图3.23所示。

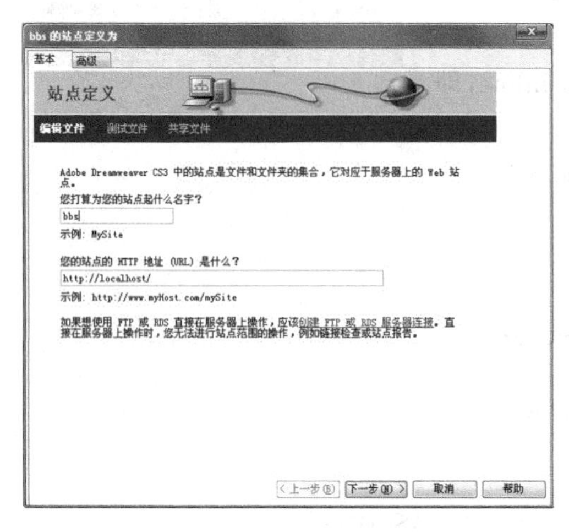

图3.22　输入站点名称

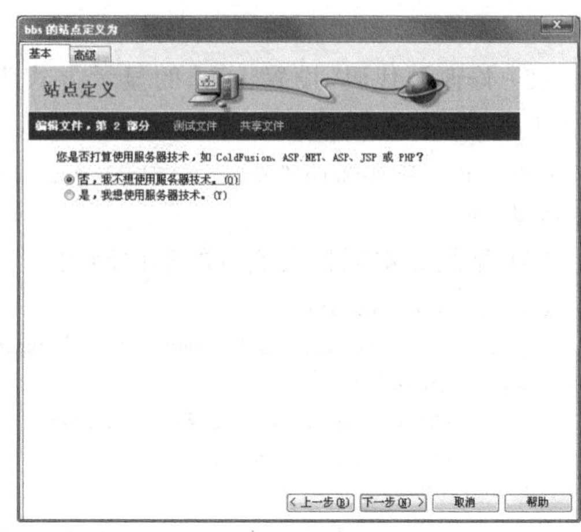

图3.23　不使用服务器技术

单击“下一步”按钮，输入文件存储的位置，如图3.24所示。单击“下一步”按钮，输入服务器中文件的存储位置，路径同上，如图3.25所示。

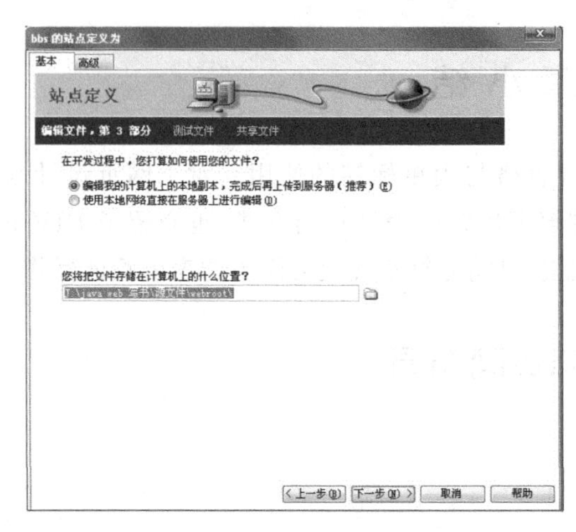

图3.24　文件存储位置

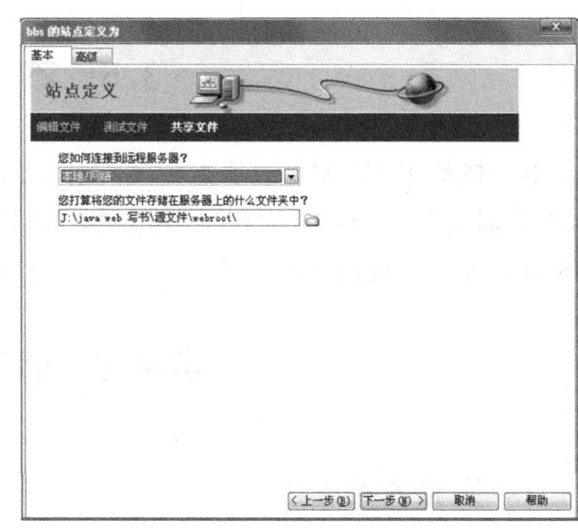

图3.25　服务器中文件的存储位置

单击“下一步”按钮，选择“否，不启用存回和取出”。单击“完成”按钮，结束站点的创建。

2. 创建index.html文件

在Dreamweaver中，选择“文件 | 新建”命令，创建一个空白的网页文件。开始使用

DIV 进行页面布局，选择“布局”工具栏的按钮，插入 apDiv1，属性设置如图 3.26 所示。

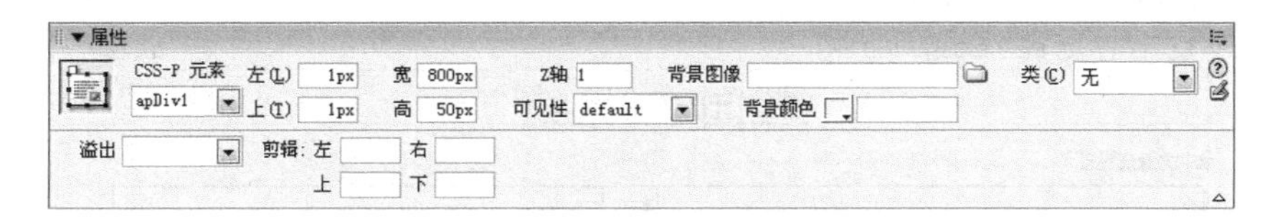

图 3.26　apDiv1 的属性设置

单击“布局”工具栏的按钮，插入 apDiv2，属性设置如图 3.27 所示。

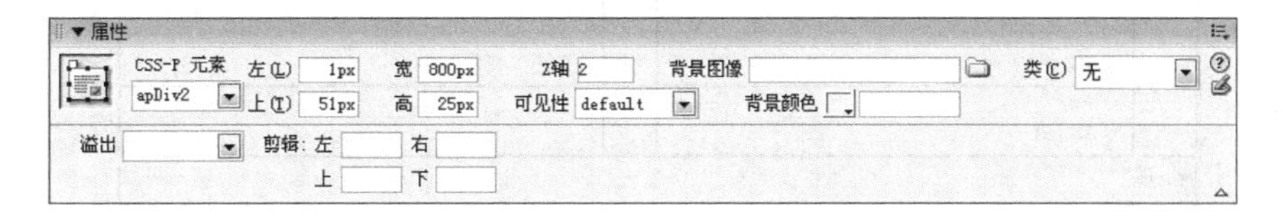

图 3.27　apDiv2 的属性设置

单击“布局”工具栏的按钮，插入 apDiv3，属性设置如图 3.28 所示。

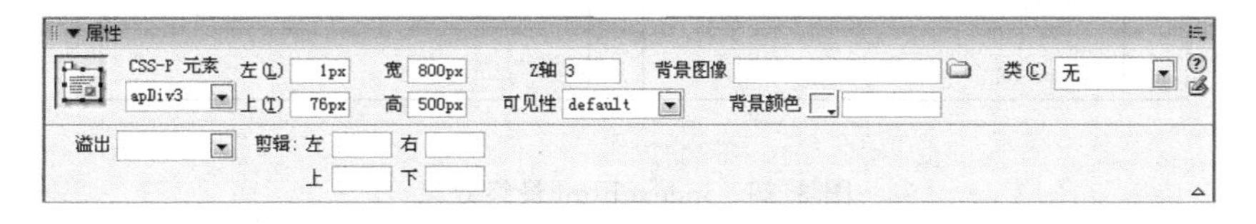

图 3.28　apDiv3 的属性设置

将光标点定位到 apDiv1，输入文字“校园 BBS 系统”，并进行文字属性的设置。

选中 apDiv2，设置背景颜色为“#e0f0f9”。在该层中输入文字“您尚未登录|注册”，将文字大小设置为 12px，颜色设置为“#004c7d”。

为登录和注册设定超链接，代码如下：

```
<div class = "STYLE3" id = "apDiv2">
        您尚未 <a href = "login.html" target = "_blank">登录</a> |
        <a href = "reg.html" target = "_blank">注册</a>
</div>
```

将光标点定位到 apDiv3 层，选择“常用”工具栏中的按钮，在 apDiv3 层中新建一个 11 行 4 列的表格。其中，宽度为 800px，边线宽度为 1，单元格边距和单元格间距均为 0。

选中第 1 行的前两个单元格，单击鼠标右键，选择“表格 | 合并单元格”命令。

同理，将第 2 和第 7 行的 4 个单元格全部合并。

在已经合并的第 1 行的第 1 个单元格中输入文字“论坛”，文字大小为 12px，文字颜色为“#004c7d”，水平左对齐，垂直居中对齐。

同理，在需要输入文字的单元格输入相应的文字，并对相应的属性进行设置。

保存网页文件名为 index.html，最终效果如图 3.29 所示。

HTML 代码如下：

```
<div id = "apDiv1">
  <div align = "center" class = "STYLE1">校园 BBS 系统 </div>
</div>
<div class = "STYLE4" id = "apDiv2">
```

图 3.29　index.html 最终效果

```
      您尚未<a href = "login.html" target = "_blank">登录</a> |
      <a href = "reg.html" target = "_blank">注册</a></div>
  <div id = "apDiv3">
    <table width = "100 % " height = "503" border = "1" cellpadding = "0" cellspacing = "0">
      <tr>
        <td colspan = "2" align = "left" valign = "middle"><span class = "STYLE4">论坛</span>
</td>
        <td width = "5 % " class = "STYLE4">主题</td>
        <td width = "45 % " class = "STYLE4">最后发表</td>
      </tr>
      <tr>
        <td colspan = "4" class = "STYLE4"> NET 方向:</td>
      </tr>
      <tr>
        <td width = "6 % ">  </td>
        <td width = "44 % "><img src = "image/board.gif" width = "26" height = "29" /><span
class = "STYLE4"> C# 语言</span></td>
        <td>  </td>
        <td>  </td>
      </tr>
      <tr>
        <td>  </td>
        <td><img src = "image/board.gif" alt = "" width = "26" height = "29" /><span class = "
STYLE4"> WinForms </span></td>
        <td>  </td>
        <td>  </td>
      </tr>
```

```
        <tr>
    <td> </td>
          <td><img src="image/board.gif" alt="" width="26" height="29" /><span class="
STYLE4">ADO.NET</span></td>
          <td> </td>
          <td> </td>
        </tr>
        <tr>
          <td> </td>
          <td><img src="image/board.gif" alt="" width="26" height="29" /><span class="
STYLE4"<ASP.NET</span></td>
          <td> </td>
          <td> </td>
        </tr>
        <tr>
          <td colspan="4" class="STYLE4">Java 方向:</td>
        </tr>
        <tr>
          <td> </td>
          <td><img src="image/board.gif" alt="" width="26" height="29" /><span class="
STYLE4">Java 基础</span></td>
          <td> </td>
          <td> </td>
        </tr>
        <tr>
          <td> </td>
          <td><img src="image/board.gif" alt="" width="26" height="29" /><span class="
STYLE4">JSP 技术</span></td>
          <td> </td>
          <td> </td>
        </tr>
        <tr>
          <td> </td>
          <td><img src="image/board.gif" alt="" width="26" height="29" /><span class="
STYLE4">Servlet 技术</span></td>
          <td> </td>
          <td> </td>
        </tr>
        <tr>
          <td> </td>
          <td><img src="image/board.gif" alt="" width="26" height="29" /><span class="
STYLE4">Eclipse 应用</span></td>
          <td> </td>
          <td> </td>
        </tr>
      </table>
    </div>
    </body>
```

可以看出,页面从整体上分为 3 个 DIV 层,在第 3 个 DIV 层内使用表格局部布局。3 个层的样式由 CSS 样式表控制,代码如下:

```
<style type="text/css">
<!--
#apDiv1 {
	position:absolute;
	left:1px;
	top:1px;
	width:800px;
	height:50px;
	z-index:1;
}
#apDiv2 {
	position:absolute;
	left:1px;
	top:51px;
	width:800px;
	height:25px;
	z-index:2;
	background-color: #e0f0f9;
}
#apDiv3 {
	position:absolute;
	left:1px;
	top:76px;
	width:800px;
	height:500px;
	z-index:3;
}
.STYLE1 {
	font-family: "黑体";
	font-weight: bold;
	font-size: 36px;
	color: #3399CC;
}
.STYLE3 {
	font-family: "黑体";
	color: #3399CC;
}
.STYLE4 {
	color:  #004c7d;
	font-size: 12px;
}
-->
</style>
```

三、实验小结

制作静态网页的第一步为创建站点，此步骤不能省略，否则容易影响图片路径等。插入用于布局的表格，边框宽度为 1。此外，单元格边距和单元格间距都要设置为 0。可以利用 CSS 对 index.html 页面继续进行美化。

四、补充练习

(1) 利用 DIV 和表格制作主题列表 list. html 页面,效果如图 3. 30 所示。

图 3. 30　list. html 页面

(2) 利用 DIV 和表格制作主题详细信息 detail. html 页面,效果如图 3. 31 所示。

图 3. 31　detail. html 页面

实验 10　制 作 表 单

一、实验内容

- 布局会员注册界面。
- 制作注册信息表单。

表单一般会有多个表单项，需要使用表格对这些表单项进行布局，才会美观得体。注意表单项的变量名称和按钮类型。

二、实验步骤

1. DIV 页面布局

在 Dreamweaver 中，选择“文件 | 新建”命令，创建一个空白的网页文件。选择“布局”工具栏的按钮，插入 apDiv1，属性设置如图 3.32 所示。

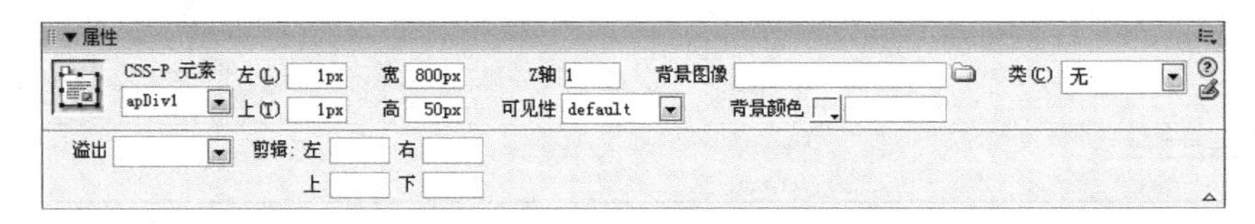

图 3.32　apDiv1 的属性设置

单击“布局”工具栏的按钮，插入 apDiv2，属性设置如图 3.33 所示。

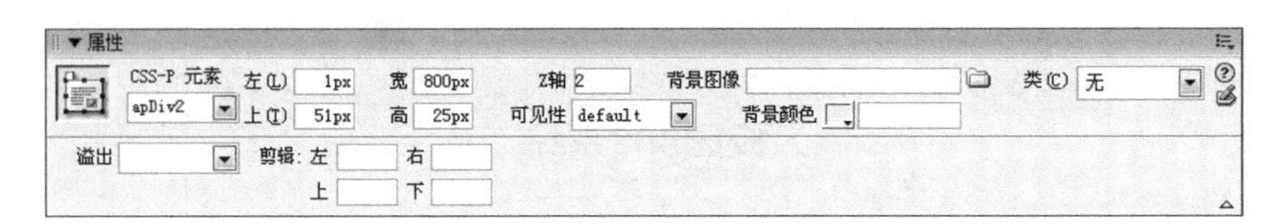

图 3.33　apDiv2 的属性设置

单击“布局”工具栏的按钮，插入 apDiv3，属性设置如图 3.34 所示。

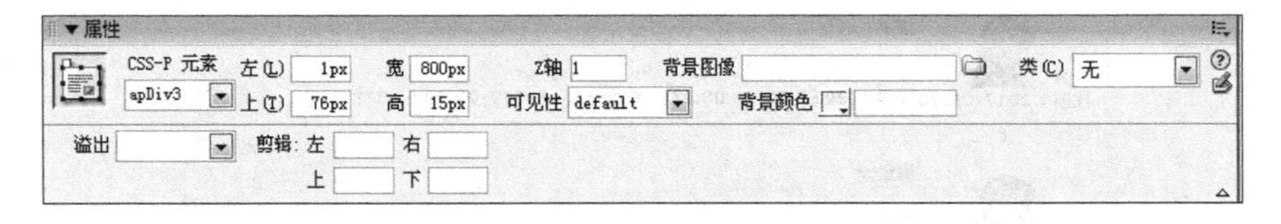

图 3.34　apDiv3 的属性设置

单击“布局”工具栏的按钮，插入 apDiv4，属性设置如图 3.35 所示。

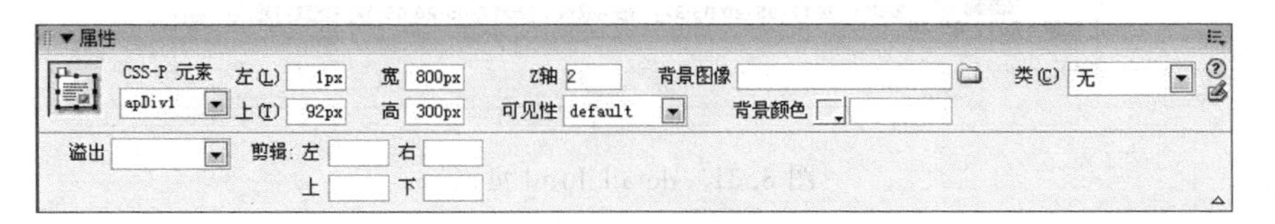

图 3.35　apDiv4 的属性设置

2. 编辑 CSS 文件

在 Dreamweaver 中，选择“文件 | 新建”命令，页面类型选择“CSS”，创建一个名为 style 的 CSS 文件。

在 CSS 属性窗口中，单击鼠标右键，在弹出的快捷菜单中选择“新建”命令。在打开的对话框中输入样式的名称“. body”，如图 3.36 所示。单击“确定”按钮后，在弹出的对话框中，设置字体属性，如图 3.37 所示。

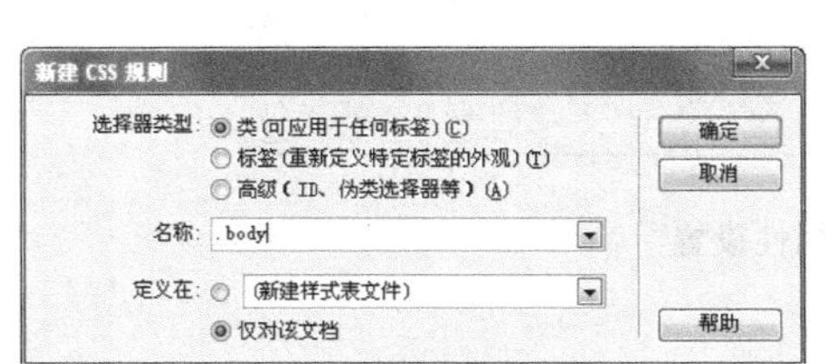

图 3.36　. body 样式

图 3.37　. body 样式字体属性的设置

为 BBS 系统标题制作样式. biaoti，代码如下所示：

```
.biaoti {
    font-family: "黑体";
    font-size: 36px;
    font-style: normal;
    font-weight: bold;
    color: #3399CC;
    background-position: center center;
}
```

为 denglu 制作样式. denglu，代码如下所示：

```
.denglu {
    font-family: "宋体";
    font-size: 12px;
    font-style: normal;
    color: #0099CC;
    padding-top: 5px;
    padding-right: 7px;
    padding-bottom: 3px;
    padding-left: 7px;
    background-color: #e0f0f9;
}
```

3. 输入文字

将光标点定位到 apDiv1 中，输入文字“校园 BBS 系统”。选中文字，在属性面板中的“样式”属性中，选择“附加样式表”，在弹出的对话框中进行如图 3.38 所示的设置，并将“样式”属性选为“biaoti”。

将光标点定位到 apDiv2 中，输入文字“您尚未　登录 | 注册 |”。在属性面板中的“样

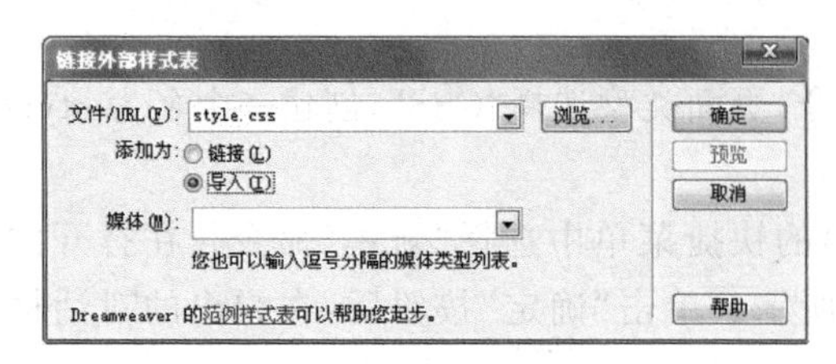

图 3.38　链接外部样式表

式”属性中，选择“denglu”。将光标点定位到apDiv3 中，输入文字“>>论坛首页”。

4. 表单部分的制作

将光标点定位到 apDiv4 中，单击“表单”工具栏中的□按钮，插入表单域。将光标点定位到表单域中，单击“布局”工具栏中的▦按钮，插入一个 4 行 1 列，边框宽度、单元格间距和单元格边距均为 0 的表格。在 1 到 3 行输入相应的文字以及文本框。在第 4 行插入提交按钮，属性设置如图 3.39 所示。

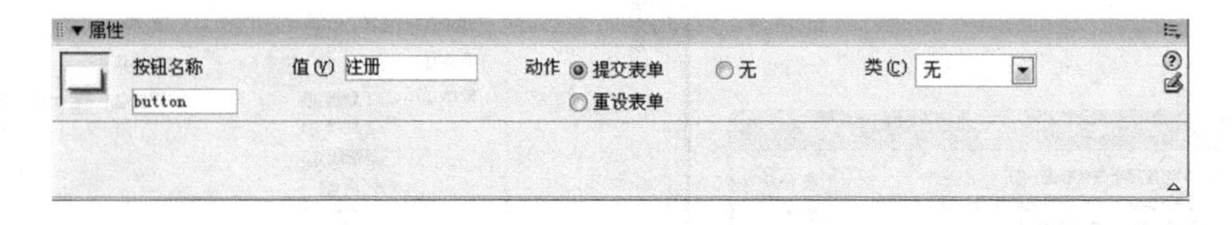

图 3.39　注册按钮的属性设置

HTML 关键代码如下：

```
<form id="form1" name="form1" method="post" action="">
  <table width="100%" height="115" border="0" cellpadding="0" cellspacing="0">
    <tr>
      <td align="center"><span class="body">用户名:</span>
        <label>
        <input name="uname" type="text" id="textfield1" />
      </label></td>
    </tr>
    <tr>
      <td align="center"><span class="body">密码:</span>
        <label>
        <input name="upass" type="password" id="textfield2" />
      </label></td>
    </tr>
    <tr>
      <td align="center"><span class="body">重复密码:</span>
        <label>
        <input name="upass2" type="password" id="textfield3" />
      </label></td>
    </tr>
    ……<!-- 省略部分代码-->
    <tr>
      <td align="center">
        <label>
        <input type="submit" name="button" id="button" value="注册" />
      </label></td>
    </tr>
  </table>
</form>
```

保存网页文件，名为 reg.html，并在浏览器中预览，如图 3.40 所示。

图 3.40　reg.html 页面

三、实验小结

CSS 是千变万化的,可以根据自己的需要编辑有特点的 CSS 样式。初学者容易犯的错误是将每个表单项独立为一个表单,导致数据无法提交。表单的制作一定要注意用户提交的一组数据必须在一个表单内(即一对< form >)。

四、补充练习

制作登录界面 login.html,会员通过提交用户名和密码进行身份验证,效果如图 3.41 所示。

图 3.41　login.html 页面

实验11 利用JavaScript代码进行客户端简单验证

一、实验内容

- 在页面的< head >和</head >之间添加脚本。
- 表单提交时触发表单验证事件。

JavaScript区分大小写字母，所以在定义表单元素名称时要注意大小写。JavaScript代码如果书写错误，不会报任何异常，只是不产生脚本效果，所以较难调错。提交表单触发脚本的执行，需要注意设置< form >标签的onsubmit属性值为该脚本函数。

二、实验步骤

1. 编写JavaScript函数

打开实验10中创建的reg.html文件，在< head >标签内编写表单验证JavaScript函数，代码如下：

```
<script language="javascript">
    function check() {
        if ( document.form1.uname.value == "" ){
            alert ("用户名不能为空");
            return false;
        }
        if ( document.form1.upass.value == "" ){
            alert ("密码不能为空");
            return false;
        }
        if ( document.form1.upass.value != document.form1.upass2.value){
            alert("2次密码不一样");
            return false;
        }
    }
</script>
```

2. 设置表单onsubmit属性调用脚本函数

在< form >标签中，设置onsubmit属性值，代码如下：

```
<form id="form1" name="form1" onSubmit="return check()" method="post" action="">
```

预览页面后，直接单击“注册”按钮，效果如图3.42所示。

三、实验小结

本节实验使用简单的JavaScript脚本代码实现了客户端的验证，在实际开发过程中这样做的好处在于将简单的验证性操作放在客户端，一定程度上减轻了服务器的负担。并且Web 2.0时代的网页注重与用户的交互效果，Ajax技术的底层技术之一就是JavaScript。

四、补充练习

使用JavaScript制作表单即时提示错误的特效，如图3.43所示。

图 3.42　表单验证效果

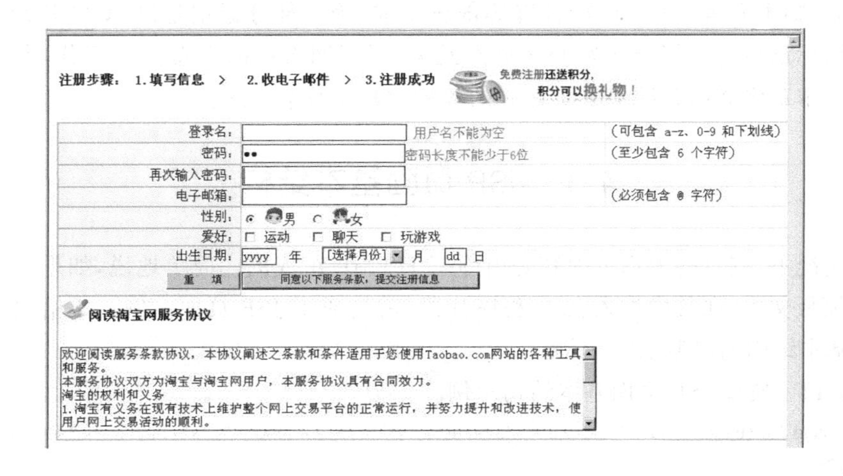

图 3.43　即时提示错误的特效

提示：

- 在登录文本框后插入 DIV 标签 loginError(即没有样式的 DIV 层)，用于显示提示信息。
- 修改源代码，设置 DIV 的显示方式为 inline，即和文本框在同一行。

```
<div id = "loginError" style = "display:inline">错误信息</div>
```

- 添加文本框失去焦点的事件函数。

第4章　JSP页面元素

【本章要点】

- 学会在JSP页面中使用注释元素。
- 理解JSP页面中3个指令元素。
- 掌握JSP页面中的3种脚本元素。
- 能够使用简单的JSP动作元素。

有了Java语言和HTML的学习基础，JSP的学习是非常容易的。因为JSP完全继承了Java的所有优点，并能够有效地将网页的动态内容与静态内容分开。一个JSP文件主要由指令元素、脚本元素、动作元素、注释等部分组成，绝大部分标记是以“<%”开始，以“%>”结束。被该标记包含的部分称为JSP页面元素，属于网页中的动态内容部分，由JSP引擎解释处理。本章将详细介绍JSP页面中的各种元素及基本语法。

4.1　JSP页面基本结构

很多情况下，网页的大部分内容是由静态HTML组成的。简单地说，如果将这些静态内容看作模板文本，向其中加入Java程序片段，就构成了JSP页面。例4.1给出一个描述JSP页面基本结构的典型JSP示例。

【例4.1】　典型JSP页面基本结构示例。

```
<%@ page language="java" import="java.util.*" contentType="text/html; charset=gb2312" %>
<html>
  <head>
    <title>JSP页面基本结构</title>
  </head>
  <%--声明成员变量和成员方法--%>
  <%!
    private String str;

    public void setStr(String str) {
        this.str = str;
    }
    public String getStr( ) {
        return str.toUpperCase();
    }
   %>
  <body>
    <!-- 显示当前系统日期 -->
```

```
        <%
          Date now = new Date( );
          setStr(now.toString( ));
        %>
        <h1 style="color: red"><% =getStr( ) %></h1>
    </body>
</html>
```

该程序的功能是以一定的格式显示当前的系统日期，且将字母部分转换为大写。浏览器显示如图 4.1 所示。

图 4.1 JSP 页面基本结构

分析该程序代码可以得出 JSP 页面由以下几种元素构成。

1. 注释

示例中有以下两行注释语句，起到解释说明代码的作用，有关注释的详细介绍将在 4.2 节说明。

```
<%--声明成员变量和成员方法--%>
<!-- 显示当前系统日期 -->
```

2. 指令元素

示例中使用了 page 指令，代码如下：

```
<%@ page language="java" import="java.util.*" contentType="text/html; charset=gb2312" %>
```

其中，使用了 page 指令的 language、import 和 contentType 属性，在这里分别表示在 JSP 页面中的脚本代码使用 Java 语言，导入 java.util 包中的所有类，该页面所呈现出网页内容的形式为 text/html，编码方式为 gb2312。有关指令元素的详细介绍将在 4.3 节说明。

3. 脚本元素

示例中使用了声明、脚本代码和表达式 3 种脚本元素。

声明就是在 JSP 页面中声明成员的变量和方法，代码如下：

```
<%!
    private Stringstr;

    public voidsetStr(String str) {
        this.str = str;
    }
    public StringgetStr( ) {
        return str.toUpperCase();
    }
%>
```

该部分代码声明了一个私有成员变量 str 和对应的 set、get 方法。

脚本代码就是合法的 Java 代码，代码如下：

```
<%
    Date now = new Date( );
    setStr(now.toString( ));
%>
```

该部分代码包括两条语句，首先实例化当前的日期对象，然后利用 toString 方法将其转化成字符串后作为实参调用已经声明的 setStr 方法。

表达式的作用是输出某种结果，代码如下：

```
<% = getStr( ) %>
```

该表达式调用声明的 getStr 方法，输出返回的结果。

关于脚本元素的详细介绍将在 4.4 节说明。

4. 动作元素

JSP 规范定义了一系列的标准动作，以“jsp”作为前缀。在该示例中并没有使用任何动作元素，其详细介绍将在 4.5 节说明。

4.2 注释元素

在 JSP 页面中，一般来说有 3 种不同的注释方式：HTML 注释、JSP 注释和脚本代码中的注释，可根据具体情况和需要选择使用。

1. HTML 注释

HTML 注释语法格式为：

```
<!-- HTML 注释信息 -->
```

HTML 注释信息会与普通的 HTML 一起发送到客户端，用户可以在客户端浏览器通过查看源文件的方式看到 HTML 注释信息，所以通常用于描述 JSP 页面执行后结果的功能。

2. JSP 注释

JSP 注释语法格式为：

```
<%--JSP 注释信息 --%>
```

JSP 注释信息不会被发送到客户端，用户在客户端浏览器看不到 JSP 注释信息，所以通常用于描述某一部分 JSP 程序代码的功能。

3. 脚本代码中的注释

由于脚本代码都是由 Java 语言写成的，因此所有 Java 中的注释规范在脚本代码中也同样适用。脚本代码注释方式：

```
<% //单行注释 %>
<% /* 多行注释 */ %>
<% /** 文档注释 */ %>
```

注释对程序的执行没有任何影响，但为了提高程序的可读性，应合理地使用注释，清晰地描述代码块的执行算法和功能概要，以及程序员的意图等。

4.3 指令元素

JSP指令元素主要用来与JSP引擎沟通，将指令信息发送到Web容器上。指令不会向客户端产生任何看得见的输出，所有指令在JSP整个页面范围内有效。指令元素格式如下：

```
<%@指令名称 属性1="属性值1" 属性2="属性值2" … 属性n="属性值n" %>
```

JSP指令元素共有3种：page、include和taglib。

4.3.1 page指令

page指令用于定义JSP页面中的全局属性。在一个JSP页面中，page指令可以出现多次，但是除了import属性外，其他的属性只能出现一次，重复的属性设置将覆盖之前的设置。page指令语法格式如下：

```
<%@ page
      [ language = "java" ]
      [ extends = "package.class" ]
      [ import = "{package.class | package. * }, …" ]
      [ session = "true | false" ]
      [ buffer = "none | 8kb |sizekb" ]
      [autoFlush = "true | false" ]
      [isThreadSafe = "true | false" ]
      [ info = "text" ]
      [errorPage = "relativeURL" ]
      [contentType = "mimeType [ ;charset = characterSet ]" | "text/html ; charset = ISO - 8859 - 1" ]
      [isErrorPage = "true | false" ]
      [pageEncoding = "ISO - 8859 - 1" ]
%>
```

page指令各属性的详细介绍如表4.1所示。

表4.1 page指令的属性

属性名	作用	默认值	举例
language	定义脚本代码使用的语言种类	java	language="java"
import	定义脚本元素中需要使用到的类、接口等API	空	import="java.util. * "
session	定义该JSP页面是否可以使用session对象	true	session="true"
buffer	指定向客户端使用out输出流对象的缓冲大小，如果是none，则不缓冲	8kb	buffer="64kb"
autoFlush	定义输出流的缓冲区是否要自动清除	true	autoFlush="true"
info	定义该JSP页面的相关信息	空	info="JSP页面"

续 表

属性名	作用	默认值	举例
isErrorPage	定义该 JSP 页面是否为处理异常的页面	false	isErrorPage="false"
errorPage	定义该 JSP 页面出现异常时所调用的页面	空	errorPage="exception.jsp"
isThreadSafe	定义该 JSP 页面是否支持多线程	true	isThreadSafe="true"
contentType	定义 MIME 类型和 JSP 页面的编码方式	text/html;charset=iso-8859-1	contentType="text/html; charset=gb2312"
pageEncoding	定义 JSP 页面的字符编码	iso-8859-1	pageEncoding="gb2312"

无论把 page 指令放在 JSP 页面的哪个地方，它的作用范围都是整个 JSP 页面。不过为了 JSP 程序的可读性以及养成良好的编程习惯，最好把它放在 JSP 页面的顶部。

【例 4.2】 使用 page 指令对 JSP 页面进行简单的异常处理。

```
<%@ pageisErrorPage = "false" errorPage = "errorPage.jsp" contentType = "text/html; charset = gb2312" %>
<html>
  <head>
    <title>4-2.jsp</title>
  </head>
  <%
      String str = null;
  %>
  字符串 str 的长度为<% = str.length() %>
  </body>
</html>
```

上面代码中的 str 没有引用实例，因此当调用 length 方法时会抛出 NullPointException 异常。该 JSP 页面中通过 page 指令设置本页面不进行异常处理(isErrorPage="false")，而是把异常处理的工作交给其他页面(errorPage.jsp)。errorPage.jsp 页面代码如下：

```
<%@ pageisErrorPage = "true" contentType = "text/html; charset = gb2312" %>
<html>
  <head>
    <title>errorPage.jsp</title<
  </head>
    <h1>错误信息<% = exception %></h1>
  </body>
</html>
```

通过浏览器访问该页面时，将抛出的异常交给 errorPage.jsp 处理。显示效果如图 4.2 所示。

4.3.2 include 指令

include 指令的作用是通知 Web 容器在当前 JSP 页面中的指定位置插入另一个文件的内容，格式如下：

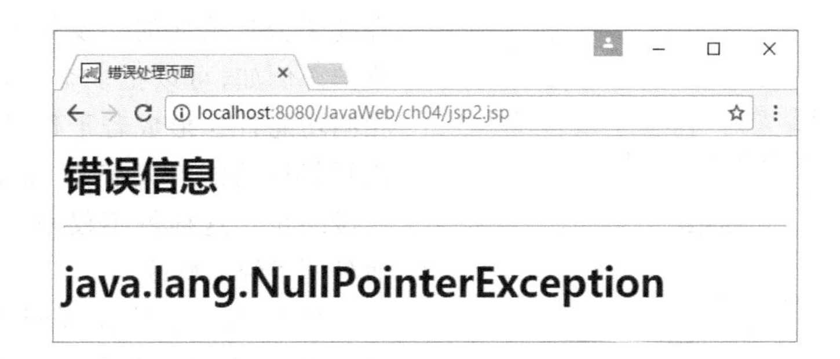

图 4.2 errorPage 属性示例

```
<%@ include file="URL" %>
```

include 指令只有 file 这一个属性，其中属性值 URL 一般是相对的文件路径，即相对于当前 JSP 文件的路径。当然，也可以从站点的根目录(用“\”表示)出发，使用绝对路径，但不推荐这样做。

include 指令对于文件的嵌入是一个静态的过程，即在 JSP 编译期间将被插入的文件内容解析成该页面 JSP 内容的一部分。因此被插入的文件必须符合 JSP 语法，可以是 HTML 静态文本、JSP 脚本元素等。

【例 4.3】 在 JSP 文件中使用 include 指令嵌入 top.jsp 和 bottom.html 页面的内容。

```
<%@ page language="java" contentType="text/html; charset=gb2312" %>
<html>
  <head>
    <title>jsp3.jsp</title>
  </head>
  <body style="text-align: center">
  <%@include file="top.jsp" %>
  <hr>
     <p>网页内容</p>
  <hr>
  <%@include file="buttom.html" %>
  </body>
</html>
```

top.jsp 代码如下：

```
<%@ page language="java" contentType="text/html; charset=gb2312" %>
<%@ page import="java.util.Calendar,java.text.SimpleDateFormat" %>
<%
    Calendar now = Calendar.getInstance();
    SimpleDateFormat formatter = new SimpleDateFormat("yyyy-MM-dd HH:mm:ss");
 %>
<p align="center"><%=formatter.format(now.getTime()) %></p>
```

bottom.html 代码如下：

```
<%@ page language="java" contentType="text/html; charset=gb2312" %>
<p style="text-align: center;font-style: italic;">Copyright&copy; 2017</p>
```

每一个文件的 page 指令字符编码定义不能少，否则在显示中文时会出现乱码，运行效果如图 4.3 所示。

使用 include 指令可以有效地把一个复杂的 JSP 页面首先划分成若干独立的单元，这样

图 4.3 include 指令示例

提高了 JSP 页面的开发效率，方便了后期维护。例如，可以把多个项目需要用到的相同功能首先形成若干代码片段，当需要用到某种功能时只需要 include 对应代码片段即可。这样做不仅减少了代码冗余，而且便于统一修改。

另外，JSP 引擎在判断 JSP 页面是否被修改时，会对 JSP 页面文件和字节码文件的最新更改日期进行比较，如果两者相同，则说明 JSP 页面未被修改，否则视为已被修改。由于被包含的文件是在编译时才插入的，因此如果只修改了 include 文件内容，而没有对 JSP 修改，得到的结果将不会改变。这是因为 JSP 引擎会判断为 JSP 页面没被改动，所以直接执行已经存在的字节码文件，而没有重新编译。因此，对于不经常变化的内容，用 include 指令是合适的，但如果包含的内容是经常变化的，则需要使用动作元素<jsp:include>，其作用将会在 4.4 节讨论。

4.3.3 taglib 指令

除了普通的 HTML 标记，JSP 允许页面使用者自定义标记来提高 JSP 页面开发效率。JSP 2.0 中增加了 JSTL 标记库（后面章节介绍），在实际开发中可以简化 JSP 页面代码。taglib 指令用于指示当前 JSP 页面使用哪些标记库，定义格式如下：

```
<%@taglib uri="tagLibURI" prefix="tagPrefix" %>
```

属性 uri 是描述标记库位置的 URI。属性 prefix 指定在当前 JSP 页面使用所引用标记库内标记时的前缀。

【例 4.4】 使用 JSTL 标记格式化输出当前系统时间。

```
<%@ page language="java" import="java.util.*" contentType="text/html; charset=gb2312"%>
<%@ taglib uri="http://java.sun.com/jstl/fmt_rt" prefix="fmt" %>
<html>
  <head>
    <title>jsp4.jsp</title>
  </head>
  <body>
<%
    Date now = new Date();
    pageContext.setAttribute("now", now);
 %>
<h1 style="color: red"><% =now %></h1>
<hr>
<fmt:timeZone value="GMT+8">
    <fmt:formatDate value="${now}" type="both" dateStyle="full" timeStyle="full"/>
</fmt:timeZone>
  </body>
</html>
```

运行效果如图 4.4 所示。

图 4.4　taglib 指令使用示例

4.4　脚本元素

JSP 页面主要的程序代码部分就是脚本元素，是程序员主要书写的内容，简单地说就是将 Java 语言以某种方式嵌入 JSP 页面，完成特定功能。脚本元素包括 3 种：声明(declaration)、表达式(expression)和脚本代码(scriptlet)。所有脚本元素都以“<%”标记开始，以“%>”标记结束。从功能上区分，声明用于定义变量和方法，表达式用于输出计算结果，脚本代码则是一些代码片段。

4.4.1　声明

JSP 页面经过编译生成 Servlet 类文件，而声明部分所定义的变量和方法，即成为编译后类的成员属性和方法。也就是说，声明的变量和方法可以被同一 JSP 页面的其他代码访问。对于纯 JSP 代码的程序来说，声明部分是十分必要的，它相当于完成该页面中全局变量的定义和特定方法的抽象。声明的语法格式如下：

```
<%! declaration %>
```

声明可以出现在 JSP 页面的任意位置，也可出现多次，JSP 引擎会根据<%! … %>标记自动识别的。在声明中，与普通 Java 类一样定义成员变量和方法，如例 4.5 所示。

【例 4.5】 声明一个计算阶乘的方法和一个存储阶乘结果的变量。

```
<%!
    private int result;

    public int fact(int num) {
        int result = 1;
        for(int i = 1; i <= num; i++) {
            result *= i;
        }
        this.result = result;
        return this.result;
    }
%>
```

声明变量时，需要注意变量的作用域。例 4.5 中在“!”标记后声明了一个变量 result，其作用范围贯穿整个 JSP 页面，该变量实质为一个类的实例成员变量，因此可以使用 this 关键字引用；在声明的 fact 方法内部，还声明了一个变量 result，该变量虽然与成员变量同名，但其作用域仅在这个方法内，方法结束后该变量作用消失。所以，在声明的方法内部，习惯上将引用的成员变量前面加上 this 关键字，与局部变量区分。

另外，在 JSP 声明部分，除了声明实例成员变量和方法外，普通 Java 类中能够声明的静态成员（即 static）、内部类均可以在 JSP 中做出定义。

4.4.2 表达式

JSP 表达式可以看作是一种简单的输出形式。需要注意的是，表达式一定要有输出值，且表达式不是程序代码，后面不能出现“;”，表达式的语法格式如下：

```
<% = expression %>
```

JSP 表达式可以是一个常量、一个变量或一个式子的计算，如例 4.6 所示。

【例 4.6】 利用 JSP 表达式输出结果。

```
<%!
     private int result;

     public int fact(int num) {
          int result = 1;
          for(int i = 1; i <= num; i++) {
               result *= i;
          }
          this.result = result;
          return this.result;
     }
%>
<h2>1+2 的结果是<% = 1+2 %></h2>
<h2>"1"+"2"的结果是<% = "1"+"2" %></h2>
<h2>5 的阶乘是<% = fact(5) %></h2>
```

图 4.5 表达式使用示例

运行结果如图 4.5 所示。

例 4.6 代码中使用了 3 个表达式：第 1 个表达式将数字 1 加数字 2 的结果输出；第 2 个表达式将字符串 1 和字符串 2 连接后输出；第 3 个表达式调用声明的 fact 方法将 5 的阶乘计算结果输出。

表达式本质就是一条输出语句。当 JSP 页面编译成 Servlet 类之后，上述 3 个表达式变成如下 3 句脚本代码：

```
out.print(1+2 );
out.print("1"+"2" );
out.print(fact(5) );
```

也就是说，如果想要输出某种计算结果，还可以使用脚本代码“out.print”的方式。但 JSP 表达式能够使程序更为简洁，有以下 3 个优点。

- 表达式只是一个式子，无须分号。
- 表达式的输出结果可以方便地与静态 HTML 模板组合在一起，实现动态内容与静态样式的分离。

• 表达式除了能够实现输出的功能，有时也能将其结果作为某些属性或变量的值。

4.4.3 脚本代码

脚本代码是完全意义上的 Java 代码段，可以进行某种处理，也可以产生输出。脚本代码的语法格式如下：

```
<% scriptlet %>
```

脚本代码在 JSP 页面的任意位置都有可能出现，取决于其运行顺序。脚本代码虽然是纯 Java 代码，但由于是在 JSP 页面中出现，势必要与 HTML 标记搭配使用，因此书写时要注意代码的缩进整洁，避免混乱。

【例 4.7】 利用 JSP 脚本代码通过运算输出九九乘法表。

```
<%@ page language="java" contentType="text/html; charset=gb2312" %>
<html>
  <head>
    <title>jsp7.jsp</title>
  </head>
  <body>
<h1 align="center">九九乘法表</h1>
<table>
<% for(int i = 1; i<= 9; i++) { %>
    <tr>
        <% for(int j = 1; j<= i; j++) { %>
            <td><% =i %>*<% =j %>=<% =i*j %></td>
        <% } %>
    </tr>
<% } %>
</table>
  </body>
</html>
```

上面程序在脚本代码中使用两个嵌套的 for 循环，结合 HTML 表格标记创建了一个 9 行 9 列的表格，外层 for 循环控制行数（即产生的<tr></tr>的数量），内层 for 循环控制每一行单元格的数量（即产生的<td></td>的数量）。运行结果如图 4.6 所示。

图 4.6 脚本代码使用示例

最后结合 3 种 JSP 脚本元素写出一个完整的代码示例，注意脚本元素和 HTML 标记的组合容易产生混乱，为保证代码的可读性，要养成良好的代码书写习惯。

【例 4.8】 综合使用 JSP 脚本元素，输出人员名单，如果没有任何人员信息，要给出提示。

```
<%@ page language="java" contentType="text/html; charset=gb2312" %>
<%@ page import="java.util.*" %>
<html>
  <head>
    <title>jsp8.jsp</title>
  </head>
  <%!
    public List getNameList() {
        List nameList = new ArrayList();
        nameList.add("张三");
        nameList.add("李四");
        nameList.add("王五");
        return nameList;
    }
  %>
  <body style="text-align: center">
<h1>人员名单</h1>
<%
    List nameList = getNameList();
    if(nameList != null && nameList.size() != 0) {
%>
        <table border="1px">
            <tr>
                <td>序号</td>
                <td>姓名</td>
            </tr>
<%
        for(int i = 0; i < nameList.size(); i++) { %>
            <tr>
                <td><%= i %></td>
                <td><%= nameList.get(i) %></td>
            </tr>
<%
        }
%>
        </table>
<%
    } else {
%>
        <h2>没有人员名单信息</h2>
<%
    }
%>
  </body>
</html>
```

运行结果如图 4.7 所示。

图 4.7 脚本元素综合使用示例

4.5 动作元素

JSP 2.0 规范定义了 20 多个标准动作,称为动作元素,可以实现动态插入文件、重用 JavaBean 组件、跳转另一个页面等功能。这些动作元素都是以 jsp 作为前缀,语法格式如下:

```
<jsp:标记名 属性 1 = "属性值 1" 属性 2 = "属性值 2" … 属性 n = "属性值 n" />
```

或者

```
<jsp:标记名 属性 1 = "属性值 1" 属性 2 = "属性值 2" … 属性 n = "属性值 n">
……
</jsp:标记名>
```

动作元素与指令元素不同,动作元素是在客户端请求时动态执行的,每次有客户端请求都有可能被执行一次;而指令元素是在编译时被执行,它只会被执行一次。

4.5.1 <jsp:include>动作

<jsp:include>动作是将静态 HTML 或 JSP 动态内容嵌入当前 JSP 页面中。其语法格式有以下两种形式:

```
<jsp:include page = "URL" />
```

或者

```
<jsp:include page = "URL" >
      [<jsp:param … />] *
</jsp: include >
```

第一种形式较为简单,只需要设置 page 属性指定被包含文件所在的位置,即 include 指令的 file 属性;第二种形式比较复杂,在<jsp:include>标记中使用<jsp:param>标记传递一个或多个参数给被包含的动态页面。

【例 4.9】 修改例 4.3,在 JSP 文件中使用<jsp:include>动作元素嵌入 top.jsp 和 bottom.html 页面的内容。

```
<%@ page language = "java" contentType = "text/html; charset = gb2312" %>
<html>
  <head>
    <title>jsp9.jsp</title>
  </head>
  <body style = "text - align: center">
  <jsp:include page = "top.jsp" />
  <hr>
    <p>网页内容</p>
  <hr>
  <jsp:include page = "buttom.html" />
  </body>
</html>
```

运行结果与例 4.3 相同,但<jsp:include>动作与 include 指令的运行机理不同:前者包含的内容是可以动态改变的,它在执行时才确定,而后者的内容在编译后就固定不变了,不会随着插入文件的改变而改变。

<jsp:include>动作允许包含动态文件和静态文件，包含这两种文件的结果是不同的。如果文件是静态的，那么这种包含仅仅是把所包含文件的内容加到 JSP 文件中去；而如果这个文件是动态的，那么这个被包含文件也会被 JSP 编译器执行。因此，如果使用<jsp:include>动作包含长期固定不变的 JSP 动态文件，每次执行都要编译会降低执行效率，此时倾向于使用 include 指令。

4.5.2 <jsp:forward>动作

<jsp:forward>动作的作用是实现页面之间的跳转，从当前 JSP 页面转向服务器上另一个相同上下文环境中的资源，可以是另一个 JSP、Servlet 或静态资源。其语法格式如下：

```
<jsp:forward page="URL" />
```

或者

```
<jsp:forward page="URL" >
      [<jsp:param… />] *
</jsp:forward>
```

与<jsp:include>动作一样有两种语法格式，第二种除了指明要跳转的资源 URL 外，还可以使用<jsp:param>动作指明要传递给跳转资源的一个或多个参数。

【例 4.10】 实现登录用户名和密码的验证，如果验证通过，将页面跳转到登录成功的页面；如果验证失败，将页面转回登录页面。

login.html 代码如下：

```
<html>
  <head>
    <title>login.html</title>
    <meta http-equiv="content-type" content="text/html; charset=GB2312">
  </head>
  <body style="text-align: center">
  <form action="jsp10.jsp" method="post">
     <table>
          <tr>
               <td>用户名:</td>
               <td><input type="text" name="username" /></td>
          </tr>
          <tr>
               <td>密   码:</td>
               <td><input type="password" name="password" /></td>
          </tr>
          <tr>
               <td> </td>
               <td><input type="submit" value="登录" /> 
                    <input type="reset" value="重置" />
               </td>
          </tr>
     </table>
  </form>
  </body>
</html>
```

jsp10.jsp 代码如下：

```
<%@ page language = "java" contentType = "text/html; charset = gb2312" %>
<html>
  <head>
    <title>jsp10.jsp</title>
  </head>
  <body style = "text - align: center">
  <%
     String uname = request.getParameter("username");
     String upass = request.getParameter("password");
     if(uname.equals("Tom") && upass.equals("123")) {
   %>
            <jsp:forward page = "success.jsp" />
  <% } else { %>
            <jsp:forward page = "login.html" />
  <% } %>
  </body>
</html>
```

success.jsp 代码如下：

```
<%@ page language = "java" contentType = "text/html; charset = gb2312" %>
<html>
  <head>
    <title>success.jsp</title>
  </head>
  <body style = "text - align: center">
     <p>登录成功</p>
  </body>
</html>
```

运行结果如图 4.8 和图 4.9 所示。

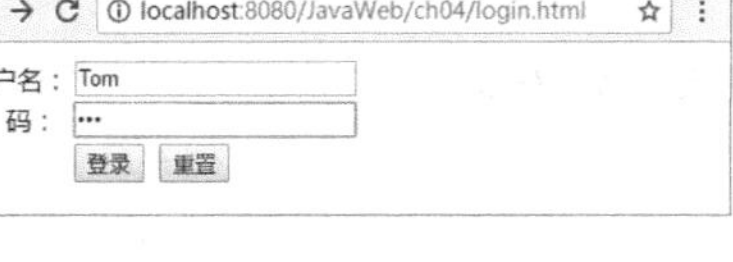

图 4.8 login.html 登录界面

图 4.9 登录成功页面

由上面程序可以看出，用户在 login.html 页面中输入用户名和密码，提交表单后数据被提交到 jsp10.jsp。该 JSP 页面利用 request 对象的 getParameter 方法获取用户提交的数据（关于 request 内置对象将在第 5 章讨论），通过脚本代码对用户名和密码进行验证，如果身份正确，使用<jsp:forward>动作将页面重新转向 success.jsp 页面，否则重新转回 login.html。

值得注意的是，虽然验证成功后，页面已经重新转向 success.jsp 页面，但用户看到的地址却仍然是 jsp10.jsp，这也是使用<jsp:forward>动作实现页面转向的特点。

4.5.3 <jsp:param>动作

<jsp:param>动作元素是配合<jsp:include>和<jsp:forward>动作一起使用传递参数

的。语法格式定义如下：

```
<jsp:param name = "paramName" value = "paramValue">
```

其中，name 表示要传递参数的名称，value 表示对应参数的值。

【例 4.11】 修改例 4.10 中的部分代码，要求用户登录验证通过后，显示某用户名登录成功。

```
<%@ page language = "java" contentType = "text/html; charset = gb2312" %>
<html>
  <head>
    <title>jsp11.jsp</title>
  </head>
  <body style = "text - align: center">
  <%
     String uname  =  request.getParameter("username");
     String upass  =  request.getParameter("password");
     if(uname.equals("Tom") && upass.equals("123")) {
   %>
<jsp:forward page = "success.jsp">
     <jsp:param name = "uname" value = "<% = uname %>"/>
</jsp:forward>
  <% } else { %>
<jsp:forward page = "login.html" />
  <% } %>
  </body>
</html>
```

success.jsp 代码如下：

```
<%@ page language = "java" contentType = "text/html; charset = gb2312" %>
<html>
  <head>
    <title>success.jsp</title>
  </head>
  <body style = "text - align: center">
  <p><% = request.getParameter("uname") %>登录成功</p>
  </body>
</html>
```

运行结果如图 4.10 所示。

图 4.10　登录成功显示用户名

在 jsp11.jsp 代码中，使用<jsp:param>动作元素形成名为 uname 的参数，参数值为表达式<%=uname%>的值，即接收到的用户名数据。使用<jsp:forward>动作进行页面跳转时，同时将 uname 参数传递至 success.jsp 页面。在 success.jsp 页面，使用 request 对象的

getParameter 方法将传递过来的参数 uname 接收并显示。

4.6 本章小结

本章对 JSP 页面中有可能出现的注释、指令元素、脚本元素、动作元素进行了详细介绍。经过对 JSP 的初步认识，一个 JSP 页面的语法基础是 Java 语言，因为它构成了 JSP 的核心部分，即脚本元素。除此之外，JSP 还有一些特殊的指令、动作等元素发挥作用。使用这些元素，能够编写出动态代码与静态代码相结合的功能较为简单的 JSP 页面。

实验 12 使用 JSP 指令

一、实验内容

- 将论坛的静态页面改成 JSP 页面。
- 在页面上动态显示日期。
- 完善论坛所需 JSP 页面。

JSP 的 3 个指令元素中 page 指令最为常见，出现在 JSP 代码的首行。page 指令的属性较多，常见的有 import 属性，用于导入类；pageEncoding 属性用于指定页面的字符编码；contentType 属性用于定义 MIME 类型和 JSP 页面的编码方式。

需要注意的是，在将 HTML 文档改为 JSP 文档时，容易出现乱码问题，不同情况有不同的解决办法。

二、实验步骤

1. 创建 JSP

目前有 5 个静态页面：首页(index. html)、登录页面(login. html)、注册页面(reg. html)、主题列表页面(list. html)和主题详细信息页面(detail. html)。将论坛静态页面修改为 JSP 页面，修改链接，将 html 扩展名修改为 jsp 扩展名。在各个 JSP 页面首行加入代码：

```
<%@ page language="java" import="java.util.*" pageEncoding="GBK"%>
```

2. 创建 welcome. jsp 欢迎页

使用 MyEclipse 向导创建 JSP 欢迎页面：welcome. jsp，添加 JSP 脚本代码如下：

```
<%@ page language="java" import="java.util.*" pageEncoding="GBK"%>
<!DOCTYPE HTML PUBLIC "-//W3C//DTD HTML 4.01 Transitional//EN">
<html>
  <head>
    <title>My JSP 'welcome.jsp' starting page</title>
  </head>
  <body>
      欢迎访问我的网站<BR/>
      现在时间是：
<%
```

```
      //定义日期的格式
      java.text.SimpleDateFormat formater =
                          new java.text.SimpleDateFormat("yyyy 年 MM 月 dd 日 HH:mm:ss");
     //产生日期并格式化
     StringstrCurrentTime = formater.format( new java.util.Date( ) );
     //输出日期、时间
     out.println(strCurrentTime);
%>
  </body>
</html>
```

程序运行效果如图 4.11 所示。

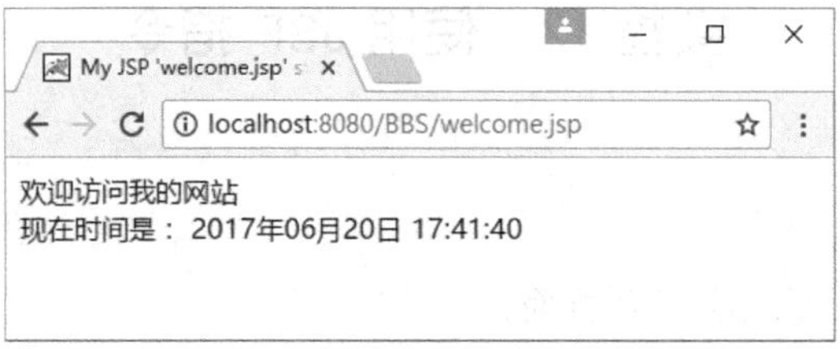

图 4.11　welcome.jsp 欢迎页

3. 编写发表和修改文章的 JSP 页面

编写发布帖子的页面 post.jsp，如图 4.12 所示。

图 4.12　post.jsp 页面

编写修改帖子的页面 update.jsp，如图 4.13 所示。

图 4.13 update.jsp 页面

三、实验小结

JSP 页面中可以包含很多元素，如静态 HTML、注释、指令和脚本元素等。将 HTML 文档转变为 JSP 文档，首先修改扩展名，然后添加 page 指令设置页面编码即可。接下来的实验就是向 JSP 文档中添加动态代码。

四、补充练习

完善论坛的所有 JSP 页面。

实验 13 使用 JSP 脚本元素

一、实验内容

- index.jsp 首页动态显示版块信息。
- list.jsp 帖子列表页动态显示主题列表。
- detail.jsp 帖子内容页动态显示帖子内容。

在 JSP 页面中编写的脚本代码本质就是将前面实验测试类的代码，根据需要嵌入 HTML 代码中，这时初学者容易产生混乱。编写代码时，要注意脚本代码的执行顺序。

二、实验步骤

1. index.jsp 首页动态显示主版块信息

(1) 在 index.jsp 上，使用 page 指令引入相关包，代码如下：

```
<%@ page language = "java" pageEncoding = "GBK" import = "java.util.*, entity.*, dao.*, dao.impl.*" %>
```

(2) 编写脚本代码和表达式，得到版块 Map 集合并显示主版块信息，代码如下：

```
<%@ page language = "java"pageEncoding = "GBK" import = "java.util.*,entity.*,dao.*,dao.impl.*" %>
<%
  BoardDao boardDao = new BoardDaoImpl();                    //得到版块 Dao 的实例
  Map mapBoard = boardDao.findBoard();                       //取得 Map 形式的版块信息
%>
<!DOCTYPE html PUBLIC " - //W3C//DTD XHTML 1.0 Transitional//EN" "http://www.w3.org/TR/xhtml1/DTD/xhtml1 - transitional.dtd">
<htmlxmlns = "http://www.w3.org/1999/xhtml">
  <head>
    <title>首页</title>
  </head>
  <body>
  <div id = "apDiv1">
    <div align = "center" class = "STYLE1">校园 BBS 系统 </div>
  </div>
  <div class = "STYLE4" id = "apDiv2">您尚未 <a href = "login.jsp" target = "_blank">登录</a>
|<a href = "reg.jsp" target = "_blank">注册</a></div>
  <div id = "apDiv3">
    <table width = "100%" height = "503" border = "1"cellpadding = "0" cellspacing = "0">
      <tr>
        <tdcolspan = "2" align = "left" valign = "middle"><span class = "STYLE4">论坛</span>
</td>
        <td width = "5%" class = "STYLE4">主题</td>
        <td width = "45%" class = "STYLE4">最后发表</td>
      </tr>
    <!--      主版块        -->
        <%
        List listMainBoard = (List)mapBoard.get(new Integer(0));
        for(int i = 0; i < listMainBoard.size(); i++ ) {
            Board mainBoard = ((Board)listMainBoard.get(i)); //循环取得主版块
         %>
        <TR class = "tr3">
            <TD colspan = "4"><% = mainBoard.getBoardName() %></TD>
        </TR>
    <!--      子版块        -->

        <TR class = "tr3">
            <TD width = "5%">  </TD>
            <TH align = "left">
                <IMG src = "image/board.gif">
                <A href = "list.jsp">暂无</A>
            </TH>
```

```
            <TD align="center">暂无</TD>
            <TH>
                <SPAN>
                    <A href="detail.jsp">暂无</A>
                </SPAN>
                <BR/>
                <SPAN>暂无</SPAN>
                <SPAN class="gray">[ 1900-01-01 ]</SPAN>
            </TH>
        </TR>
        <%
        }
         %>
    </table>
  </div>
  </body>
</html>
```

主版块动态显示如图 4.14 所示。

图 4.14 主版块动态显示

2. index.jsp 首页动态显示子版块信息

调用 BoardDao 接口的 findBoard()方法，得到版块集合 Map，利用 for 循环的嵌套完成输出父版块与子版块信息，同时动态显示子版块主题数、最后发表的主题信息，代码如下：

```
<%@ page language="java"pageEncoding="GBK" import="java.util.*,entity.*,dao.*,dao.impl.*" %>
<%
  BoardDao boardDao  = new BoardDaoImpl();          //得到版块 Dao 的实例
  TopicDao topicDao  = new TopicDaoImpl();          //得到主题 Dao 的实例
  UserDao userDao   = new UserDaoImpl();           //得到用户 Dao 的实例
```

```
    Map mapBoard = boardDao.findBoard();                           //取得 Map 形式的版块信息
  %>
  <!DOCTYPE html PUBLIC "-//W3C//DTD XHTML 1.0 Transitional//EN" "http://www.w3.org/TR/xht-
ml1/DTD/xhtml1-transitional.dtd">
  <htmlxmlns="http://www.w3.org/1999/xhtml">
    <head>
      <meta http-equiv="Content-Type" content="text/html; charset=utf-8" />
      <title>首页</title>
    </head>

      <body>
      <div id="apDiv1">
        <div align="center" class="STYLE1">校园 BBS 系统 </div>
    </div>
    <div class="STYLE4" id="apDiv2">您尚未 <a href="login.jsp" target="_blank">登录</a>
|<a href="reg.jsp" target="_blank">注册</a></div>
    <div id="apDiv3">
        <table width="100%" height="503" border="1"cellpadding="0" cellspacing="0">
        <tr>
          <tdcolspan="2" align="left" valign="middle"><span class="STYLE4">论坛</span>
</td>
          <td width="5%" class="STYLE4">主题</td>
          <td width="45%" class="STYLE4">最后发表</td>
        </tr>
      <!--     主版块        -->
          <%
          List listMainBoard = (List)mapBoard.get(new Integer(0));
          for( int i=0; i<listMainBoard.size(); i++ ) {
              Board mainBoard = ((Board)listMainBoard.get(i));    //循环取得主版块
           %>
          <TR class="tr3">
              <TD colspan="4"><%=mainBoard.getBoardName() %></TD>
          </TR>
      <!--     子版块        -->
          <%
              List listSonBoard = (List)mapBoard.get( new Integer(mainBoard.getBoardId()) );
              for( int j=0; j<listSonBoard.size(); j++ ) {
                  Board sonBoard  = (Board)listSonBoard.get(j); //循环取得子版块
                  Topic topic = new Topic();                    //最后发表的主题
                  User  user = new User();                      //最后发表的主题的作者
                  int   boardId   = sonBoard.getBoardId();
                  List  listTopic = topicDao.findListTopic( 1, boardId );
                                                                //取得该板块主题列表
                  if( listTopic!=null && listTopic.size()>0 ) {
                      topic = (Topic)listTopic.get(0);          //取得最后发表的帖子
                      user = userDao.findUser( topic.getUserId() );
                  }
           %>
          <TR class="tr3">
              <TD width="5%"> </TD>
              <TH align="left">
```

```
                <IMG src="image/board.gif">
                <A href="list.jsp"><%=sonBoard.getBoardName()%></A>
            </TH>
            <TD align="center"><%=topicDao.findCountTopic(boardId) %></TD>
            <TH>
                <SPAN>
                    <A href="detail.jsp"><%=topic.getTitle()%></A>
                </SPAN>
                <BR/>
                <SPAN><%=user.getUserName()%></SPAN>
                <SPAN class="gray">[ <%=topic.getPublishTime()%> ]</SPAN>
            </TH>
        </TR>
        <%
            }
        }
        %>
    </TABLE>
  </div>
  </body>
</html>
```

子版块动态显示如图 4.15 所示。

图 4.15 子版块动态显示

3. list.jsp 动态显示主题列表

在 list.jsp 动态显示“JSP 技术”版块的主题列表，页数暂时固定为 1，版块 ID 暂时固定为“JSP 技术”的版块 ID，代码如下：

```
<%@ page language = "java" pageEncoding = "GBK" import = "java.util.*, entity.*, dao.*,
dao.impl.*" %>
<%
  TopicDao topicDao = new TopicDaoImpl();                    //得到主题 Dao 的实例
  ReplyDao replyDao = new ReplyDaoImpl();                    //得到回复 Dao 的实例
  UserDao userDao = new UserDaoImpl();                       //得到用户 Dao 的实例

  int boardId = 9;                                           //暂时固定为 JSP 技术版块的 ID
  int p = 1;                                                 //页数暂固定为 1
  List listTopic = topicDao.findListTopic( p, boardId );     //取得该板块主题列表
%>
<!DOCTYPE HTML PUBLIC "-//W3C//DTD HTML 4.01 Transitional//EN" "http://www.w3c.org/TR/1999/
REC-html401-19991224/loose.dtd">
<HTML>
  <HEAD>
    <TITLE>帖子列表</TITLE>
  <META http-equiv=Content-Type content="text/html; charset=gbk">
  </HEAD>

  <BODY>
    <DIV>
      <div align="center"><span class="STYLE1">校园 BBS 系统</span></div>
    </DIV>
    <!--        用户信息、登录、注册          -->
    <DIV class="h">
    您尚未  <a href="login.jsp">登录</a>
     |   <A href="reg.jsp">注册</A> |
  </DIV>
  <!--        主体          -->
  <DIV>
  <!--        导航          -->
  <br/>
  <DIV>
  &gt;&gt;<B><a href="index.jsp">论坛首页</a></B> &gt;&gt;
  <B><a href="list.jsp">JSP 技术</a></B>
  </DIV>
  <br/>
  <!--        新帖          -->
  <DIV>
      <A href="post.jsp"><IMG src="image/post.gif" border="0"></A>
  </DIV>
  <!--        翻 页         -->
  <DIV>
      <a href="list.jsp">上一页</a>|
      <a href="list.jsp">下一页</a>
  </DIV>
```

```
<DIV class="t">
    <TABLE cellSpacing="0" cellPadding="0" width="100%">
        <TR>
            <TH class="h" style="WIDTH: 100%" colSpan="4">
                <SPAN> </SPAN>
              </TH>
        </TR>
<!--      表 头          -->
        <TR class="tr2">
            <TD> </TD>
            <TD style="WIDTH: 80%" align="center">文章</TD>
            <TD style="WIDTH: 10%" align="center">作者</TD>
            <TD style="WIDTH: 10%" align="center">回复</TD>
        </TR>
<!--      主 题 列 表          -->
        <%
            for( int i=0; i<listTopic.size(); i++ ) {
            Topic topic = (Topic)listTopic.get(i);              //循环取得主题对象
            User user = userDao.findUser( topic.getUserId() );  //取得该主题的发布用户
         %>
        <TR class="tr3">
            <TD><IMG src="image/topic.gif" border=0></TD>
            <TD style="FONT-SIZE: 15px">
                <A href="detail.jsp"><%=topic.getTitle()%></A>
            </TD>
            <TD align="center"><%=user.getUserName()%></TD>
            <TD align="center">
                <%=replyDao.findCountReply( topic.getTopicId() )%></TD>
        </TR>
        <%
            }
         %>
    </TABLE>
  </DIV>
  <!--      翻 页          -->
  <DIV>
        <a href="list.jsp">上一页</a>|
        <a href="list.jsp">下一页</a>
    </DIV>
  </DIV>
  <!--      声 明          -->
  <BR/>
 </BODY>
</HTML>
```

主题帖子列表动态显示如图4.16所示。

4. detail.jsp 动态显示帖子内容

编写detail.jsp代码，实现功能：显示主题ID为1的帖子第1页的回复列表，代码如下：

```
<%@ page language="java" pageEncoding="GBK" import="java.util.*, entity.*, dao.*, dao.impl.*" %>
<%
```

图 4.16 帖子列表动态显示

```
    TopicDao topicDao = new TopicDaoImpl();                    //得到主题 Dao 的实例
    ReplyDao replyDao = new ReplyDaoImpl();                    //得到回复 Dao 的实例
    UserDao userDao = new UserDaoImpl();                       //得到用户 Dao 的实例
    int topicId = 1;                                           //主题 ID 暂固定为 1
    int p = 1;                                                 //页数暂固定为 1
    Topictopic = topicDao.findTopic( topicId );                //取得主题信息
    UsertopicUser = userDao.findUser( topic.getUserId() );     //取得主题作者
    List listReply = replyDao.findListReply( p,topicId );      //取得该主题的回复列表
  %>
  <!DOCTYPE HTML PUBLIC "-//W3C//DTD HTML 4.01 Transitional//EN" "http://www.w3c.org/TR/1999/
REC-html401-19991224/loose.dtd">
  <HTML>
    <HEAD>
      <TITLE>看帖</TITLE>
      <META http-equiv=Content-Type content="text/html; charset=gbk">
    </HEAD>

    <BODY>
    <DIV>
      <div align="center"><span class="STYLE1">校园 BBS 系统</span></div>
    </DIV>

    <!--        用户信息、登录、注册          -->

    <DIV class="h">
      您尚未  <a href="login.jsp">登录</a>
       |   <A href="reg.jsp">注册</A> |
    </DIV>

    <!--        主体          -->
```

```
<DIV><br/>
<!--        导航          -->
<DIV>
  &gt;&gt;<B><a href="index.jsp">论坛首页</a></B>&gt;&gt;
  <B><ahref="list.jsp">JSP技术</a></B>
</DIV>
  <br/>
  <!--        回复、新帖          -->
  <DIV>
      <A href="post.jsp"><IMG src="image/reply.gif"  border="0"></A>
      <A href="post.jsp"><IMG src="image/post.gif"   border="0"></A>
  </DIV>
  <!--      翻 页          -->
  <DIV>
      <a href="detail.jsp">上一页</a>|
      <a href="detail.jsp">下一页</a>
  </DIV>
  <!--        本页主题的标题          -->
  <DIV>
      <TABLE cellSpacing="0" cellPadding="0" width="100%">
          <TR>
              <TH class="h">本页主题:<% =topic.getTitle() %></TH>
          </TR>
          <TR class="tr2">
              <TD> </TD>
          </TR>
      </TABLE>
  </DIV>

  <!--        主题          -->
  <%
  if(p==1){
%>
  <DIV class="t">
      <TABLE style="BORDER-TOP-WIDTH: 0px; TABLE-LAYOUT: fixed" cellSpacing="0"
cellPadding="0" width="100%">
          <TR class="tr1">
              <TH style="WIDTH: 20%">
                  <B><% =topicUser.getUserName () %></B><BR/>
                  <image src="image/head/<% =topicUser.getHead () %>"/><BR/>
                  注册:<% =topicUser.getRegTime () %><BR/>
              </TH>
              <TH>
                  <H4 align="left"><% =topic.getTitle() %></H4>
                <DIV>
                  <div align="left"><% =topic.getContent() %></div>
                </DIV>
                  <DIV class="tipad gray">
                      <div align="left">发表:[<% =topic.getPublishTime() %>] 
                      最后修改:[<% =topic.getModifyTime() %>]
```

```
                        </div>
                    </DIV>
                </TH>
              </TR>
          </TABLE>
      </DIV>

      <!--        回复           -->
      <%
      }
      for(int i = 0; i < listReply.size(); i++ ) {
          Reply reply      = (Reply)listReply.get(i);           // 循环取得回复信息
          User  replyUser = (User)userDao.findUser( reply.getUserId() );   //取得回复的作者
  %>
      <DIV class = "t">
          < TABLE style = "BORDER - TOP - WIDTH: 0px; TABLE - LAYOUT: fixed" cellSpacing = "0"
cellPadding = "0" width = "100 % ">
              < TR class = "tr1">
                  < TH style = "WIDTH: 20 % ">
                      < B >< % = replyUser.getUserName() % ></B >< BR/>< BR/>
                      < image src = "image/head/< % = replyUser.getHead() % >"/>< BR/>
                      注册:< % = topicUser.getRegTime() % >< BR/>
                  </TH >
                  < TH >
                      < H4 align = "left">< % = reply.getTitle () % ></H4 >
                    < DIV >
                      < div align = "left">< % = reply.getContent () % ></div >
                    </DIV >
                      < DIV class = "tipad gray">
                          < div align = "left">发表:[< % = reply.getPublishTime() % >]  
                          最后修改:[< % = topic.getModifyTime() % >]
                          < A href = "">[删除]</A >
                          < A href = "">[修改]</A >
                        </div >
                    </DIV >
                </TH >
              </TR >
          </TABLE >
      </DIV >
      < % } % >
      < DIV >
          < a href = "detail.jsp">上一页</a >|
          < a href = "detail.jsp">下一页</a >
      </DIV >
    </DIV >

    <!--        声明           -->
    < BR >
    </BODY >
  </HTML >
```

主题帖子内容动态显示如图 4.17 所示。

图 4.17 帖子内容动态显示

三、实验小结

本次实验使用脚本代码和表达式，完成了动态显示版块信息、显示主题列表和显示帖子内容的功能，到目前为止已经在 JSP 页面内动态显示数据库中的数据。

四、补充练习

(1) 编写 JSP，使用脚本代码判断年份是否是闰年，并在页面中用表格的形式显示出来。

(2) 编写 JSP，实现根据一个人 18 位身份证号显示出生日的功能，并把结果显示在表格中。

第 5 章　JSP 内置对象

【本章要点】

- 理解各种 JSP 内置对象的作用。
- 掌握各种 JSP 内置对象的使用。
- 了解 Cookie 的作用。

在脚本代码或表达式中，可能需要使用到一些特殊的对象。这些对象使更容易收集用户通过浏览器请求发送的信息，对用户做出响应以及存储会话信息等。这些特殊的对象不需要声明而直接可以在脚本中使用，所以称为 JSP 内置对象。只要熟练掌握 Java 语法基础，学习使用 JSP 内置对象是非常容易的。

5.1　内置对象介绍

JSP 2.0 规范中共定义了 9 种内置对象：request、response、out、pageContext、session、application、page、config 和 exception。从本质上讲，JSP 内置对象是在 JSP 页面初始化时，由特定的 Java 类实例化产生的。表 5.1 列出了这些内置对象与其 Java 类型的对象关系，以及它们的作用简介。

表 5.1　JSP 内置对象

对象名称	类型	作用描述	作用域
request	javax. servlet. ServletRequest	该对象包含客户端来自 GET/POST 请求的参数	用户请求期间
response	javax. servlet. ServletResponse	该对象包含服务器端发送到客户端的响应内容	页面响应期间
out	javax. servlet. jsp. JspWriter	该对象用于向客户端输出信息	页面执行期间
pageContext	javax. servlet. jsp. PageContext	该对象用于管理当前网页的属性	页面执行期间
session	javax. servlet. http. HttpSession	该对象保存与当前请求相关的会话信息	会话期间
application	javax. servlet. ServletContext	该对象管理整个应用程序共享的信息	应用程序执行期间
config	javax. servlet. ServletConfig	该对象存储容器初始化时的信息	页面执行期间
page	java. lang. Object	该对象包含当前页面属性	页面执行期间
exception	java. lang. Throwable	该对象包含发生的异常	页面执行期间

这些内置对象大致分为输入输出对象、作用域通信对象、Servlet 相关对象以及其他对象几个类型。它们的具体作用和应用场合将逐节详细介绍。最常用的内置对象包括 request、response、session 和 application 对象。

1. 请求对象 request

来自客户端的请求信息经 Web 容器处理后，由 request 对象进行封装，然后通过调用该对象相应的方法就可以获取封装的信息。这些请求信息包括：请求的来源、标头、Cookies 及请求的参数等。request 对象的主要方法如表 5.2 所示。

表 5.2 request 对象的主要方法

方法名称	方法描述
setAttribute(String name, Object o)	设置名为 name 的 request 内置对象参数，参数值为对象 o
getAttribute(String name)	返回 request 内置对象中名称为 name 的属性值，如果不存在则返回 null
getMethod()	获得客户端向服务器传输数据的方式：GET/POST
getRequestURI()	获得客户端发出请求资源的相对地址
getAttributeNames()	返回 request 内置对象所有属性的名称集合
getHeader(String name)	获得 HTTP 定义的文件头信息
getParameter(String name)	获得客户端向服务器传输的名称为 name 的参数值
getParameterValues(String name)	获得客户端向服务器传输的名称为 name 的所有参数值
getProtocol()	获得客户端向服务器传输数据所使用的协议名称
getRemoteAddr()	获得客户端的 IP 地址
getRemoteHost()	获得客户端主机名
getRemoteUser()	获得客户端用户名
getServerName()	获得服务器的名字
getServetPort()	获得服务器的端口号
getContentLength()	获得请求实体数据的大小
getContentType()	获得请求 MIME 类型
getQueryString()	获得客户以 GET 方法向服务器传输的查询字符串
getCookies()	获得客户端的所有 Cookies 对象
getSesssion(Boolean create)	获得与请求相关的 session 对象

2. 响应对象

response 对象用于服务器向客户端做出动态的响应，向客户端传输数据。response 对象的主要方法如表 5.3 所示。

表 5.3 response 对象的主要方法

方法名称	方法描述
addHeader(String name, String value)	添加 HTTP 文件头信息，该 Header 将被传到客户端
addCookie(Cookie cookie)	添加 Cookie 对象，用于在客户端保存信息
containsHeader(String name)	判断名为 name 的 Header 文件头是否存在
sendError(int sc)	向客户端发送错误信息
encodeURL()	使用 sessionId 来封装 URL，返回客户端

续 表

方法名称	方法描述
flushBuffer()	强制把当前缓冲区的内容发送到客户端
getBufferSize()	返回缓冲区的大小
getOutputStream()	返回客户端的输出流对象
sendRedirect(String location)	重定向名为 location 的资源位置
setContentType(String type)	设置响应的 MIME 类型
setHeader(String name,String value)	设置指定名称的 HTTP 文件头的值

3. 会话对象 session

session 对象在第一个 JSP 页面被装载时由服务器自动创建，用于保存每个客户端信息，负责整个会话期的管理，以便跟踪每个客户端的操作内容。

从一个用户打开浏览器并连接到服务器开始，到用户关闭浏览器断开与服务器的连接结束，被称为一个会话。一个用户访问服务器，可能会在若干个界面之间反复跳转或者刷新同一个页面。然而由于 HTTP 自身的特点，用户每访问一次 JSP 页面都需要和 Web 服务器重新建立连接。又由于 HTTP 无状态的特点，此次连接无法得到上次连接的状态。因此，服务器应当通过某种办法知道这些操作是同一个用户。

当一个用户首次访问服务器上的 JSP 页面时，Web 容器产生一个 session 对象，同时分配一个 String 类型的 ID 号。这个 ID 号发送到客户端，存放在 Cookies 中，这样 session 对象和客户之间就建立了一一对应的关系。当该用户继续访问其他 JSP 页面时，不再分配新的 session 对象。直到用户关闭浏览器后，服务器端该用户的 session 对象才会被取消。当用户重新打开浏览器再次连接服务器时，Web 容器会为该用户重新创建一个 session 对象。session 对象的常用方法如表 5.4 所示。

表 5.4 session 对象的主要方法

方法名称	方法描述
setAttribute(String name, Object o)	设置名为 name 的 session 内置对象参数，参数值为对象 o
getAttribute(String name)	返回 request 内置对象中名称为 name 的属性值，如果不存在则返回 null
removeAttribute(String name)	在 session 内置对象中删除指定名称为 name 的属性
getAttributeNames()	返回 session 内置对象所有属性的名称集合
getCreationTime()	返回 session 对象被创建的时间，1970 年 1 月 1 日至今的毫秒数
getId()	返回 session 对象的 ID 号
getLastAccessedTime()	返回当前 session 对象对应的客户端最后发送请求的时间
invalidate()	销毁 session 对象
isNew()	判断当前用户是否是新用户

4. 应用程序对象 application

application 对象保存了一个应用程序中的共享数据。服务器启动后就产生了这个对象,直到服务器关闭该对象才销毁。当用户在各个 JSP 页面之间浏览时,application 对象是同一个;对于不同用户来说,application 对象也是同一个。application 对象的主要方法如表 5.5 所示。

表 5.5　application 对象的主要方法

方法名称	方法描述
setAttribute(String name, Object o)	设置名为 name 的 application 内置对象参数,参数值为对象 o
getAttribute(String name)	返回 application 内置对象中名称为 name 的属性值,如果不存在则返回 null
getInitParameter(String name)	返回 application 对象中指定名称为 name 的属性初始值
getAttributeNames()	返回 application 内置对象所有属性的名称集合
getServletInfo()	返回 Servlet 编译器当前版本的信息
getRealPath(String path)	获得对应虚拟路径的实际路径

5.2　输入输出对象

基于 HTTP 的网页访问是一种"请求—响应"的模式,即用户在客户端以 GET 或 POST 方法对服务器做出请求,服务器接收请求信息并做出响应。在这个过程中,能够处理所有请求与响应中数据的对象,主要使用输入输出对象 request、response 和 out 对象。

5.2.1　request 对象

request 对象代表的是来自客户端的请求,如用户通过 Form 表单提交的数据、URL 重写所传递的数据等,如图 5.1 所示。对于 request 对象来说,最常用的方法是 getParameter 和 getParameterValues 方法,通过调用这两个方法来获取请求对象 request 中所包含的参数值。

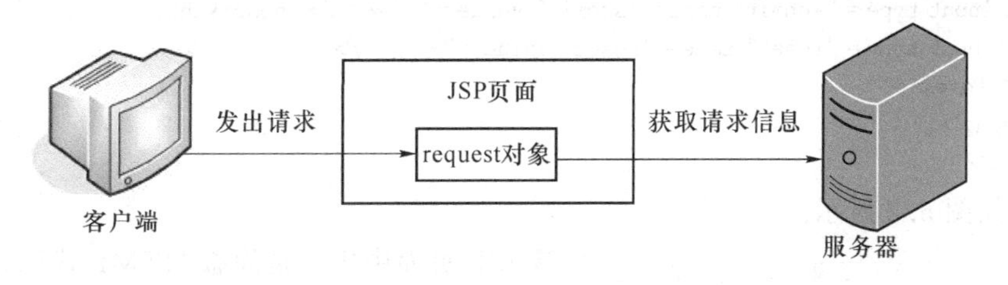

图 5.1　request 对象示意图

1. 使用 request 对象获取表单数据

表单是用户向服务器提交数据的主要方式之一,request 对象最多的应用就是获取用户提交的表单数据。比如,用户登录邮箱,首先需要填写账户信息表单并提交,服务器使用 request 对象获取用户名和密码进行身份验证,然后才能开始收发邮件;用户在线考试答题时,所填写的试卷也是一个表单,试卷中填空题使用的是文本框(text),单选题使用的是单选按钮(radio),多选题使用的是复选框(checkbox),提交试卷后,服务器使用 request 对象获取答案并判断是否正确,得到考试结果。

【例 5.1】　实现某网站注册功能,编写 JSP 页面供用户输入注册信息,包括用户名、密码、确认密码、性别、学历和爱好，使用 JSP 脚本代码获取用户输入的数据，并予以处理。

```
<%@ page language="java" contentType="text/html; charset=gb2312" %>
<html>
  <head>
    <title>使用 request 对象获取表单数据</title>
  </head>
  <body>
<h3>请输入注册信息</h3>
<form name="regForm" method="post" action="jsp2.jsp">
    用  户  名
        <input type="text" name="username" /><br />
    密     码
        <input type="password" name="password" /><br />
      确认密码
        <input type="password" name="sec_password" /><br />
      性     别
        <input type="radio" name="gender" value="男" checked="checked"/>男
             <input type="radio" name="gender" value="女" />女<br />
      学     历
        <select name="education">
             <option value="初中以下">初中以下</option>
             <option value="高中">高中</option>
             <option value="大专">大专</option>
             <option value="本科">本科</option>
             <option value="研究生">研究生</option>
       </select><br />
    爱     好
      <input type="checkbox" name="hobby" value="唱歌">唱歌   
      <input type="checkbox" name="hobby" value="跳舞">跳舞   
      <input type="checkbox" name="hobby" value="读书">读书   
      <input type="checkbox" name="hobby" value="上网">上网<br />
    <input type="submit" name="submit" value="提交" />   
    <input type="reset" name="reset" value="取消" />
    </form>
  </body>
</html>
```

效果如图 5.2 所示。

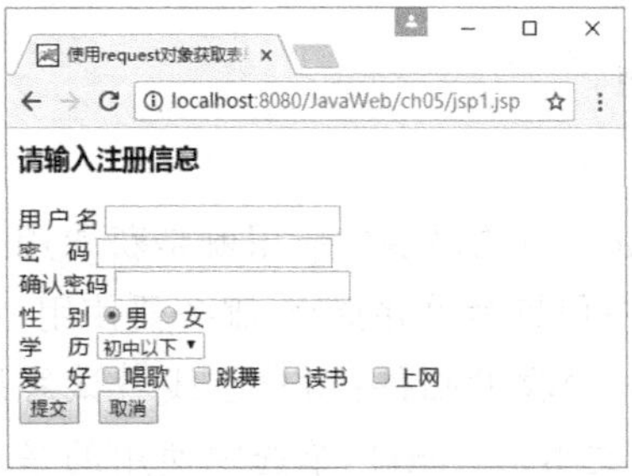

图 5.2　输入注册信息界面

该 JSP 页面中主要是静态 HTML 代码，其中包含一个注册的表单。用户把输入用户名的文本框、密码和确认密码的密码框、性别的单选按钮、学历的下拉框以及爱好的复选框分别命名为 username、password、sec_password、gender、education 和 hobby，最后是一个“提交”按钮。表单 regForm 的 method 属性值为 post，说明发送数据的方法是 POST 方法；action 属性值为 jsp2.jsp，指定接收表单提交数据的 JSP 页面。下面 jsp2.jsp 页面的代码就是根据 username、password 等参数名称来获取参数值的。

jsp2.jsp 代码如下：

```
<%@ page language="java" contentType="text/html; charset=gb2312" %>
<html>
  <head>
    <title>jsp2.jsp</title>
  </head>
  <body>
<%
    String uname = request.getParameter("username");
    String upass = request.getParameter("password");
    String sec_upass = request.getParameter("sec_password");
    String gender = request.getParameter("gender");
    String education = request.getParameter("education");
    String[] hobby = request.getParameterValues("hobby");
%>
<h3>您注册的信息如下</h3>
用 户 名:<%= uname %><br/>
密    码:<%= upass %><br/>
    确认密码:<%= sec_upass %><br/>
    性    别:<%= gender %><br/>
    学    历:<%= education %><br/>
爱    好:
<%
    for(int i = 0; i < hobby.length; i++) {
%>
        <%= hobby[i] %>  
<%
    }
%>
  </body>
</html>
```

该 JSP 页面使用 request 内置对象的 getParameter 和 getParameterValues 方法获取各个参数数据。对于文本框、密码框、单选按钮等数值唯一的参数来说，使用 getParameter 方法获取这些值，以 String 的形式返回参数值，如果参数不存在则返回 null；对于复选框这种可以多选的参数来说，使用 getParameterValues 方法获取这些值，以 String 对象数组的形式返回参数，其中包括指定请求参数所具有的所有值，如果参数不存在则返回 null。若用户在注册界面输入信息（Tom，123，123，男，本科，唱歌、读书、上网），运行结果如图 5.3 所示。

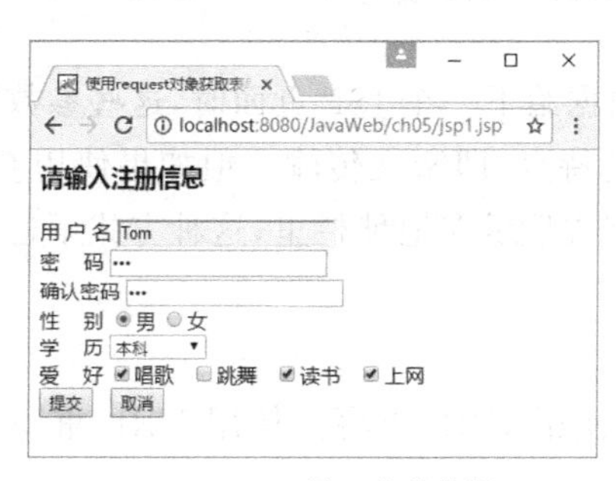

(a)输入表单数据

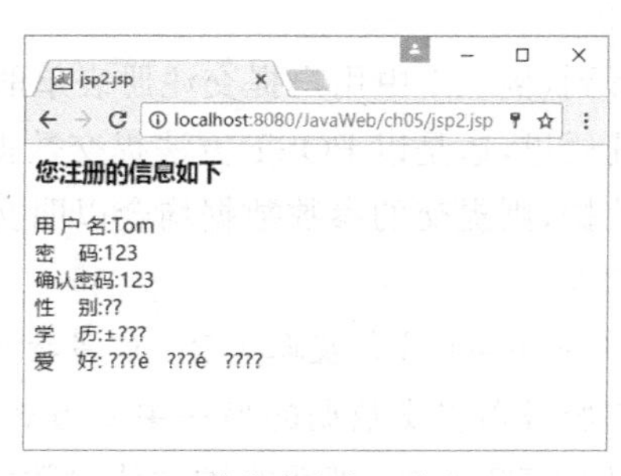

(b)接收中文出现乱码

图 5.3 使用 request 对象获取表单数据

在执行结果中，不难发现通过表单以 POST 方法提交数据，使用 request 对象接收非中文参数显示正常，但接收的中文参数显示乱码。此时，可采用的处理办法是在使用 getParameter 或 getParameterValues 方法接收参数之前，首先使用 request 对象的 setCharacterEncoding 方法设置接收数据的字符编码，即在 jsp2.jsp 页面中增加一句代码：

```
<%
    request.setCharacterEncoding("gb2312");
    String uname = request.getParameter("username");
    String upass = request.getParameter("password");
    ......
%>
```

修改代码后，接收中文参数正常显示，如图 5.4 所示。

用户在 jsp2.jsp 页面中看到自己填写的注册信息，接下来的操作应该是确认注册信息，将注册信息插入数据库的数据表中，如图 5.5 所示。

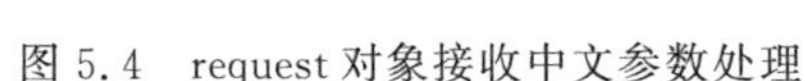
图 5.4 request 对象接收中文参数处理

图 5.5 确认提交注册信息

确认界面中的“确认提交”按钮是一个表单的 submit 类型的按钮，这里可以使用隐藏表单域将显示出的各种数据传递给下一个 JSP 页面，代码如下：

```
<form action = "success.jsp" method = "post">
    <input type = "hidden" name = "username" value = "<% = uname %>">
    <input type = "hidden" name = "password" value = "<% = upass %>">
    <input type = "hidden" name = "sec_password" value = "<% = sec_upass %>">
    <input type = "hidden" name = "gender" value = "<% = gender %>">
    <input type = "hidden" name = "education" value = "<% = education %>">
    <input type = "hidden" name = "hobby" value = "<% = hobby %>">
    <input type = "submit" name = "submit" value = "确认提交">
</form>
```

可以看到，例 5.1 中用户提交注册表单的数据给下一个 JSP 页面时，这些参数数据不会出现在地址栏里，这是以 POST 方法提交数据的特点，即密文传输。但如果使用 GET 方法提交表单数据，则提交的参数数据均会以明文方式显示在地址栏里，这种方式不适用于一些验证作用的表单。

2. 使用 request 对象获取 URL 重写数据

用户向服务器提交数据的另一主要方式是使用 URL 重写。使用 URL 重写的方式提交数据，采用 GET 方法，即明文方式传输数据。

【例 5.2】 使用 URL 重写的方式传递参数数据，实现两个数求和，显示计算结果。

jsp3.jsp 代码如下：

```
<%@ page language = "java" contentType = "text/html; charset = gb2312" %>
<html>
  <head>
    <title>jsp3.jsp</title>
  </head>
  <body>
    <%
        int num1 = 10;
        int num2 = 5;
     %>
    <% =num1 %> + <% =num2 %> =
                         <a href = "sum.jsp?num1 = <% = num1 %>&num2 = <% = num2 %>">求和</a>
  </body>
</html>
```

单击如图 5.6 所示的“求和”链接，即访问下一个 JSP 页面 sum.jsp。所谓 URL 重写，是在地址后面追加“? 变量名 1=变量值 & 变量名 2=变量值 2”，这些变量传递给下一个 JSP 页面，因此在 sum.jsp 中使用 request 对象的 getParameter 方法接收参数，代码如下：

```
<%@ page language = "java" contentType = "text/html; charset = gb2312" %>
<html>
  <head>
    <title>求和结果</title>
  </head>
  <body>
    <%
        String num1 = request.getParameter("num1");
        String num2 = request.getParameter("num2");
     %>
    <% =num1 %> + <% =num2 %> = <% = Integer.parseInt(num1) + Integer.parseInt(num2) %>
  </body>
</html>
```

需要注意的是，接收通过 URL 重写传递过来的数据都是 String 类型的，需要使用数据类型转换的方法才可进行运算，运行结果如图 5.7 所示。

图 5.6　求和界面

图 5.7　求和计算结果

以 GET 方法传递中文数据时，一样会出现乱码的现象，处理方法与 POST 方法不同。

【例 5.3】　在文本框中输入关键字，以 GET 方法提交表单，正确显示提交的中文参数。

search.jsp 代码如下：

```
<%@ page language = "java" contentType = "text/html; charset = gb2312" %>
```

```
<html>
  <head>
    <title>搜索关键字</title>
  </head>
  <body>
    <form name = "searchForm" method = "get" action = "jsp4.jsp">
        关键字< input type = "text" name = "keyword" />
        < input type = "submit" name = "submit" value = "搜索" />
    </form>
  </body>
</html>
```

显示如图 5.8 所示的静态页面，在文本框中输入关键字。

单击“搜索”按钮以 GET 方法提交表单，在 jsp4.jsp 中使用 request 对象接收数据，进行中文字符处理，代码如下：

```
<%@ page language = "java" contentType = "text/html; charset = gb2312" %>
<html>
  <head>
    <title> jsp4.jsp </title>
  </head>
  <body>
    <%
        String keyword  =  request.getParameter("keyword");
        byte[] kw  =  keyword.getBytes("iso - 8859 - 1");
        keyword  =  new String(kw);
     %>
    获取文本框提交的关键字是:<br />
    <% = keyword  %>
  </body>
</html>
```

运行结果如图 5.9 所示。

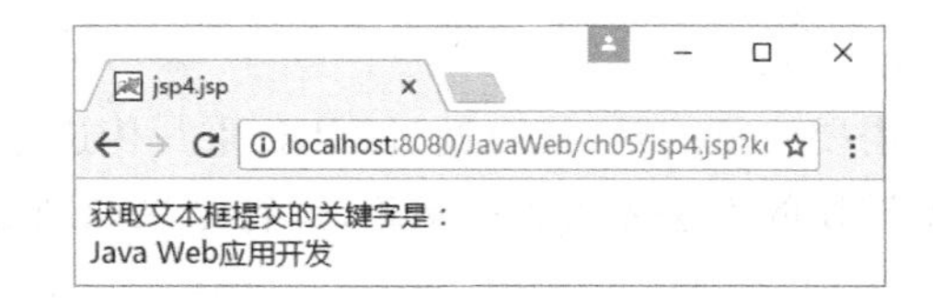

图 5.8　文本框输入数据

图 5.9　request 对象接收中文数据字符处理

3. 在 request 作用域内传递数据

通常在内置对象中设置一些属性，使用户在不用页面之间或者客户端与服务器之间能够传递信息，这些属性可以是 String 类型，也可以是任意类型，包括自定义类型。

request 对象所管理的属性，其生命周期为客户端向服务器发出的一次 HTTP 请求过程。

【例 5.4】 使用 request 内置对象管理属性，实现数据的传递。

jsp5.jsp 代码如下：

```
<%@ page language = "java" import = "java.util. * " contentType = "text/html; charset = gb2312" %>
<%
```

```
    request.setAttribute("today", new Date());
    request.getRequestDispatcher("next.jsp").forward(request, response);
%>
```

在这段代码中，使用 request 对象的 setAttribute 方法以 today 为名称存储一个 Date 对象。然后使用 request 对象的 getRequestDispatcher 方法获得一个 RequestDispatcher 对象进行 forward 页面跳转，这句代码作用相当于动作元素<jsp:forward>。

next.jsp 代码如下：

```
<%@ page language="java" import="java.util.*" contentType="text/html; charset=gb2312" %>
<%
    Date today = (Date)request.getAttribute("today");
%>
今天的日期是:<%=today %>
```

这段代码使用 request 对象的 getAttribute 方法获取存储在 request 对象中的 today 属性，由于返回类型是 Object，因此强制类型转换为 Date 类型对象，最后将当前日期输出。运行结果如图 5.10 所示。

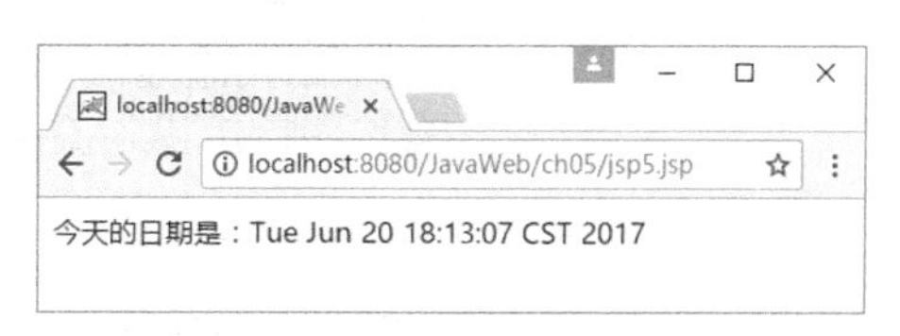

图 5.10 使用 request 对象管理属性

4. 使用 request 对象获取客户端和服务器端信息

【例 5.5】 使用 request 对象获取客户端和服务器端信息。

```
<%@ page language="java" import="java.util.*" contentType="text/html; charset=gb2312" %>
<html>
    <head>
        <title>使用 request 对象获取客户端和服务器信息</title>
    </head>
    <body>
        通信协议:<%=request.getProtocol() %><br />
        请求方式:<%=request.getScheme() %><br />
        客户端的名称:<%=request.getRemoteHost () %><br />
        服务器的端口号:<%=request.getServerPort() %><br />
        客户端 IP 地址:<%=request.getRemoteAddr() %><br />
        服务器的名称:<%=request.getServerName() %><br />
        客户端 Cookies:<%=request.getCookies() %><br />
        客户端提交信息的方法:<%=request.getMethod() %><br />
        客户端提交信息的页面:<%=request.getServletPath() %><br />
        上下文路径:<%=request.getContextPath() %><br />
        <%
            //获取 HTTP 文件头信息
            Enumeration HeadList=request.getHeaderNames();
            while(HeadList.hasMoreElements()) {
                String header=(String)HeadList.nextElement();
                String content=request.getHeader(header);
                out.print(header + ":");
                out.print(content + "<br />");
            }
        %>
    </body>
</html>
```

运行结果如图5.11所示。

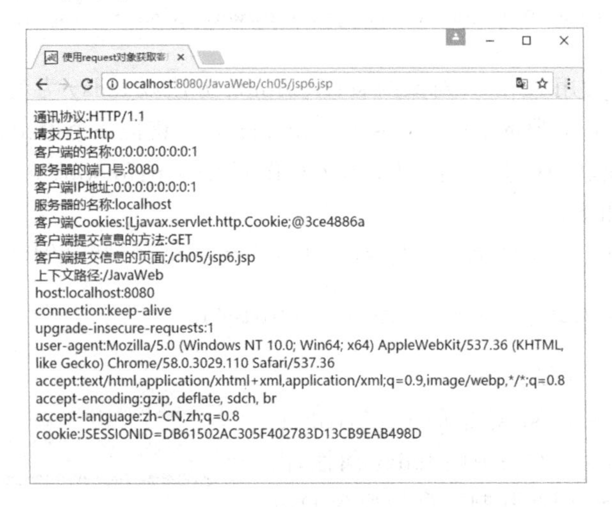
通讯协议:HTTP/1.1
请求方式:http
客户端的名称:0:0:0:0:0:0:0:1
服务器的端口号:8080
客户端IP地址:0:0:0:0:0:0:0:1
服务器的名称:localhost
客户端Cookies:[Ljavax.servlet.http.Cookie;@3ce4886a
客户端提交信息的方法:GET
客户端提交信息的页面:/ch05/jsp6.jsp
上下文路径:/JavaWeb
host:localhost:8080
connection:keep-alive
upgrade-insecure-requests:1
user-agent:Mozilla/5.0 (Windows NT 10.0; Win64; x64) AppleWebKit/537.36 (KHTML, like Gecko) Chrome/58.0.3029.110 Safari/537.36
accept:text/html,application/xhtml+xml,application/xml;q=0.9,image/webp,*/*;q=0.8
accept-encoding:gzip, deflate, sdch, br
accept-language:zh-CN,zh;q=0.8
cookie:JSESSIONID=DB61502AC305F402783D13CB9EAB498D

图5.11　使用request对象获取客户端和服务器信息

5.2.2　response对象

response对象和request对象的性质相反，它代表的是服务器对客户端的响应，也就是说可以通过response对象来组织发送到客户端的数据，如图5.12所示。对于response对象来说，最常用的操作是MIME类型的定义、编码方式、保存Cookie和重定向等。

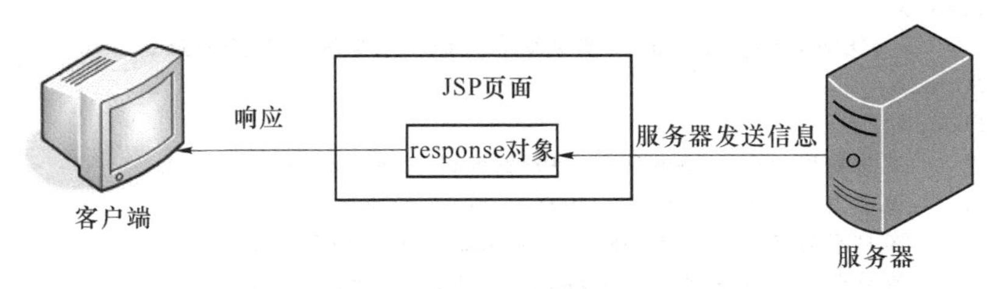

图5.12　response对象示意图

1. 使用response对象设置HTTP响应报头

JSP页面可以使用response对象设置HTTP响应报头。例如，如果JSP页面使用page指令设置页面的contentType属性是text/html，Web容器则按照这种属性值予以响应；但如果要动态改变这个属性值来响应客户端，需要使用response对象的setContentType方法来改变该属性值。

【例5.6】 使用response对象的setContentType方法来改变contentType属性。

```
<%@ page language="java" contentType="text/html; charset=gb2312" %>
<html>
  <head>
    <title>5-6.jsp</title>
  </head>
  <body>
<form action="" method="get">
    <strong>一、单项选择题 </strong><br />
    【英语沙龙】Do you like playing football?<br>
```

```
        <input name="en" type="radio" value="A" checked ID="Radio1"> Yes, I'm
        <input name="en" type="radio" value="B" ID="Radio2"> Yes, it is
        <input name="en" type="radio" value="C" ID="Radio3"> Not like it
          <input name="en" type="radio" value="D" ID="Radio4">     Yes, I do
        <br /><br />
        <strong>二、多项选择题(多选、漏选均不得分)</strong><br />
        【电脑常识】电脑的必备组成部分有:<br />
        <input name="it" type="checkbox" id="it" value="A">显示器
        <input name="it" type="checkbox" id="it" value="B">机箱
        <input name="it" type="checkbox" id="it" value="C">音箱
        <input name="it" type="checkbox" id="it" value="D">主板
        <input name="it" type="checkbox" id="it" value="E">鼠标和键盘
        <br /><br />
        <input type="submit" name="Submit" value="提交答卷"></p>
    </form>
    <form action="" method="get" name="form1" id="form1">
        <strong>【选项】将文档保存为以下哪个格式?</strong>
        <br />
        <input name="t" type="radio" value="text/html" checked ID="Radio1"> 文本文件
          <input name="t" type="radio" value="application/x-msexcel" ID="Radio2"> Office Excel 文件\
          <input name="t" type="radio" value="application/msword" ID="Radio3"> Office Word 文件
        <br /><br />
        <input type="submit" name="Submit" value="保存" ID="Submit1">
    </form>
    <%
        String doctype=request.getParameter("t");
        response.setContentType(doctype);
    %>
      </body>
    </html>
```

运行结果如图 5.13 所示。

选择 Word 格式选项后,单击“保存”按钮,网页会被显示或保存为一份 Word 格式的文档,如图 5.14 所示。contentType 属性可以设置为 text/html、application/x-msexcel、application/msword 等。

response 对象还可以通过 setHeader 方法设置指定名字的 HTTP 响应报头的值,设置的值将会覆盖原有的值。

【例 5.7】 使用 response 对象设置 HTTP 响应报头属性值,即使用户不做任何操作,5 秒后页面自动发生跳转。

```
<%@ page language="java" contentType="text/html; charset=gb2312" %>
<html>
  <head>
    <title>5-7.jsp</title>
  </head>
  <body>
      <h3>5 秒之后没有跳转<a href="index.jsp">请单击这里</a></h3>
      <%
          response.setHeader("refresh","5;url=index.jsp");
       %>
  </body>
```

```
</html>
```

图 5.13　使用 response 对象动态响应 contentType 属性

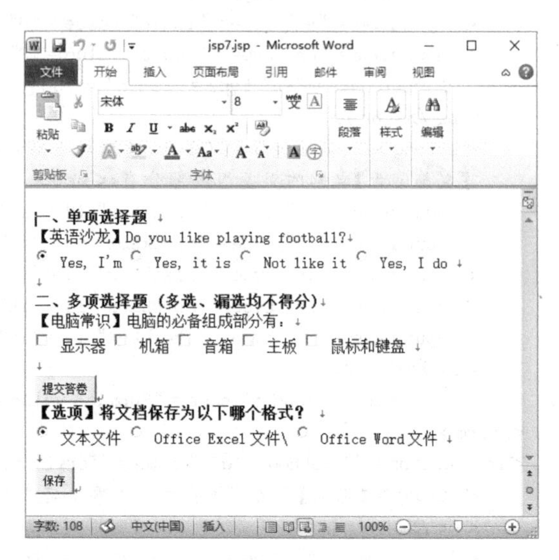

图 5.14　使用 response 对象动态响应 contentType 属性生成的 Word 文档

运行效果如图 5.15 所示，5 秒后发生自动页面跳转。

2. 使用 response 对象重定向页面

很多时候，服务器对客户端的响应是将客户端重新定向到另一个页面。例如，如果信息输入不正确或发生异常时，会重新定向到输入页面或错误提示页面。此时可以使用 response 对象的 sendRedirect 方法实现客户端的重定向。

【例 5.8】 实现账户信息验证的功能，如果信息验证正确则显示登录成功，否则使用 response 对象重新定向到错误提示页面。

登录页面的代码与第 4 章的例 4.10 相同，如图 5.16 所示。

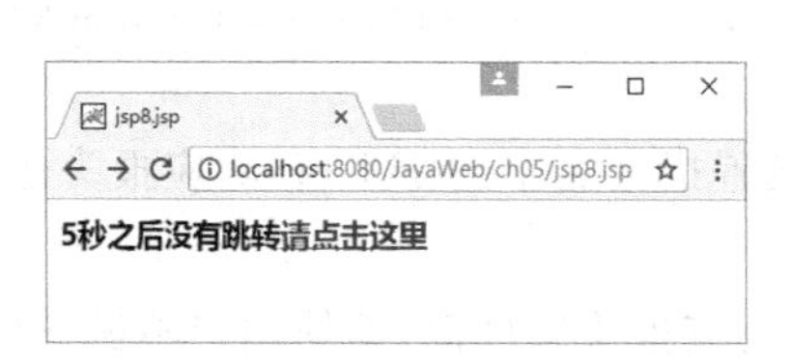

图 5.15　使用 response 对象设置 HTTP 报头 refresh 属性

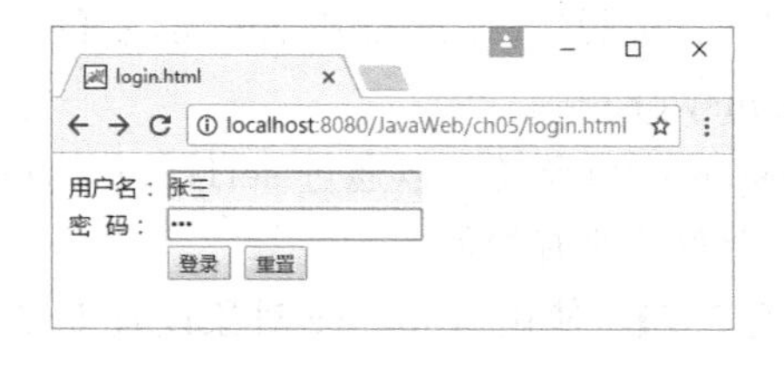

图 5.16　用户登录界面

输入用户名和密码后单击“登录”按钮提交表单，将这两个参数传递给服务器的 jsp9.jsp 页面，代码如下：

```
<%@ page contentType = "text/html; charset = GBK" %>
<%
        request.setCharacterEncoding("gb2312");
        String uname = request.getParameter("username");
        String pwd = request.getParameter("password");
        if(uname.equals("张三") && pwd.equals("123")) {
```

```
            out.println("<h3>您好," + uname + ",您已登录成功!</h3>");
        } else {
            response.sendRedirect("error.jsp");
        }
%>
```

使用 request 对象获取传递过来的参数，判断用户名是否为“张三”，密码是否为“123”，如果验证正确，则显示结果如图 5.17 所示。

如果用户名和密码输入不正确，则使用 response 对象的 sendRedirect 方法重定向到 error.jsp，如图 5.18 所示。

图 5.17　账号输入正确

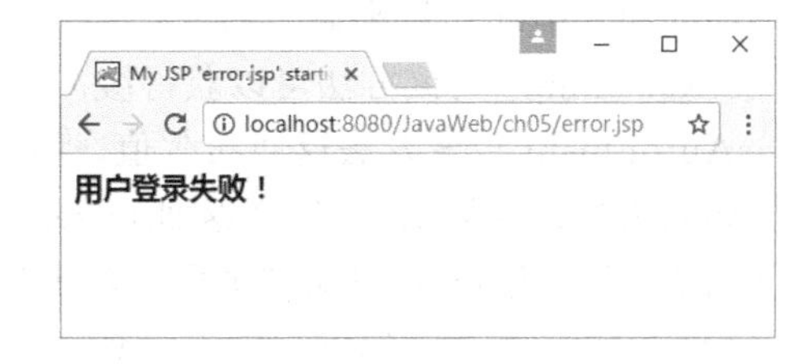

图 5.18　账号输入错误

可以注意到，地址栏的地址发生了变化，这与动作元素<jsp:forward>、RequestDispatcher 对象调用 forward 方法实现页面跳转的效果不同。前者地址栏的变化说明 response 对象的 sendRedirect 方法所发生的重定向是客户端向服务器发起的新一次连接；而后两者地址不会发生变化，说明只是发生了服务器内部资源之间的跳转，并非新的连接。也就是说，一旦发生 response 对象的重定向，request 对象所存储的属性全部消失。但事实上，不能保证用户在多个页面之间发生跳转不会发起新的连接，对于用户会话期间的操作需要使用 session 对象来存储，将在 5.3 节中介绍。

5.2.3　out 对象

out 对象主要用来向客户端输出各种格式的数据，并且管理服务器上的输出缓冲区，out 对象的基类是 javax.servlet.jsp.JspWriter 类。

out 对象最重要的方法包括 println 和 print 方法。out 对象这两个方法的使用前面已经多次使用过。这两种方法用于输出各种格式的数据，二者区别是 print 方法在输出完毕后并不换行，而 println 方法在输出完毕后会自动换行。当然，println 方法并不会真地在网页上产生换行的效果(字串长度超过浏览器视窗的宽度时会自动换行)，只是当查看源文件时才会看到换行的效果。如果希望网页上有换行的效果，必须使用 HTML 标记
，可以直接在 HTML 文件中加入
，也可以使用 print 方法或 println 方法输出
。out 对象的其他重要方法如下。

newLine()：该方法用于输出一个换行符号，和 println 方法一样，这种换行效果在页面上是看不出来的，需要查看源文件才能看到换行的效果。

flush()：该方法用于强制输出服务器的输出缓冲区里的数据。如果编译指令 page 的 autoFlush 属性的值设为 true，那么 JSP 程序会把输出数据缓存在服务器的输出缓冲区中，直到程序结束或者缓冲区已经充满数据，服务器会自动把缓冲区中的数据都送到客户端。如果在 JSP 程序中使用了 flush 方法，那么服务器不管缓冲区有没有充满，都将数据强制发送到客户端。如果 JSP 编译指令 page 的 autoFlush 属性的值设为 false，那么需要显式调用

flush 方法将数据送到客户端。

close()：该方法首先将缓冲区的数据强制输出到客户端，然后关闭对客户端的输出流。

clearBuffer()：该方法用于强制清除缓冲区里的数据，并且把数据写到客户端。如果缓冲区的内容为空，不会产生 IOException 错误。

clear()：该方法用于清除缓冲区里的数据，但不把数据写到客户端。clear 方法和 clearBuffer 方法不同的地方在于：如果缓冲区内的数据为空，那么使用这个方法将会产生 IOException 错误。

getBufferSize()：使用该方法可以获得缓冲区的大小。缓冲区的大小是通过设定编译指令 page 和 buffer 属性来确定的。

getRemaining()：该方法可以获得缓冲区没有使用的字节数目。

isAutoFlush()：该方法返回布尔值，返回结果由编译指令 page 的 autoFlush 的属性值决定，如果为真则返回 true，反之返回 false。

【例 5.9】 使用 out 对象在页面上输出显示字号由小到大的"HelloWorld"，代码如下：

```
<%@ page language = "java" contentType = "text/html; charset = gb2312" %>
<html>
  <head>
    <title> jsp10.jsp </title>
  </head>
  <body>
      <%
          for(int i = 1; i <= 5; i++) {
                out.println("<font size = " + i + ">" + "HelloWorld</font><br />");
          }
      %>
  </body>
</html>
```

运行效果如图 5.19 所示。

图 5.19　out 对象输出效果

在第 4 章中提到，out.print 的输出作用与表达式效果相同，二者的特点前面已经讲到。等价代码如下：

```
<%
      for(int i = 1; i <= 5; i++) {
 %>
            <font size = " <% = i %>"> HelloWorld</font><br />
<%
      }
 %>
```

5.3 作用域通信对象

本节主要介绍JSP的3个作用域对象，即session、application和pageContext对象。在JSP中，session对象主要用来解决客户端与服务器之间会话期间的状态跟踪，application对象负责提供应用程序在服务器中运行时的一些全局信息，pageContext用于管理当前网页的属性。常用的方法有setAttribute和getAttribute方法。

5.3.1 session对象

session对象是十分重要的一个JSP内置对象，它可以用来在每一个用户之间分别保存用户信息。服务器上的session对象却可以有多个，不同的用户所面临的session对象一般来说是不同的，当用户浏览JSP页面时，系统将为该用户生成一个独一无二的session对象，用以记录该用户的个人信息，一旦该用户退出该JSP页面，那么该session对象将会被注销。

session对象也可以绑定并管理若干个参数对象，这些参数对象在不同session对象间的同名变量不会相互干扰。应用session对象的功能，可以十分简单地实现类似购物车思想等功能。

1. session对象的ID

当一个用户第一次访问JSP页面时，Web容器会自动创建一个session对象。同时这个创建的session对象被分配了一个ID号，Web容器将这个ID号发送到客户端，保存在客户端的Cookie当中。这样，session对象和客户端之间就建立起一一对应的关系，即每个客户端都对应一个session对象，这些session对象互不相同，具有不同的ID。

【例5.10】 创建3个JSP页面，让用户在3个页面之间进行跳转。只要用户不关闭浏览器，3个页面的session对象是完全相同的。首先访问jsp11.jsp页面，代码如下：

```
<%@ page contentType="text/html; charset=gb2312" language="java" %>
<html>
      <head>
            <title>session对象的ID</title>
      </head>
      <body>
          <%
              String id=session.getId();
          %>
          在jsp11.jsp页面中session对象的id是:<%=id%><br />
          提交表单连接到jsp12.jsp
          <form action="jsp12.jsp" method="post" >
            <input type="text" name="name">
            <input type="submit" name="submit" value="提交">
          </form>
      </body>
</html>
```

jsp11.jsp页面的运行效果如图5.20所示。可以看到，该客户端的session对象被分配的ID是DB61502AC305F402783D13CB9EAB498D。

输入一些信息提交表单后进入jsp12.jsp页面，代码如下：

```
<%@ page contentType="text/html; charset=gb2312" language="java" %>
<html>
    <head>
        <title>session 对象的 ID</title>
    </head>
    <body>
        <%
            String id = session.getId();
        %>
        在 jsp12.jsp 页面中 session 对象的 id 是:<%=id%><br />
        点击链接连接到 jsp13.jsp:
        <p><a href="jsp13.jsp">欢迎到 jsp13.jsp 页面来!</a></p>
    </body>
</html>
```

jsp12.jsp 的运行效果如图 5.21 所示，可以看到页面中 session 对象的 ID 号与 jsp11.jsp 页面中的 ID 相同。

图 5.20　jsp11.jsp 运行效果

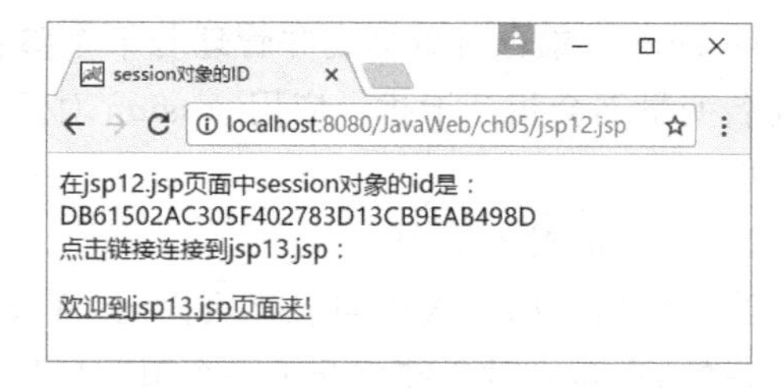

图 5.21　jsp12.jsp 运行效果

单击 jsp12.jsp 中的链接进入 jsp13.jsp 页面，代码如下：

```
<%@ page contentType="text/html; charset=gb2312" language="java" %>
<html>
    <head>
        <title>session 对象的 ID</title>
    </head>
    <body>
        <%
            String id = session.getId();
        %>
        在 jsp13.jsp 页面中 session 对象的 id 是:<%=id%><br />
        <a href="jsp11.jsp">返回 jsp11.jsp 页面!</a>
    </body>
</html>
```

jsp13.jsp 的运行效果如图 5.22 所示。可以看到 3 个页面中的 session 对象 ID 没有发生改变。因此，可以得出结论客户端只要让浏览器保持连接状态，页面的 session 对象就不会改变。

图 5.22　jsp13.jsp 运行效果

2. 在 session 作用域内传递数据

session 对象所管理的属性，其生命周期为客户端与服务器之间的一次会话过程。session

通常用于跟踪用户的会话信息,如判断用户是否登录系统,或者在购物车应用中,用于跟踪用户购买的商品等。

【例 5.11】 使用 session 对象实现一个图书购物车的应用。首先,show.jsp 页面显示出所有图书商品,代码如下:

```
<%@ page contentType = "text/html; charset = GBK" import = "java.util.ArrayList" %>
<html>
    <head>
        <title>显示所有书籍</title>
    </head>
    <body>
        <p align = "center">网上书城</p>
        <%
            ArrayList al = new ArrayList();
            al.add("«Java 语言程序设计»");
            al.add("«Java Web 应用开发教程»");
            al.add("«C 语言程序设计»");
            al.add("«网页设计三剑客»");
            session.setAttribute("bookList", al);
        %>
        <% ArrayList bookList = (ArrayList)session.getAttribute("bookList"); %>
        <table align = "center" border = "1">
            <tr>
                <th>序号</th><th>书名</th>
            </tr>
            <% for (int i = 0; i < bookList.size(); i++) { %>
            <tr>
                <td><% = i %></td>
                <td>
                    <a href = "detail.jsp?bookId = <% = i %>">
                    <% = (String)bookList.get(i) %></a>
                </td>
            </tr>
            <% } %>
        </table>
    </body>
</html>
```

show.jsp 页面运行效果如图 5.23 所示。

该页面显示所有书籍列表,单击某一本书名的链接,进入 detail.jsp 页面显示该本书的详细信息,代码如下:

```
<%@ page contentType = "text/html; charset = GBK" import = "java.util.ArrayList" %>
<html>
    <head>
        <title>图书详细信息</title>
    </head>
    <body>
        <%
            int bookId = Integer.parseInt(request.getParameter("bookId"));
            ArrayList bookList = (ArrayList)session.getAttribute("bookList");
            String bookName = "";
```

图 5.23　显示所有商品列表

```
            for (int i = 0; i < bookList.size(); i++) {
              if (bookId == i) {
                bookName = (String)bookList.get(i);
                break;
              }
            }
        %>
        <p align="center"><% = bookName %>的详细信息</p>
        <table align="center" border="1">
          <tr>
            <th>序号</th>
            <th>书名</th>
          </tr>
          <tr>
            <td><% = bookId %></td>
            <td><% = bookName %></td>
          </tr>
          <tr>
            <td> </td>
            <td>
              <form action="buy.jsp" method="POST">
                <input type="hidden" value="<% = bookId %>" name="bookIdBuy" />
                <input type="hidden" value="<% = bookName %>" name="bookNameBuy" />
                <input type="submit" name="submit" value="放入购物车" />
              </form>
            </td>
          </tr>
        </table>
    </body>
</html>
```

detail.jsp 页面的运行效果如图 5.24 所示。

当读者阅读完这本书的详细信息后，可单击“放入购物车”按钮，将这本书添加至自己的购物车中，运行 buy.jsp 代码：

```
<%@ page contentType="text/html; charset=GBK" import="java.util.ArrayList" %>
```

```
<html>
    <head>
        <title>添加商品至购物车</title>
    </head>
    <body>
      <%
          request.setCharacterEncoding("GB2312");
          String bookIdBuy = request.getParameter("bookIdBuy");
          String bookNameBuy = request.getParameter("bookNameBuy");
          if (session.getAttribute("buyList") != null) {
            ArrayList al = (ArrayList)session.getAttribute("buyList");
            al.add(bookNameBuy);
            session.setAttribute("buyList", al);
          } else {
            ArrayList al = new ArrayList();
            al.add(bookNameBuy);
            session.setAttribute("buyList", al);
          }
      %>
      <p align = "center"><% = bookNameBuy %>已放入购物车</p>
      <div align = "center"><a href = "checkout.jsp">显示购物车</a></div>
      <div align = "center"><a href = "show.jsp">继续选购</a></div>
    </body>
</html>
```

buy.jsp 页面运行效果如图 5.25 所示。

图 5.24 显示商品详细信息

图 5.25 添加商品至购物车

添加一个商品至购物车中后，可以继续选购其他商品，重复上述操作。如果结束选购过程，查看已经选购的商品时，单击“显示购物车”链接，执行 checkout.jsp，代码如下：

```
<%@ page contentType = "text/html; charset = GBK" import = "java.util.ArrayList" %>
<html>
    <head>
        <title>显示购物车中的商品</title>
    </head>
    <body>
    <%
        ArrayList buyList = (ArrayList)session.getAttribute("buyList");
    %>
    <table align = "center" border = "1">
```

```
            <tr>
              <th>购物车中的商品</th>
            </tr>
            <% for (int i = 0; i < buyList.size(); i++) { %>
            <tr>
               <td><% = (String)buyList.get(i) %></td>
            </tr>
            <% } %>
        </table>
    </body>
</html>
```

checkout.jsp 运行效果如图 5.26 所示。

图 5.26　显示购物车中的商品

3. 销毁 session 对象

安全性要求较高的网站一般会有用户注销操作，其中所要完成的主要操作就是注销 session 对象，这是因为 session 对象中存储着属于当前用户的信息。

session 对象提供了结束会话的方法，也提供了判断和定义会话生命周期的方法，它们使 Web 应用程序能根据会话的状态对客户请求进行恰当的响应。以下 3 种情况能使 HTTP 会话失效。

- 关闭浏览器：重新被打开的浏览器被认为是属于一个新的会话。
- invalidate 方法：使会话失效，同时删除所有与该会话有关的属性。
- setMaxInactiveInterval 方法：设定服务器程序容器使会话无效之前客户请求之间的时间间隔最长，默认 1 800 s。

5.3.2　application 对象

application 对象是一个特别重要的 JSP 对象，它存在于服务器的内存空间中，服务器一旦启动，就会自动产生一个 application 对象，除非服务器被关闭，否则这个 application 对象将一直保持下去。在 application 对象的生命周期中，在当前服务器上运行的每一个 JSP 程序都可以任意存取和这个 application 对象绑定的参数值。application 对象的这些特性为在多个 JSP 程序中、多个用户共享某些全局信息（如当前的在线人数等）提供了方便。

【例 5.12】　使用 application 对象实现网页计数器的功能，代码如下：

```
<%@ page contentType = "text/html; charset = gb2312" language = "java" %>
<html>
      <head>
            <title>计数器</title>
      </head>
      <body>
            <h3 align = "center">计数器</h3>
            <%
                request.setCharacterEncoding("GB2312");
                Integer counter = (Integer)application.getAttribute("counter");
```

```
                if(counter != null){
                    application.setAttribute("counter", counter++);
                }else{
                    application.setAttribute("counter", 1);
                }
                out.println("<p>你好,欢迎第" + counter + "朋友访问本网站</p>");
            %>
        </body>
</html>
```

运行效果如图 5.27 所示，读者可以多次刷新页面，或重新打开浏览器刷新，观察 counter 值的变化。

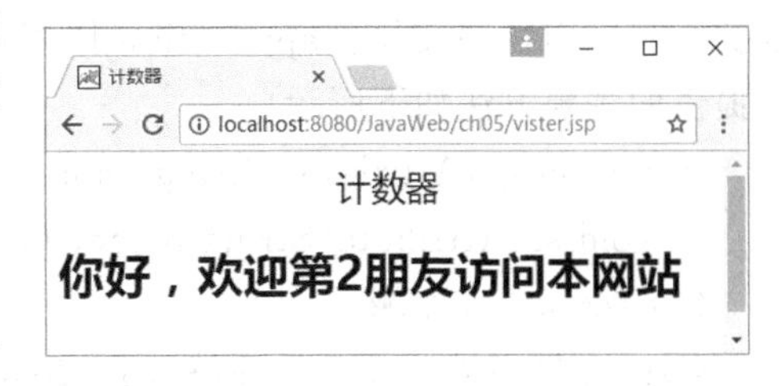

图 5.27 使用 application 对象实现计数器

5.3.3 pageContext 对象

pageContext 对象直译时可以称作页面上下文对象，代表的是当前页面运行的一些属性，常用的方法包括 setAttribute()、getAttribute()、getAttributesScope()和 getAttributeNamesInScope()。一般情况下 pageContext 对象用到得不是很多。

【例 5.13】 使用 pageContext 对象存储当前页面的属性，代码如下：

```
<%@ page contentType="text/html; charset=gb2312" language="java"%>
<html>
        <head>
                <title>pageContext 对象的使用</title>
        </head>
        <body>
            <%
                pageContext.setAttribute("style", "font-style: italic");
            %>
            <h3 align="center"><span style="${style}">pageContext</span>对象示例</h3>
        </body>
</html>
```

运行效果如图 5.28 所示，在 pageContext 对象中设置 style 属性存储 CSS 样式，然后在当前页面需要使用该属性值的位置上，使用 ${}将 style 属性值读出(${}称为 EL 表达式，将在第 7 章讲解)。

图 5.28 使用 pageContext 对象存储当前页面属性

最后说明一点，在讲 application 对象时谈到可用 getServletContext()方法得到一个 application 对象，同样，PageContext 对象通过使用 getRequest()、getSession()、getResponse()、getPage()、getOut()、getServletConfig()方法也可以间接得到其他的内部对象。

学习 JSP 内置对象，重点要把握 application、session、request、page 4 个 JSP 内置对象的作用域，如表 5.6 所示。

表 5.6 JSP 内置对象作用域表

名称	作用域	名称	作用域
application	在所有应用程序中有效	request	在当前请求中有效
session	在当前会话中有效	page	在当前页面有效

（1）application 作用域

application 作用域就是服务器启动到关闭的整段时间，在这个作用域内设置的信息可以被所有应用程序使用。application 作用域上的信息传递是通过 ServletContext 实现的，它提供的主要方法如下所示。

- Object getAttribute(String name)：从 application 中获取信息。
- void setAttribute(String name, Object value)：在 application 作用域中设置信息。

（2）session 作用域

session 作用域比较容易理解，同一浏览器对服务器进行多次访问，在这多次访问之间传递信息，就是 session 作用域的体现。session 是通过 HttpSession 接口实现的，它提供的主要方法如下所示。

- Object HttpSession.getAttribute(String name)：从 session 中获取信息。
- void HttpSession.setAttribute(String name, Object value)：向 session 中保存信息。
- HttpSession HttpServletRequest.getSessio()：获取当前请求所在的 session 的对象。

session 的开始时刻比较容易判断，它从浏览器发出第一个 HTTP 请求即可认为会话开始。但结束时刻就不好判断了，因为浏览器关闭时并不会通知服务器，所以只能通过如下方法判断：如果一定的时间内客户端没有反应，则认为会话结束。如果想主动让会话结束，例如用户单击“注销”按钮的时候，可以使用 HttpSession 的 invalidate()方法，强制结束当前 session。关于销毁 session 对象的方法前面已经讲过。

（3）request 作用域

一个 HTTP 请求的处理可能需要多个 Servlet 合作，而这几个 Servlet 之间可以通过某种方式传递信息，但这个信息在请求结束后就无效了。Servlet 之间的信息共享是通过 HttpServletRequest 接口的两个方法来实现的。

- void setAttribute(String name, Object value)：将对象 value 以 name 为名称保存到 request 作用域中。
- Object getAttribute(String name)：从 request 作用域中取得指定名字的信息。

设置好传递信息之后，要通过使用 RequestDispatcher 接口的 forward()方法，将请求转发给其他 Servlet。

- RequestDispatcher ServletContext.getRequestDispatcher(String path)：取得 Dispatcher 以便转发，path 为转发的目的 Servlet。
- void RequestDispatcher.forward(ServletRequest request, ServletResponse response)：将 request 和 response 转发。

因此，只需要在当前 Servlet 中先通过 setAttribute()方法设置相应的属性，然后使用 forward()方法进行跳转，最后在跳转到的 Servlet 中通过使用 getAttribute()方法即可实现信息传递。

这里需要注意的是：转发不是重定向，转发是在 Web 应用内部进行的；转发对浏览器是透明的，也就是说，无论在服务器上如何转发，浏览器地址栏中显示的仍然是最初那个 Servlet 的地址。

(4) page 作用域

page 对象的作用范围仅限于用户请求的当前页面，对于 page 对象的引用将在响应返回给客户端之后被释放，或者在请求被转发到其他地方后被释放。对 page 对象的引用通常存储在 pageContext 对象中。

以上介绍的作用范围越来越小，request 和 page 的生命周期都是短暂的，它们之间的区别是一个 request 对象可以包含多个 JSP 页。

【例 5.14】 区别 application、session、page 3 个对象的作用范围，实现计数器功能，代码如下：

```
<%@ page language="java" contentType="text/html; charset=gb2312" %>
<%
      if(pageContext.getAttribute("pageCount")==null) {
          pageContext.setAttribute("pageCount", new Integer(0));
      }
      if(session.getAttribute("sessionCount")==null) {
          session.setAttribute("sessionCount",new Integer(0));
      }
      if(application.getAttribute("appCount")==null) {
          application.setAttribute("appCount",new Integer(0));
      }
      Integer count1 = (Integer)pageContext.getAttribute("pageCount");
      pageContext.setAttribute("pageCount", new Integer(count1.intValue()+1));
      Integer count2 = (Integer)session.getAttribute("sessionCount");
      session.setAttribute("sessionCount",new Integer(count2.intValue()+1));
      Integer count3 = (Integer)application.getAttribute("appCount");
      application.setAttribute("appCount",new Integer(count3.intValue()+1));
%>
<html>
      <head>
           <title>访问计数</title>
      </head>
      <body>
        <div align="center">使用 session、application 和 pageContext 对象显示会话计数</div>
        <table width="400" border="0" align="center">
          <tr>
            <td><b>页面计数:</b></td>
            <td><%= pageContext.getAttribute("pageCount")%></td>
          </tr>
          <tr>
            <td><b>会话计数 </b></td>
            <td><%= session.getAttribute("sessionCount")%></td>
          </tr>
          <tr>
            <td><b>应用程序计数</b></td>
            <td><%= application.getAttribute("appCount")%></td>
          </tr>
```

```
        </table>
    </body>
</html>
```

运行效果如图 5.29 所示，读者可以多次刷新页面，或重新打开浏览器刷新，观察计数值的变化。

图 5.29　application、session、page 作用范围对比

5.4　其他对象

JSP 还有其他内置对象，虽然不是经常用到，但是需要完成特殊功能的时候，需要用到它们，这里介绍 page、config 和 exception 对象。

5.4.1　page 对象

page 对象是指向当前 JSP 程序本身的对象，有点像类中的 this。page 对象其实是 java.lang.Object 类的实例对象，它可以使用 Object 类的方法，如 hashCode()、toString() 等方法。page 对象在 JSP 程序中的应用不是很广，但是 java.lang.Object 类还是十分重要的，因为 JSP 内置对象的很多方法的返回类型是 Object，需要用到 Object 类的方法，读者可以参考相关的文档，这里不做详细介绍。

【例 5.15】　page 对象的相关使用情况。

```
<%@ page language="java" import="java.util.*" pageEncoding="gb2312"%>
<html>
    <head>
        <title>使用 page 对象</title>
    </head>
    <body>
      <%
        out.println(page.toString());
      %>
    </body>
</html>
```

运行结果如图 5.30 所示。

5.4.2　config 对象

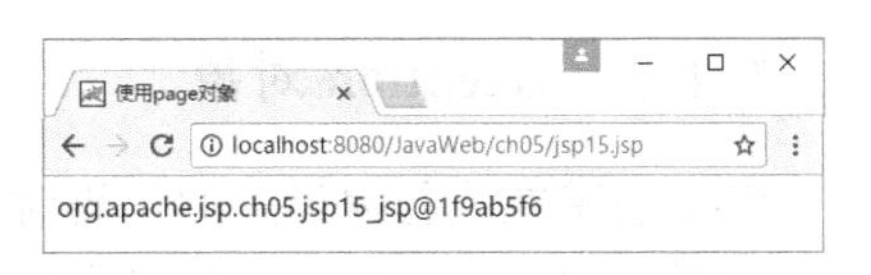

图 5.30　获取当前 JSP 页面对象

config 对象是在一个 servlet 程序初始化时，Web 引擎向它传递消息用的。该消息包括 Servlet 程序初始化时所需要的参数及服务器的有关信息。config 对象是实现 javax. servlet. ServletConfig 接口的类的实例对象，它可以使用下面的 3 个方法。

- getServletContext()：调用这个方法可以返回一个含有服务器相关信息的 ServletContext 对象，即 JSP 内置对象——application 对象。
- getInitParameter(String name)：调用这个方法可以返回 Servlet 程序初始参数的值，参数名由 name 指定。
- getInitParameterNames()：调用这个方法可以返回一个枚举对象，该对象由 Servlet 程序初始化所需要的所有参数的名称构成。

可以通过如下所示的方式获取 JSP/Servlet 程序初始化所需要的参数名称和它们的值：

```
<%
    Enumeration enum = config.getInitParameterNames();
    while(enum.hasMoreElements) {
        String paraName = (String)enum.nextElement();
        out.println(paraName + "----->" + config.getInitParameter(paraName) + "<br>");
    }
%>
```

上面的代码段仅适用于 JSP 程序，如果要用于 Servlet 程序，需要修改部分代码。另外，有些服务器仅仅支持设定 Servlet 程序的初始参数，还支持设定 JSP 程序的初始参数，对于这一点，需要特别留心服务器的说明文档。

【例 5.16】 使用 config 对象获取 ServletContext 接口的实例对象，输出服务器信息，代码如下：

```
<%@ page language="java" import="java.util.*" pageEncoding="gb2312"%>
<html>
    <head>
        <title>使用 config 对象</title>
    </head>
    <body>
      <%
        out.println(config.getServletContext().getServerInfo());
      %>
    </body>
</html>
```

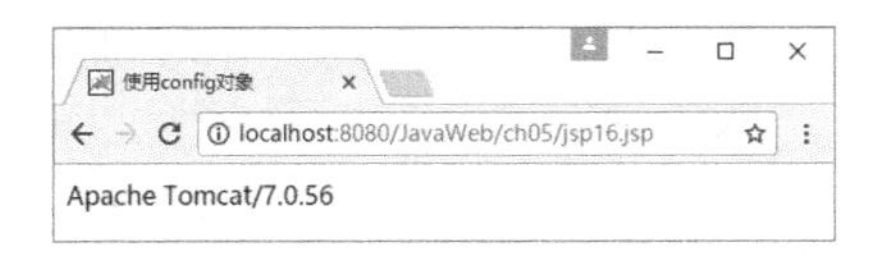

图 5.31　获取服务器信息

程序首先调用 config 对象的 getServletContext() 方法，获取 ServletContext 接口的实例对象，接着调用 ServletContext 对象的 getServerInfo()方法，获取服务器的信息，最后使用 out. print()方法将服务器的信息输出。程序运行效果如图 5.31 所示。

5.4.3　exception 对象

Web 引擎在执行编译好的代码时，有可能会抛出异常。exception 对象表示的就是捕获 Web 引擎在执行代码时抛出的异常对象。

如果需要在 JSP 程序中使用 exception 对象，那么必须定义 page 指令的 isErrorPage 属性值等于 true，否则不能使用 exception 对象，前面已经使用过该对象。通过指定某一个 JSP 程序为错误处理程序，把所有的错误/异常都集中到那个程序进行处理，这样可以使整个程序的健壮性得到加强，也使程序的流程更加简单明晰。

如果某个 JSP 页面在执行的过程中出现了错误，那么 Web 引擎会自动产生一个异常对象，如果这个 JSP 页面指定了另一个 JSP 页面为错误处理程序，那么 Web 引擎会将这个异常对象放入 request 对象中，传到错误处理程序中，在错误处理程序里，因为 page 指令的 isErrorPage 属性的值被设为 true，那么 Web 引擎会自动声明一个 exception 对象，这个 exception 对象从 request 对象所包含的 HTTP 参数中获得。

【例 5.17】 演示 exception 对象的使用方法。errorThrow.jsp 首先引发一个 Java 异常事件，使得当前 JSP 页面定向到指定的错误处理程序 error.jsp，并且在该页面中将错误信息输出。

errorThrow.jsp 代码如下：

```
<%@ page language="java" pageEncoding="gb2312" errorPage="error.jsp" %>
<html>
        <head>
                <title>发生除零异常</title>
        </head>
        <body>
          <%
                int result = 5 / 0;
           %>
        </body>
</html>
```

该程序执行时，将会引发一个除数为零的异常，并指定该异常由 error.jsp 进行处理。error.jsp 代码如下：

```
<%@ page language="java" pageEncoding="gb2312" isErrorPage="true" %>
<html>
        <head>
                <title>使用 exception 对象异常处理</title>
        </head>
        <body>
          <%
                out.println(exception.getMessage());
           %>
          <br><br>
          <%
                out.println(exception.toString());
           %>
        </body>
</html>
```

该程序使用 exception 对象的 getMessage()方法和 toString()方法输出错误的具体信息。运行效果如图 5.32 所示。

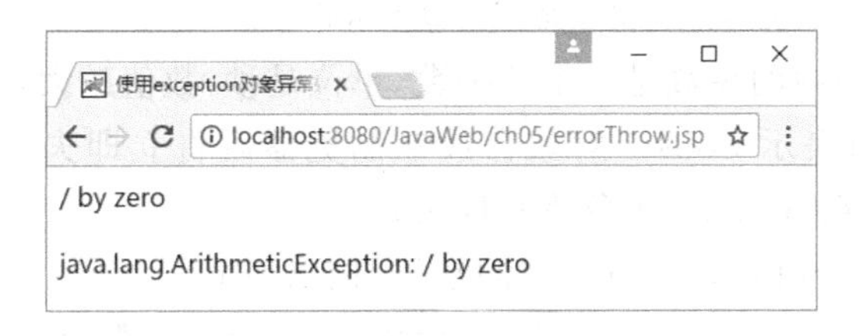

图 5.32 使用 exception 对象进行异常处理

5.5 Cookie 的使用

所谓 Cookie 其实是一个服务器通过浏览器保留下来的记录。Cookie 技术首次出现在 Netscape Navigator 浏览器上，如今 IE 比 Netscape 两大主流浏览器都支持 Cookie。Cookie 可以被看作由 Web 服务器产生后放置在浏览器内的少量信息，以提供浏览器在下次登录同一网站时，让 Web 服务器的应用程序用来识别客户端或者被用作其他的应用处理。

Cookie 是以"关键字(key)=值(value)"的格式来保存记录的，而在 Servlet API 中提供了一个 Cookie 类别，用来封装这些信息，例如：

```
Cookie c = new Cookie("username","Tom");
```

在上面的程序片段中，建立了一个 Cookie 的对象 c，其中 username 为此 Cookie 对象的关键字，Tom 为对应的值。

在 JSP 程序中，如果要将封装好的 Cookie 对象传送到客户端，那么就要使用 JSP 的内建对象 response。response 对象有一个 addCookie 方法，可将 Cookie 对象的内容填放在 HTTP 的协议头中，然后随着网页内容传送到客户端浏览器。例如：

```
response.addCookie(c);
```

一被说来，浏览器可接收大约 20 个来自同一网站的 Cookie 对象，因此传送到客户端的 Cookie 可以是多个，此时只要连续执行 addCookie，把所有的 Cookie 都加入到 response 对象中，最后一次性将它们送到浏览器里。

如果要接收客户端送来的 Cookie，在 JSP 程序中要使用 request 对象的 getCookies()方法来取得。执行 getCookies()会将所有客户端传来的 Cookie 对象以数组的形式排列，如果仅仅想取得某一个指定的 Cookie 对象，就需要循环比较数组内每个对象的关键字，以取出符合需要的 Cookie 对象。例如，要取得关键字为 username 的 Cookie 对象，则 JSP 程序如下：

```
Cookie[] c = request.getCookies();
if(c != null) {
        for(int i = 0; i < c.length; i++) {
            if("username".equals(c[i].getName())) {
                out.println(c[i].getValue());
            }
        }
```

```
}
```

此外，每个 Cookie 对象还可以通过 setMaxAge 方法来设置其有效时间：

```
c.setMaxAge(3600);      //有效时间 3 600 秒，即 1 小时时间
```

如果 setMaxAge()内的参数是一个正整数，单位是秒，数值越大，表示 Cookie 对象的有效时间越长；若为 0，则表示 Cookie 对象存放在浏览器后将立即失效：如果参数值为负整数，表示当浏览器关闭后，Cookie 对象将立即失效。

【例 5.18】 使用 Cookie 存取日期时间数据，代码如下：

```
<%@ page contentType = "text/html; charset = GB2312" import = "java.util.Date" %>
<html>
      <head>
            <title>自 Cookie 存取日期/时间数据</title>
      </head>
      <body>
      <h3>自 Cookie 存取日期/时间数据</h3><hr />
      <%
           Date now = new Date();                 //取得目前的系统时间
           Cookie dateVal = new Cookie("dateVal", String.valueOf(now.getTime()));
           //欲将存储至 Cookie 的时间/日期值转换为毫秒数
           response.addCookie(dateVal);           //将 Cookie 变数加入 Cookie 中
           Cookie temp = null;
           dateVal = null;                        //重设 Cookie 变数
           Cookie[] cookies = request.getCookies();
           //取得 Cookie 资料
           int cookielen = cookies.length;
           //取得 Cookie 变数阵列的长度
           if(cookielen != 0) {                   //判断是否成功取得 Cookie 资料
                for (int i = 0; i < cookielen; i++){
                   temp = cookies[i];             //取得 cookies 阵列中的 Cookie 变数
                   if (temp.getName().equals("dateVal")){
                                                  //判断是否取得名为 DateVal 的 Cookie 资料
      %>
                        Cookie 中变量的值为<% = new Date(Long.parseLong(temp.getValue())) %>
      <%
                   }
                }
           } else {                               //若无法取得 Cookie 资料则执行下面的叙述
      %>
           无法取得 Cookie<BR>
      <%
           }
      %>
      </body>
</html>
```

运行结果如图 5.33 所示。

图 5.33　使用 Cookie 存取日期时间数据

前面已经提到 session 对象也是用来保存个人信息的，而 Cookie 与 session 在机制上有明显区别，如表 5.7 所示。

表 5.7　Cookie 与 session 的比较

名称	Cookie	session
有效期限	浏览器未关闭及设定时间内	浏览器未关闭及默认时间内
保存方式	客户端	服务器端
数量限制	对于同一个服务器,其值为 20 个	无,但数量越多服务器效率越低
使用类	Cookie	HttpSession
处理速度	快	慢

5.6　本章小结

本章全面介绍了 JSP 的 9 种内置对象,给出了每一个对象所具有的方法及相应的使用说明。熟练使用这些内置对象是开发 JSP 应用程序的基本要求,尤其是对于 request、response、application、session 和 out 对象要熟练掌握。

实验 14　使用 request 对象和 response 对象

一、实验内容

- 实现发表新帖和回复。
- 实现会员注册并跳转。
- 实现简单登录。

表单是用户向服务器提交数据的主要方式之一,request 对象最多的应用就是获取用户提交的表单数据,然后在 JSP 代码中处理这些数据,最后再利用 response 对象重定向至其他 JSP 页面。

二、实验步骤

1. 发表主题新帖

(1) 修改 post.jsp 表单的 action,将请求提交到 manage/doPost.jsp,代码如下:

```
<FORM name = "postForm" onsubmit = "return check()" action = "manage/doPost.jsp" method = "POST">
    ......
</FORM>
```

(2) 创建处理发布请求的页面:manage/doPost.jsp。

(3) 在 doPost.jsp 中,使用脚本代码设置请求数据的字符集为 GBK,这样可以正常处理提交的中文数据,代码如下:

```
<%
      request.setCharacterEncoding("GBK");
%>
```

(4) 在 doPost.jsp 得到请求参数并处理发布请求,代码如下:

```
<%@ page language = "java" pageEncoding = "GBK" import = "entity.*, dao.*, dao.impl.*" %>
<%
  request.setCharacterEncoding("GBK");
```

```
        String title = request.getParameter("title");           //取得帖子标题
        String content = request.getParameter("content");       //取得帖子内容
        TopicDao topicDao = new TopicDaoImpl();                  //得到主题 Dao 的实例
        int boardId = 9;                                         //版块 ID 固定

        Topic topic = new Topic();
        topic.setTitle(title);
        topic.setContent(content);
        topic.setBoardId(boardId);
        topic.setUserId(1);                                      //发帖用户固定
        //发表时间和修改时间将由 Dao 类生成
        topicDao.addTopic(topic);                                //保存主题帖子
        response.sendRedirect("../list.jsp");                    //跳转
    %>
```

使用 request 对象的 getParameter(Sring parameterName)方法，接收 post.jsp 表单中的表单项名为“title”和“content”的数据，调用 TopicDao 接口的 addTopic(Topic topic)方法完成添加主题的操作，然后使用 reponse 对象的 sendRedirect(String URL)方法重定向至 list.jsp 页面。运行效果如图 5.34 和图 5.35 所示。

图 5.34　post.jsp 页面提交新帖子信息

图 5.35　list.jsp 页面显示新帖子信息

2. 回复主题帖

(1) 创建回复页面 reply.jsp，代码同 post.jsp（可复制代码），修改表单 action 属性为 manage/doReply.jsp，代码如下：

```
<FORM name="postForm" onsubmit="return check()" action="manage/doReply.jsp" method="POST">
    ……
</FORM>
```

(2) 编写 doReply.jsp，使用 ReplyDao 保存回复信息，跳转到 detail.jsp，参考 doPost.jsp，代码如下：

```
<%@ page language="java" pageEncoding="GBK" import="entity.*, dao.*, dao.impl.*" %>
<%
    request.setCharacterEncoding("GBK");
```

```
  String title = request.getParameter("title");            //取得帖子标题
  String content = request.getParameter("content");        //取得帖子内容
  int topicId = 1;                                         //主题 ID 固定

  ReplyDao replyDao  = new ReplyDaoImpl();                 //得到主题 Dao 的实例

  Reply reply = new Reply();
  reply.setTitle(title);
  reply.setContent(content);
  reply.setTopicId(topicId);
  reply.setUserId(1);                                      //用户固定
//发表时间和修改时间将由 Dao 类生成
  replyDao.addReply(reply);                                //保存帖子
  response.sendRedirect("../detail.jsp");                  //跳转
%>
```

使用 request 对象的 getParameter(Sring parameterName)方法，接收 reply.jsp 表单中的表单项名为“title”和“content”的数据，调用 ReplyDao 接口的 addReply(Topic reply)方法完成回复帖子的操作，然后使用 reponse 对象的 sendRedirect(String URL)方法重定向至 detail.jsp 页面。运行效果如图 5.36 和图 5.37 所示。

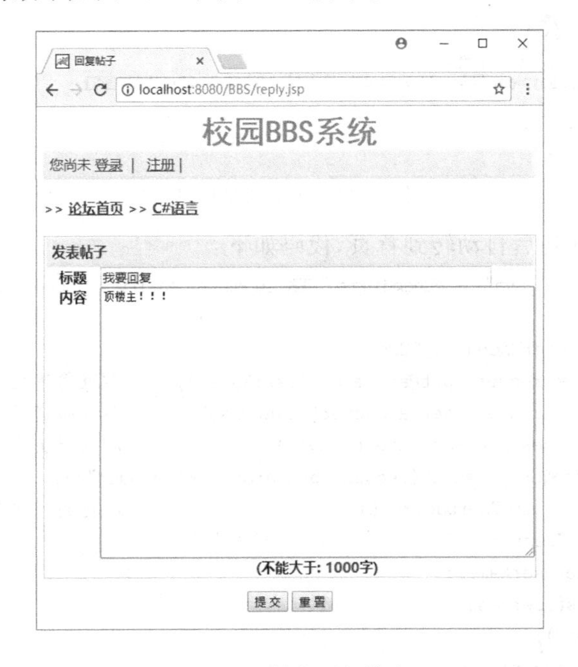

图 5.36 提交回复信息

3. 注册论坛用户

(1) 修改 reg.jsp 表单的 action，将请求提交到 manage/doReg.jsp，代码如下：

```
<FORM name = "regForm" onSubmit = "return check()" action = "manage/doReg.jsp" method = "post">
    ……
</FORM>
```

(2) 创建处理注册请求的 JSP：manage/doReg.jsp，设置处理请求数据的字符集。

(3) 编写 doReg.jsp 代码得到请求参数，并调用 UserDao 接口的 addUser(User user)

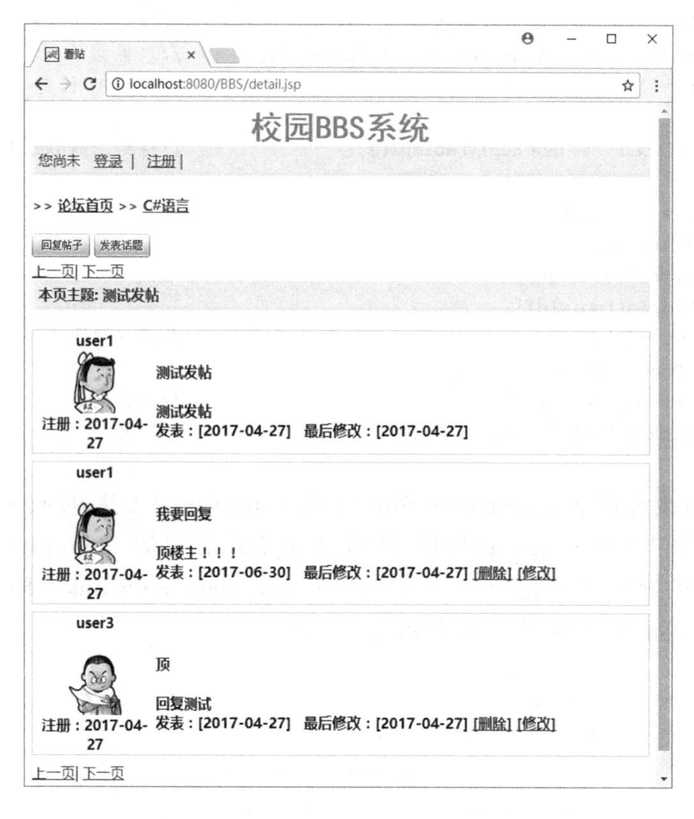

图 5.37 显示回复信息

方法完成注册，注册成功后自动转到首页，代码如下：

```
<%@ page language="java" pageEncoding="GBK" import="entity.*, dao.*, dao.impl.*" %>
<%
  request.setCharacterEncoding("GBK");
  String userName = request.getParameter("userName");    //取得请求中的登录名
  String userPass = request.getParameter("userPass");    //取得请求中的密码
  String head = request.getParameter("head");            //取得头像图片名
  int gender = Integer.parseInt(request.getParameter("gender"));    //取得性别
  UserDao userDao = new UserDaoImpl();                   //得到用户 Dao 的实例
  User user = new User();
  user.setUserName(userName);
  user.setUserPass(userPass);
  user.setHead(head);
  user.setGender(gender);
  int num = userDao.addUser(user);
  if(num==1){                                            // 判断是否插入成功
      response.sendRedirect("../index.jsp");
  } else {
      response.sendRedirect("../reg.jsp");
  }
%>
```

运行 reg.jsp 页面，填写注册信息后，单击“注册”按钮，添加会员信息后跳转到 index.jsp 首页。

4. 实现简单登录

(1) 修改 login. jsp 表单的 action,将请求提交到 manage/doLogin. jsp。

(2) 编写处理登录的 JSP:manage/doLogin. jsp,使用 UserDao 的方法判断用户是否存在,存在则显示"登录成功",代码如下:

```
<%@ page language="java" pageEncoding="GBK" import="entity.*, dao.*, dao.impl.*" %>
<%
  request.setCharacterEncoding("GBK");

  String userName = request.getParameter("userName");     //取得请求中的登录名
  String userPass = request.getParameter("userPass");     //取得请求中的密码
  UserDao userDao = new UserDaoImpl();                     //得到用户 Dao 的实例
  User user = userDao.findUser(userName);                  //根据请求的登录名和密码查找用户

  if( user!= null && user.getUserPass().equals(userPass) ) {
      out.println("登录成功");
  } else {
      out.println("登录失败");
  }
%>
```

三、实验小结

本次实验使用 request 对象接收用户通过表单方式提交的数据,然后调用 dao 方法进行处理,并通过 response 对象的 sendRedirect(String URl)方法跳转至其他 JSP 页面。

四、补充练习

(1) 编写发表主题的确认信息界面,显示发表帖子的标题和内容。

(2) 编写 JSP 产生一个随机数(0~9),将该随机数作为参数发送到处理页面,如果该随机数恰好是 8,显示一段话;如果不是 8,显示"真遗憾,再试一次"。

实验 15 使用 session 对象

一、实验内容

- 实现分页动态显示主题列表和帖子内容。
- 实现导航栏动态显示。
- 实现用户登录和登出。
- 实现登录后发表新帖和回复。

JSP 页面之间传递数据有多种方式。前面实验使用提交表单的方式传递数据,本次实验使用 URL 重写和隐藏表单域的方式。多个 JSP 页面之间保留数据需要使用 session 对象。

二、实验步骤

1. 分页动态显示主题列表

(1) 修改 index.jsp 的链接,追加请求参数,代码如下:

```
<A href = "list.jsp?page = 1&boardId = <% = boardId %>"><% = sonBoard.getBoardName() %></A>
```

(2) 修改 list.jsp,取得 URL 请求参数,代码如下:

```
<%
      int boardId = Integer.parseInt( request.getParameter("boardId") );  //取得版块 ID
      int p= Integer.parseInt( request.getParameter("page") );            //取得页数
%>
```

(3) 修改 list.jsp,实现翻页和导航栏动态显示,代码如下:

```
<%@ page language = "java" pageEncoding = "GBK" import = "java.util.*, entity.*, dao.*,
dao.impl.*" %>
<%
  TopicDao topicDao = new TopicDaoImpl();                                  //得到主题 Dao 的实例
  ReplyDao replyDao = new ReplyDaoImpl();                                  //得到回复 Dao 的实例
  UserDao userDao = new UserDaoImpl();                                     //得到用户 Dao 的实例
  BoardDao boardDao = new BoardDaoImpl();                                  //得到版块 Dao 的实例
  int boardId = Integer.parseInt( request.getParameter("boardId") ); //取得版块 ID
  int p = Integer.parseInt( request.getParameter("page") );               //取得页数
  List listTopic = topicDao.findListTopic( p, boardId );                  //取得该板块主题列表
  Board board = boardDao.findBoard( boardId );                            //取得版块信息
  int prep = p;                                                            //上一页
  int nextp = p;                                                           //下一页
  if(listTopic.size() == 20) {
      nextp = p+1;
  }
  if( p>1 ){
      prep = p-1;
  }
%>
<!DOCTYPE HTML PUBLIC "-//W3C//DTD HTML 4.01 Transitional//EN" "http://www.w3c.org/TR/1999/
REC-html401-19991224/loose.dtd">
<HTML>
  <HEAD>
    <TITLE>帖子列表</TITLE>
    <META http-equiv = Content-Type content = "text/html; charset = gbk">
    <Link rel = "stylesheet" type = "text/css" href = "style.css" />
    <style type = "text/css">
    <!--
    .STYLE1 {
            font-family: "黑体";
            font-weight: bold;
            font-size: 36px;
            color: #3399CC;
    }
    -->
    </style>
  </HEAD>
```

```
<BODY>
  <DIV>
    <div align="center"><span class="STYLE1">校园 BBS 系统</span></div>
  </DIV>
  <!--        用户信息、登录、注册          -->

  <DIV class="h">
  您尚未  <a href="login.jsp">登录</a>
   |   <A href="reg.jsp">注册</A> |
</DIV>

<!--        主体          -->
<DIV>
<!--        导航          -->
<br/>
<DIV>
&gt;&gt;<B><a href="index.jsp">论坛首页</a></B> &gt;&gt;
<B>
  <a href="list.jsp?page=1&boardId=<% =boardId %>"><% =board.getBoardName() %></a>
</B>
</DIV>
<br/>
<!--        新帖          -->
<DIV>
    <A href="post.jsp"><IMG src="image/post.gif" border="0"></A>
</DIV>
<!--          翻页          -->
<DIV>
      <a href="list.jsp?page=<% =prep %> &boardId=<% =boardId %>">上一页</a>|
      <a href="list.jsp?page=<% =nextp %> &boardId=<% =boardId %>">下一页</a>
</DIV>

<DIV class="t">
      <TABLE cellSpacing="0" cellPadding="0" width="100%">
          <TR>
              <TH class="h" style="WIDTH: 100%" colSpan="4">
                  <SPAN> </SPAN>
              </TH>
          </TR>
<!--        表头            -->
          <TR class="tr2">
              <TD> </TD>
              <TD style="WIDTH: 80%" align="center">文章</TD>
              <TD style="WIDTH: 10%" align="center">作者</TD>
              <TD style="WIDTH: 10%" align="center">回复</TD>
          </TR>
<!--        主题列表          -->
          <%
          for( int i=0; i<listTopic.size(); i++ ) {
              Topic topic = (Topic)listTopic.get(i);             //循环取得主题对象
```

```
                User user = userDao.findUser( topic.getUserId() ); //取得该主题的发布用户

            %>
            <TR class = "tr3">
                <TD><IMG src = "image/topic.gif" border = 0></TD>
                <TD style = "FONT - SIZE: 15px">
                    <A href = "detail.jsp"><% = topic.getTitle () %></A>
                </TD>
                <TD align = "center"><% = user.getUserName () %></TD>
        <TD align = "center"><% = replyDao.findCountReply( topic.getTopicId() ) %></TD>
            </TR>
            <%
            }
            %>
        </TABLE>
    </DIV>
    <!--      翻 页          -->
    <DIV>
        <a href = "list.jsp?page = <% = prep %> &boardId = <% = boardId %>">上一页</a>|
        <a href = "list.jsp?page = <% = nextp %> &boardId = <% = boardId %>">下一页</a>
    </DIV>
    </DIV>
  </BODY>
</HTML>
```

此时 list.jsp 页面的分页功能运行正常。

2. 动态显示帖子内容

(1) 修改 list.jsp 的链接，链接中追加参数：page、boardId、topicId，其中 page=1，代码如下：

```
<A href = "detail.jsp?page = 1&boardId = <% = boardId %> &topicId = <% = topic.getTopicId()
%>">
        <% = topic.getTitle() %>
</A>
```

(2) 修改 detail.jsp，使之动态显示帖子内容，代码如下：

```
<%@ page language = "java" pageEncoding = "GBK" import = "java.util.*, entity.*, dao.*,
dao.impl.*" %>
<%
  TopicDao topicDao = new TopicDaoImpl();                         //得到主题 Dao 的实例
  ReplyDao replyDao = new ReplyDaoImpl();                         //得到回复 Dao 的实例
  UserDao userDao = new UserDaoImpl();                            //得到用户 Dao 的实例
  BoardDao boardDao = new BoardDaoImpl();                         //得到版块 Dao 的实例
  int boardId = Integer.parseInt( request.getParameter("boardId") ); //取得版块 ID
  int topicId = Integer.parseInt( request.getParameter("topicId") ); //取得主题 ID
  int p = Integer.parseInt(request.getParameter("page"));         //取得页码
  Board board = boardDao.findBoard( boardId );                    //取得版块信息
  Topic topic = topicDao.findTopic( topicId );                    //取得主题信息
  User topicUser = userDao.findUser( topic.getUserId() );         //取得主题作者
  List listReply = replyDao.findListReply( p,topicId );          //取得该主题的回复列表

  int prep = p;                                                   //上一页
```

```
        int nextp = p;                                            //下一页
        if(listReply.size() == 10) {
            nextp = p+1;
        }
        if( p>1 ){
          prep = p-1;
        }
      %>
      <!DOCTYPE HTML PUBLIC " - //W3C//DTD HTML 4.01 Transitional//EN" "http://www.w3c.org/TR/1999/
REC-html401-19991224/loose.dtd">
      <HTML>
        <HEAD>
          <TITLE>看帖</TITLE>
          <META http-equiv=Content-Type content="text/html; charset=gbk">
          <Link rel="stylesheet" type="text/css" href="style.css" />
          <style type="text/css">
          <!--
          .STYLE1 {
                        font-family: "黑体";
                        font-weight: bold;
                        font-size: 36px;
                        color: #3399CC;
              }
              -->
              </style>
          </HEAD>

          <BODY>
          <DIV>
              <div align="center"><span class="STYLE1">校园 BBS 系统</span></div>
          </DIV>

          <!--        用户信息、登录、注册            -->

          <DIV class="h">
              您尚未  <a href="login.jsp">登录</a>
               |   <A href="reg.jsp">注册</A> |
          </DIV>

          <!--        主体            -->
          <DIV><br/>
          <!--        导航            -->
          <DIV>
              &gt;&gt;<B><a href="index.jsp">论坛首页</a></B> &gt;&gt;
              <B>
                  <a
              href="list.jsp?page=1&boardId=<%=boardId %>"><%=board.getBoardName() %>
</a>
              </B>
          </DIV>
              <br/>
```

```
<!--        回复、新帖           -->
<DIV>
    <A href="reply.jsp"><IMG src="image/reply.gif" border="0"></A>
    <A href="post.jsp"><IMG src="image/post.gif" border="0"></A>
</DIV>
<!--        翻 页           -->
<DIV>
    <a
href="detail.jsp?page=<%=prep%>&boardId=<%=boardId %>&topicId=<%=topicId %>">上一页</a>|
    <a
href="detail.jsp?page=<%=nextp%>&boardId=<%=boardId %>&topicId=<%=topicId %>">下一页</a>
</DIV>
<!--        本页主题的标题           -->
<DIV>
    <TABLE cellSpacing="0" cellPadding="0" width="100%">
        <TR>
            <TH class="h">本页主题: <%=topic.getTitle() %></TH>
        </TR>
        <TR class="tr2">
            <TD> </TD>
        </TR>
    </TABLE>
</DIV>

<!--        主题           -->
<%
if(p==1){
%>
<DIV class="t">
    <TABLE style="BORDER-TOP-WIDTH: 0px; TABLE-LAYOUT: fixed" cellSpacing="0"
cellPadding="0" width="100%">
        <TR class="tr1">
            <TH style="WIDTH: 20%">
                <B><%=topicUser.getUserName()%></B><BR/>
                <image src="image/head/<%=topicUser.getHead()%>"/><BR/>
                注册:<%=topicUser.getRegTime()%><BR/>
            </TH>
            <TH>
                <H4><%=topic.getTitle()%></H4>
                <DIV><%=topic.getContent()%></DIV>
                <DIV class="tipad gray">
                    发表:[<%=topic.getPublishTime()%>]  
                    最后修改:[<%=topic.getModifyTime()%>]
                </DIV>
            </TH>
        </TR>
      </TABLE>
  </DIV>
```

```
    <!--        回复            -->
    <%
    }
    for( int i=0; i<listReply.size(); i++ ) {
            Reply reply     = (Reply)listReply.get(i);              //循环取得回复信息
            User  replyUser = (User)userDao.findUser( reply.getUserId() ); //取得回复的作者
    %>
    <DIV class="t">
          <TABLE style="BORDER-TOP-WIDTH: 0px; TABLE-LAYOUT: fixed" cellSpacing="0"
cellPadding="0" width="100%">
              <TR class="tr1">
                  <TH style="WIDTH: 20%">
                      <B><% = replyUser.getUserName() %></B><BR/><BR/>
                      <image src="image/head/<% = replyUser.getHead() %>"/><BR/>
                      注册:<% = topicUser.getRegTime() %><BR/>
                  </TH>
                  <TH>
                      <H4><% = reply.getTitle() %></H4>
                      <DIV><% = reply.getContent() %></DIV>
                      <DIV class="tipad gray">
                          发表:[<% = reply.getPublishTime() %>]  
                          最后修改:[<% = topic.getModifyTime() %>]
                          <A href="">[删除]</A>
                          <A href="">[修改]</A>
                      </DIV>
                  </TH>
              </TR>
          </TABLE>
     </DIV>
     <%} %>
     <DIV>
            <a
href="detail.jsp?page=<% = prep %>&boardId=<% = boardId %>&topicId=<% = topicId %>">上
一页</a>|
            <a
href="detail.jsp?page=<% = nextp %>&boardId=<% = boardId %>&topicId=<% = topicId %>">下
一页</a>
     </DIV>
    </DIV>
  </BODY>
</HTML>
```

此时帖子的内容如果过多,可以翻页显示。

(3) 修改 index.jsp 中"最后发表"的链接,追加参数:page、boardId 和 topicId,代码如下:

```
<A href="detail.jsp?page=1&boardId=<% = boardId %>&topicId=<% = topic.getTopicId() %>">
    <% = topic.getTitle() %>
</A>
```

3. 实现登录和登出

(1) 修改 doLogin.jsp,如果用户登录成功,则将当前 user 对象存储在 session 内置对象中，再进行页面跳转，代码如下：

```
<%@ page language="java" pageEncoding="GBK" import="entity.*, dao.*, dao.impl.*" %>
<%
  request.setCharacterEncoding("GBK");

  String userName = request.getParameter("userName");  //取得请求中的登录名
  String userPass = request.getParameter("userPass");  //取得请求中的密码
  UserDao userDao = new UserDaoImpl();                 //得到用户 Dao 的实例
  User user = userDao.findUser(userName);              //根据请求的登录名和密码查找用户

  if( user!= null && user.getUserPass().equals(userPass) ) {
    session.setAttribute("user", user);
    out.println("登录成功");
  } else {
    out.println("登录失败");
  }
%>
```

(2) 修改 index.jsp，在 session 对象中取出 user 对象进行判断，如果为 NULL，说明尚未有用户登录，代码如下：

```
<!--        用户信息、登录、注册          -->
<%
    if(session.getAttribute("user") == null){
%>
<DIV class="h">
    您尚未  <a href="login.jsp">登录</a>
     |   <A href="reg.jsp">注册</A> |
</DIV>
<%
  } else {
    User loginUser = (User)session.getAttribute("user");
%>
<DIV class="h">
    您好： <%=loginUser.getUserName() %>
     |   <A href="manage/doLogout.jsp">登出</A> |
</DIV>
<%
    }
%>
```

此时，当用户登录后进入首页，不会再显示“您尚未登录”字样，而是显示“您好：某某”，如图 5.38 所示。

(3) 创建 doLogout.jsp，实现用户登出功能，代码如下：

```
<%@ page language="java" pageEncoding="GBK" %>
<%
  if( session.getAttribute("user") != null ) {
      session.removeAttribute("user");
  }
  response.sendRedirect("../index.jsp");
%>
```

图 5.38 显示登录用户名

4. 实现登录后发帖和回帖

(1) 修改 list.jsp 和 detail.jsp 中发表、回复图片的链接，追加参数 boardId，代码如下：

```
<!-- list.jsp -->
<A href = "post.jsp?boardId = <% = boardId %>"><IMG src = "image/post.gif" border = "0"></A>
<!-- detail.jsp -->
<A href = "reply.jsp?topicId = <% = topicId %>&boardId = <% = boardId %>">
    <IMG src = "image/reply.gif" border = "0">
</A>
<A href = "post.jsp?boardId = <% = boardId %>"><IMG src = "image/post.gif" border = "0"></A>
```

(2) 在 post.jsp 和 reply.jsp 中取得 boardId、topicId，并将这两个参数以隐藏表单域的形式发送请求，代码如下：

```
<!--post.jsp -->
<FORM name = "postForm" onsubmit = "return check()" action = "manage/doPost.jsp" method = "
POST">
    <INPUT type = "hidden" name = "boardId" value = "<% = boardId %>"/>
......
</FORM>
<!--reply.jsp -->
<FORM name = "postForm" onsubmit = "return check()" action = "manage/doReply.jsp" method =
"POST">
    <INPUT type = "hidden" name = "topicId" value = "<% = topicId %>"/>
    <INPUT type = "hidden" name = "boardId" value = "<% = boardId %>"/>
    ......
</FORM>
```

(3) 实现登录后发表新主题并跳转，doPost.jsp 中取得 boardId 和 userId，处理成功后，跳转到帖子列表页时追加参数 page、boardId，代码如下：

```
<%@ page language="java" pageEncoding="GBK"import="entity.*, dao.*, dao.impl.*"%>
<%
  request.setCharacterEncoding("GBK");
  String title= request.getParameter("title");                          //取得帖子标题
  String content= request.getParameter("content");                      //取得帖子内容
  TopicDao topicDao= new TopicDaoImpl();                                //得到主题 Dao 的实例
  User user = (User)session.getAttribute("user");                      //从 session 中取得登录用户
  int boardId = Integer.parseInt( request.getParameter("boardId") );          //取得版块 ID

  if( user! =null ) {                                                   //判断用户是否已经登录
      Topic topic = new Topic();
      topic.setTitle(title);
      topic.setContent(content);
      topic.setBoardId(boardId);
      topic.setUserId(user.getUserId());
      //发表时间和修改时间将由 Dao 类生成
      topicDao.addTopic(topic);                                         //保存主题帖子
      response.sendRedirect("../list.jsp?page=1&boardId=" + boardId);     //跳转到列表页
  }
  else {
      response.sendRedirect("../login.jsp");                            //跳转到登录页
  }
%>
```

（4）实现登录后回复并跳转，doReply.jsp 中取得 boardId、topicId 和 userId，处理成功后，跳转到帖子的内容页时追加参数 page、boardId、topicId，代码如下：

```
<%@ page language="java" pageEncoding="GBK"import="entity.*, dao.*, dao.impl.*"%>
<%
  request.setCharacterEncoding("GBK");
  String title = request.getParameter("title");                           //取得帖子标题
  String content = request.getParameter("content");                       //取得帖子内容
  int boardId = Integer.parseInt( request.getParameter("boardId") );      //取得版块 ID
  int topicId = Integer.parseInt( request.getParameter("topicId") );      //取得主题 ID
  User user = (User)session.getAttribute("user");                       //从 session 中取得登录用户
  ReplyDao replyDao = new ReplyDaoImpl();                                //得到主题 Dao 的实例

  if( user!= null ) {                                                    //判断用户是否已经登录
      Reply reply = new Reply();
      reply.setTitle(title);
      reply.setContent(content);
      reply.setTopicId(topicId);
      reply.setUserId(user.getUserId());
      //发表时间和修改时间将由 Dao 类生成
      replyDao.addReply(reply);                                          //保存主题帖子
      response.sendRedirect("../detail.jsp?page = 1&boardId = " + boardId + "&topicId = " +
topicId);                                                               //跳转
      return;
  }
  else {
      response.sendRedirect("../login.jsp");                             //跳转到登录页
```

```
  }
%>
```

三、实验小结

本次实验学会使用URL重写方式和隐藏表单域方式传递数据，另外可以使用session对象实现会话管理，保存会话期间的属性。

四、补充练习

(1) 完善JSP论坛，完成论坛删除和修改回复的功能，要求判断用户身份。

提示：编写manage/doDeleteReply.jsp处理删除要求，编写manage/doUpdateReply.jsp处理修改要求。

(2) 实现统计网页和网站被访问的次数的功能。

提示：使用application对象保存网站被访问次数，通过声明全局变量保存本页被访问次数。

第 6 章　JavaBean 在 JSP 中的应用

【本章要点】

- JSP 动作元素。
- JavaBean 生命周期。
- JavaBean 与表单交互。
- JavaBean 组件技术。

本章讲述 JavaBean 在 JSP 中的应用，首先讲述在 JSP 脚本元素中如何调用 JavaBean，接着讲述 JSP 动作元素与 JavaBean 的生命周期，然后结合实例讲述 JavaBean 在 JSP 中的应用。通过对本章的学习，将掌握 JavaBean 在 JSP 程序开发中是如何得到应用的，并逐步建立起分层开发程序的思想。

6.1　JSP 脚本元素调用 JavaBean

因为 JavaBean 本质上就是一个类（关于 JavaBean 技术在 2.4 节已经讲述），因此可以通过 JSP 脚本元素直接调用 JavaBean，实现交换数据和调用服务的目的。

【例 6.1】 例 2.14 中抽象了一个叫作 User 的 JavaBean 实体类，该类封装了用户的 ID、用户名、密码等信息，本例在一个 JSP 页面上创建该类的实例，同时设置并显示该用户对象信息，代码如下：

```
<%@ page language="java" import="entity.User" contentType="text/html; charset=gb2312" %>
<html>
  <head>
    <title>jsp1.jsp</title>
  </head>
  <body>
    <%
      User person = new User();
      person.setUserName("Tom");
      person.setUserPass("123");
     %>
    姓名:<% = person.getUserName() %><br />
    密码:<% = person.getUserPass() %>
  </body>
</html>
```

运行效果如图 6.1 所示。程序中使用 page 指令导入封装数据的 JavaBean 类 User，在脚本中进行实例化，通过调用公有的 set 和 get 方法访问其成员属性。

图 6.1 在 JSP 中使用 Javabean

在前面基础上，用户通过一个“登录”表单(代码同例 4.10 的 login.html)，将账户信息提交给 JSP 页面处理，使用上面程序代码实例化一个 JavaBean 的对象，设置并显示其成员属性值，并把该对象存入 session 内置对象中，代码如下：

```
<%@ page language = "java" import = "entity.User" contentType = "text/html; charset = gb2312" %>
<html>
  <head>
    <title>jsp2.jsp</title>
  </head>
  <body>
    <%
      String username = request.getParameter("username");
      String password = request.getParameter("password");
      User person = new User();
      person.setUserName(username);
      person.setUserPass(password);
     %>
      姓名:<% = person.getUserName() %><br />
      密码:<% = person.getUserPass() %>
    <%
      session.setAttribute("user", person);
     %>
  </body>
</html>
```

这里已经初现 JavaBean 的作用，将 person 对象存储在 session 对象中，目的是其他 JSP 页面在需要的时候可以将该对象从 session 取出，进行身份合法性验证。例如，继续在上面 JSP 页面中添加链接内容：

```
<a href = "jsp3.jsp">单击该链接进入 jsp3.jsp</a>
```

单击该链接进入 jsp3.jsp，从 session 对象中取出 person 对象，显示该对象的各个属性值，代码如下：

```
<%@ page language = "java" import = "entity.User" contentType = "text/html; charset = gb2312" %>
<html>
  <head>
      <title>jsp3.jsp</title>
  </head>
  <body>
    <%
        User person = (User)session.getAttribute("user");
     %>
      在 jsp3.jsp 页面<br />
      姓名:<% = person.getUserName() %><br />
      密码:<% = person.getUserPass() %>
  </body>
</html>
```

运行效果如图 6.2 所示，可以看出多个 JSP 页面都可以取出 session 对象中的数据。使用 JavaBean 封装并传递数据的目的之一就是可以把描述同一个实例的多个属性封装为一个对象，在多个页面之间传递。

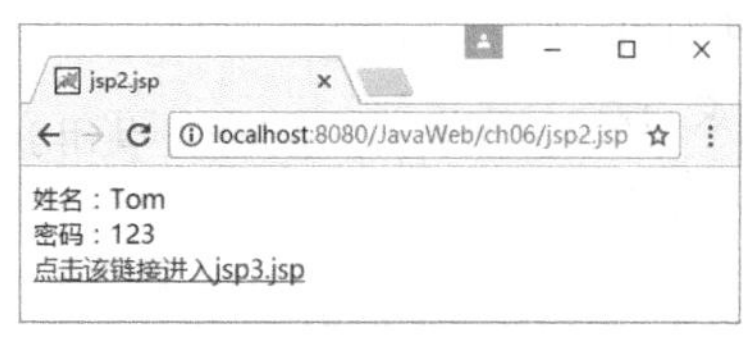

(a)使用 JavaBean 封装表单数据

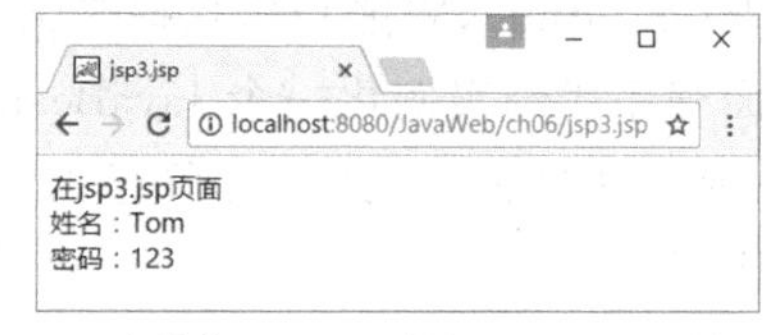

(b)在其他 JSP 页面使用 JavaBean 对象

图 6.2　使用 session 对象存储 JavaBean 对象

6.2　JSP 动作元素与 JavaBean 生命周期

JavaBean 可以在 JSP 脚本中应用，使开发人员可以把某些关键功能和核心算法提取出来，封装成为一个组件对象，提高代码的重用性、系统的安全性。JSP 网页吸引人的地方之一就是能结合 JavaBean 技术来扩充网页中程序的功能，所以在 JSP 提供了几个方便应用 JavaBean 组件的动作元素。在认识这些动作元素之前，首先要明确 JavaBean 的 4 种生命周期。

(1) pageScope

pageScope 的 Bean 的生命周期是最短的，当一个网页由 JSP 程序产生并传送到客户端后，属于 pageScope 的 Bean 也将被清除，生命周期告终。

当客户端发出请求给 Web 服务器后，对应客户端请求的 JSP 程序被执行。如果执行期间使用了 Bean，则产生这个 Bean 的实例化对象，并通过 get 或 set 的方法来存取 Bean 内部的属性值。当这个 JSP 程序执行完成，并把结果网页传送给客户端后，属于 pageScope 的 Bean 对象就会被清除，结束了它的生命周期。每当有新的请求产生时，属于 pageScope 的 Bean 都会产生新的实例化对象。

(2) requestScope

requestScope 的 Bean 的生命周期与 J3P 程序的 request 对象同步。当一个 JSP 程序通过 forward 动作将 request 对象传送到下一个 JSP 程序时，属于 requestScope 的 Bean 也将会随着 request 对象送出，因此由 forward 动作所串联起来的 JSP 程序可以共享相同的 Bean。

值得注意的是，仅仅可以通过 forward 动作将 Bean 对象传递给下一个 JSP 程序使用，而重定向 sendRedirect 是不能这样做的。因为重定向是将 URL 送到客户端后，再由客户端重新发出请求至新的 URL，因此无法将 request 对象传递出去，也就无法把 Bean 对象送到下一个 JSP 程序中处理。

(3) sessionScope

由于 HTTP 是无状态的通信协议，因此 Web 服务器端没有直接的方法可以维护每个客户端的状态，因此必须使用一些技巧来跟踪使用者。

属于 sessionScope 的 Bean 的生命周期可以在一个使用者的会话期存在。当 Bean 实例化完成后，由于该对象是 sessionScope，所以当浏览器刷新产生新的请求时，不会再产生新的对象。如果再打开一个新的浏览器窗口，此时建立新的客户端 session。

(4) applicationScope

applicationScope 的 Bean 的生命周期是 4 种 Scope 类别中最长的一个，当 application-Scope 的 Bean 被实例化后，除非是特意将它移除，否则 applicationScope 的生命周期可以说是与 Web 引擎相当。当某个 Bean 是属于 applicationScope 时，所有在同一个 Web 引擎下的 JSP 程序都可以共享这个 Bean。换句话说，只要有一个 JSP 程序将该 Bean 设置为 applicationScope，则在相同 Web 引擎下的 Web 应用程序都可以通过这个 Bean 来交换信息。

JSP 提供的 3 种使用 JavaBean 的动作元素：<jsp:useBean>用于将本地变量与已有的 Bean 绑定，或用于初始化新的 Bean，使其在一定 Scope 范围内有效；<jsp:getProperty>用于从某个 Scope 范围内获取属性的值；<jsp:setProperty>用于设置 JavaBean 对象一个或多个属性值。

6.2.1 <jsp:useBean>动作

在 JSP 页面中引入 JavaBean 使用<jsp:useBean>标记，它的语法如下：

```
<jsp:useBean id = "name" scope = "page | request | session | application" class = "className" />
```

其中，id 为该 Bean 创建的实例名称，以后可通过这个名字使用这个 Bean；scope 为该对象的作用范围，其默认为 page；class 为 Bean 的类文件，源文件经编译后的. class 文件。

对于<jsp:useBean>标记，有以下几点说明：

- id 属性是必需的。
- scope 是可选的。

下面举例说明该标记的用法。例如，创建一个类型为 entity. MyBean 的 JavaBean 对象，并命名为 firstBean，该对象具有默认的 Page 作用域。

```
<jsp:useBean id = "firstBean" class = "entity.MyBean" />
```

同样一个 Bean，而这时使用 scope="application"告诉 Bean 整个应用程序保留信息。

```
<jsp:useBean id = "firstBean" class = "entity.MyBean" scope = "application" />
```

还有一种使用<jsp:useBean>标记的语法，即在<jsp:useBean>标记和</jsp:useBean>之间加入主体，在其中完成一些 Bean 初始化，带主体的<jsp:useBean>标记语法如下：

```
<jsp:useBean>
    bodv
</jsp:useBean>
```

主体一般完成对象的初始化工作，常包括一些 Java 脚本和<jsp:setProperty>标记。例如，创建一个名为 secondBean 的对象，该对象在当前 session 内有效，同时给 message 属性赋值为“Hello”。

```
<jsp:useBean id = "secondBean" class = "entity.MyBean" scope = "session" >
    <jsp:setProperty name = "secondBean" property = "message" value = "Hello" />
</jsp:useBean>
```

6.2.2 <jsp:setProperty>动作

使用<jsp:useBean>标记定位到 Bean，是为了利用这个 Bean，通常做法是首先利用某种方法把 JSP 页面中的数据传送到 Bean 里，由 Bean 提供的方法来处理数据，形成需要的结果，再用某种方法把结果传送回 JSP 页面。JSP 通过<jsp:setProperty>标记来设置 Bean 的属性，在需要的时候用<jsp:getProperty>读出该属性。<jsp:setProperty>语法如下：

```
<jsp:setProperty name = "beanName" propertyExpression />
```

propertyExpression 有几种形式：

- property ="*"
- property ="propertyName"
- property ="propertyName" param = "parameterName"
- property ="propertyName" value = "String | expression"

其中，name 属性就是<jsp:useBean>标记中的 id 属性值，也就是创建的实例名称，该 JavaBean 实例对应类型必须包含所设置值的属性，就是 property 属性指定的名字。

6.2.3 <jsp:getProperty>动作

通过<jsp:setProperty>标记设置了 Bean 的属性，将 JSP 页面中的数据传送到 Bean 里，需要的时候用<jsp:getProperty>读出该属性，语法如下：

```
<jsp:getProperty name = "beanName" property = "propertyName" />
```

其中，name 属性就是<jsp:useBean>标记中的 id 属性值，也就是创建的 JavaBean 实例名称，该 JavaBean 实例必须包含设置值的属性，就是 property 属性指定的名称。

【例 6.2】 修改例 6.1 代码，使用<jsp:useBean>、<jsp:setProperty>、<jsp:getProperty>标记在一个 JSP 页面上实例化 User 类的对象，同时设置并显示该对象信息，代码如下：

```
<%@ page language = "java" import = "entity.User" contentType = "text/html; charset = gb2312" %>
<html>
  <head>
    <title>jsp4.jsp</title>
  </head>
  <body>
      <jsp:useBean id = "person" class = "entity.User" scope = "session" />
      <jsp:setProperty name = "person" property = "userName" value = "Tom" />
      <jsp:setProperty name = "person" property = "userPass" value = "123" />
    姓名:<jsp:getProperty name = "person" property = "userName" /><br />
    密码:<jsp:getProperty name = "person" property = "userPass" />
  </body>
</html>
```

运行效果如图 6.3 所示。

图 6.3 设置和获取 JavaBean 组件

在 JSP 页面中添加链接内容：

```
<a href = "jsp5.jsp">单击该链接进入 jsp5.jsp</a>
```

单击该链接进入 jsp5. jsp,使用<jsp:getProperty>标记获取 person 对象,显示该对象的各个属性值,代码如下:

```
<%@ page language = "java" import = "ch07.User" contentType = "text/html; charset = gb2312" %>
<html>
  <head>
    <title>jsp5.jsp</title>
  </head>
  <body>
      在 jsp5.jsp 页面<br />
      <jsp:useBean id = "person" class = "entity.User" scope = "session" />
      姓名:<jsp:getProperty name = "person" property = "userName"/><br />
      密码:<jsp:getProperty name = "person" property = "userPass"/>
  </body>
</html>
```

程序中使用<jsp:useBean>标记首先获取 session 范围内的 person 对象,然后再使用<jsp:getProperty>获取该对象的各个属性值。

6.3 封装数据的 JavaBean 与表单交互

前面已经提到 JavaBean 本质上就是个 Java 类,可以分为封装数据的 JavaBean 和封装业务的 JavaBean 两种。封装数据的 JavaBean 通常要解决的问题就是抽象出活动中所参与的实体对象,形成对应的实体类(如 User 类),以及封装该实体应该具有的属性,并给出 set/get 方法。这种做法类似于 C 语言中结构体的设计理念。下面是关于封装数据 JavaBean 的应用实例。

6.3.1 使用 JavaBean 的表单交互

在前面例 6.2 中已经看到一种用户通过表单方式提交数据的做法,是利用 request 对象的 getParameter 方法分别获取用户提交表单的变量数据,然后再实例化一个 JavaBean 对象,利用 set 方法给其属性赋值。显然,这样的做法似乎有些烦琐,这是因为 request. getParameter()语句和 JavaBean 对象 set 方法语句的数量决定于用户提交表单的变量数量。这样的做法过于机械,JavaBean 的动作元素标记可以简化这一操作。

【例 6.3】 下面是在 JSP 页面中使用封装数据的 JavaBean 进行表单交互的一个简单例子,实现了动态显示表单输入值的功能,代码量明显减少,JSP 代码如下:

```
<%@ page language = "java" pageEncoding = "GB2312" %>
<html>
  <head>
    <title>jsp6.jsp</title>
  </head>
  <body style = "text - align: center">
      <h3>使用 JavaBean 进行表单交互:购物车实例</h3>
      <form action = "jsp6.jsp" method = "post">
          商品名称<input name = "name" type = "text" />
          购买数量<input name = "count" type = "text" />
          <input type = "submit" value = "提交">
```

```
        </form>
        <br />
        <jsp:useBean id="cartItem" class="entity.CartItem" scope="session"/>
        <jsp:setProperty name="cartItem" property="*" />
        提交的商品信息为<jsp:getProperty name="cartItem" property="name"/>-----
                <jsp:getProperty name="cartItem" property="count"/>件
    </body>
</html>
```

JSP 页面所用到的 JavaBean 源代码 CartItem.java 如下。当用户在表单中输入商品名称 football，数量 4 时，其运行结果如图 6.4 所示。

```
packageentity;

public class CartItem {
        private String name;          //商品名称
        private Integer count;        //数量
        public String getName() {
              return name;
        }
        public void setName(String name) {
              this.name = name;
        }
        public Integer getCount() {
              return count;
        }
        public void setCount(Integer count) {
              this.count = count;
        }
}
```

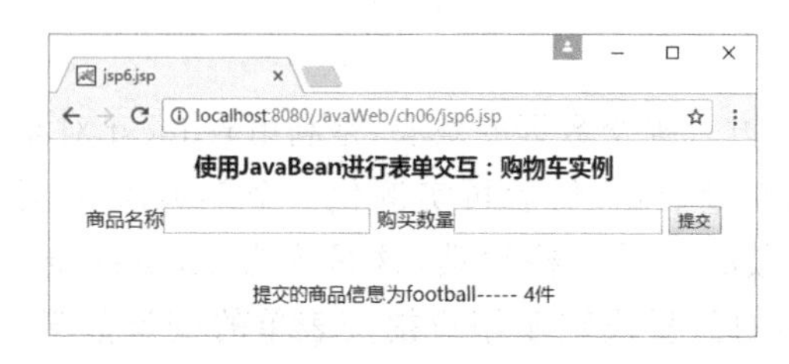

图 6.4　使用 JavaBean 进行表单交互

该例中没有使用 request.getParameter( ) 方法接收表单参数数据，本质原因是使用 <jsp:useBean>实例化 JavaBean 对象 cartItem 后，执行<jsp:setProperty name="cartItem" property="*" />，“*”表示自动设置对象的各个属性。能够完成这种自动赋值的功能要求是表单中的变量名称（即 name 属性值）与 JavaBean 类中所封装的私有成员变量名称相同，并保证 set 方法正确规范。

6.3.2　使用 JavaBean 的数据传参

JavaBean 实质上是将有关该对象的若干属性封装在一个类里，然后作为一个整体（JavaBean 对象）进行数据传递。如例 6.3 中，一个 CartItem 类的实例代表购物车中的一个商品项，若干个商品项组成一个购物车。

【例 6.4】 抽象一个购物车 Cart 类，封装一个商品项的集合（List 类型），以及添加/删除商品项的方法，代码如下：

```
packageentity;
```

```
import java.util.ArrayList;
import java.util.List;

public class Cart {
      private List cart = new ArrayList();

      public void addItem(CartItem cartItem) {
      cart.add(cartItem);
      }

      public void removeItem(CartItem cartItem) {
            cart.remove(cartItem);
      }

      public List getCart() {
            return cart;
      }
}
```

在这段代码中，添加/删除商品项的方法均有一个形参，这个参数是一个 CartItem 类型的对象。这样做的好处是可以把一个商品项对象作为一个整体来操作，比起 addItem(String name, Integer count)这样的方法来添加一个商品项要容易得多，也更加符合面向对象的思想。

在 Cart 类的基础上，进一步完善例 6.3 中的购物车代码，可以通过提交表单，添加更多的购物车商品，JSP 代码如下：

```
<%@ page language = "java" import = "entity.CartItem" contentType = "text/html; charset = GB2312" %>
<html>
  <head>
    <title>jsp7.jsp</title>
  </head>
  <body style = "text - align: center">
      <h3>使用 JavaBean 进行数据传参:购物车实例</h3>
      <p>您已选择的商品:</p>
      <jsp:useBean id = "cartItem" class = "entity.CartItem"/>
      <jsp:setProperty name = "cartItem" property = " * "/>
      <jsp:useBean id = "cart" class = "entity.Cart" scope = "session"/>
      <%
          request.setCharacterEncoding("GB2312");
          if(request.getParameter("submit") ! = null) {
              if(request.getParameter("submit").equals("add")) {
                  cart.addItem(cartItem);
              }
          }
    %>
    <%
          if(cart.getCart().size() ! = 0) {
              for(int i = 0; i < cart.getCart().size(); i ++ ) {
                  CartItem item = (CartItem)(cart.getCart().get(i));
    %>
                  <% = i + 1 %>.<% = item.getName() %> - - - - <% = item.getCount() %>件<br />
```

```
  <%
              }
          }
   %>
  <form action = "jsp7.jsp" method = "post">
      商品名称<input name = "name" type = "text" />
      购买数量<input name = "count" type = "text" />
      <input type = "submit" value = "add" name = "submit">
  </form>
 </body>
</html>
```

图 6.5　使用 JavaBean 进行数据传参

代码中，通过<jsp:useBean>和<jsp:setProperty>标签接收表单提交的每一个 CartItem 对象，并且实例化一个 session 范围的购物车 cart 对象，单击“add”按钮后，调用 cart 对象的 addItem(CartItem cartItem)方法，传递接收到的 CartItem 对象。在购物车显示区域，调用 cart 对象的 getCart( )方法返回商品项集合，在 JSP 中循环显示出每一项的详细信息，如图 6.5 所示。

6.4　封装业务的 JavaBean 组件

狭义上的 JavaBean 用于封装数据，广义上的 JavaBean 还用于封装业务，即处理过程。

【例 6.5】 例 2.15 抽象了一个计算器类 Calculator，封装加、减、乘、除 4 种操作，本例在 JSP 中予以调用，实现两个数的任何一种操作。

```
<%@ page language = "java" import = "biz.Calculator"  contentType = "text/html; charset = GB2312" %>
<html>
  <head>
      <title>jsp8.jsp</title>
      <script type = "text/javascript">
            function calculate(operate)
            {
                document.calForm.operate.value = operate;
                document.calForm.submit();
            }
      </script>
  </head>
  <body style = "text - align: center">
      <h3>一个简单的计算器</h3>
      <jsp:useBean id = "calculator" class = "biz.Calculator"/>
      <%
          String strNum1 = request.getParameter("num1");
          String strNum2 = request.getParameter("num2");
          double num1 = 0.0;
          double num2 = 0.0;
```

```
            double result = 0.0;
            String errMsg = "";
            if(strNum1 != null && !strNum1.equals("") && strNum2 ! = null && !strNum2.equals("")) {
                num1 = Double.parseDouble(strNum1);
                num2 = Double.parseDouble(strNum2);
                String operate = request.getParameter("operate");
                if(operate.equals("add")) {
                    result = calculator.add(num1, num2);
                }
                if(operate.equals("sub")) {
                    result = calculator.sub(num1, num2);
                }
                if(operate.equals("multiply")) {
                    result = calculator.multiply(num1, num2);
                }
                if(operate.equals("divide")) {
                    try {
                        result = calculator.divide(num1, num2);
                    } catch(Exception e) {
                        errMsg = e.getMessage();
                    }
                }
            }
        %>
        <form name = "calForm" action = "jsp8.jsp" method = "get">
            第一个数<input name = "num1" type = "text" value = "<% = num1 %>"/><br />
            第二个数<input name = "num2" type = "text" value = "<% = num2 %>" /><br />
            <div style = "color:red"><% = errMsg %></div>
            <input type = "hidden" name = "operate" />
            <input type = "button" value = "加" onclick = "calculate('add')" />
            <input type = "button" value = "减" onclick = "calculate('sub')" />
            <input type = "button" value = "乘" onclick = "calculate('multiply')" />
            <input type = "button" value = "除" onclick = "calculate('divide')" />
        </form>
        <p>计算结果是<% = result %></p>
    </body>
</html>
```

代码中结合隐藏表单域技术和 JavaScript 代码，传递操作类型 operate，根据不同的类型调用 Calculator 的不同业务方法，运行效果如图 6.6 所示。使用 JavaBean 封装业务逻辑，编写 JSP 的开发人员只需注重数据的传递和程序的流转，而无须关注业务逻辑的细节。

业务逻辑是一切处理过程的统称，例 6.5 中 JavaBean 类所封装的业务逻辑是对数据的算法处理，是一种工作流的体现。此外，由于数据一般来自数据库中，还有一种 JavaBean 用于封装对数据库的访问，包括对数据的增删改查操作，通常这类 JavaBean 类名后加"DAO"，即 Data Access Object（第 2 章的实验 5 至实验 8 已经讲述）。

(a)加法计算结果

(b)除法计算结果

图 6.6　封装计算器业务逻辑的 JavaBean

6.5　JavaBean 的其他应用

使用 JavaBean 技术，可以实现很多应用，下面介绍几个典型的 JavaBean 实例。

6.5.1　基于 JavaMail 的邮件发送 JavaBean

JavaMail 是 Sun 发布的处理电子邮件的应用程序接口。它预置了一些最常用的邮件传送协议的实现方法，并且提供了简易的方法去调用它们。由于 JavaMail 是应用程序接口，它没有被 JDK 包含，需要从 Sun 官方网站上下载 JavaMail 类文件包。除此以外，还需要有 Sun 的 JavaBeans Activation Framework(JAF)。安装 JavaMail 只是需要把组件加入 CLASSPATH 中去，如果不想修改 CLASSPATH 的话，可以把 jar 包直接复制到 JAVA_HOME/lib/ext 下。

【例 6.6】 使用 JavaMail 编写一个发送邮件的 JavaBean，代码如下：

```
package ch06;

import java.util.Date;
import java.util.Properties;

import javax.mail.AuthenticationFailedException;
import javax.mail.Message;
import javax.mail.MessagingException;
import javax.mail.Multipart;
import javax.mail.Session;
import javax.mail.Transport;
import javax.mail.internet.InternetAddress;
import javax.mail.internet.MimeBodyPart;
import javax.mail.internet.MimeMessage;
import javax.mail.internet.MimeMultipart;

public class Email {
        String host;
        String username;
        String password;
        String from;
        String to;
        String subject;
```

```
String content;

public Email() {
    //在构造函数中初始化一些连接变量
    host = "stmp.xxx.com";
    username = "username";
    password = "password";
    from = "test@xxx.com";
}

public String getContent() {
    return content;
}

public void setContent(String content) {
    this.content = content;
}

public String getFrom() {
    return from;
}

public void setFrom(String from) {
    this.from = from;
}

public String getHost() {
    return host;
}

public void setHost(String host) {
    this.host = host;
}

public String getPassword() {
    return password;
}

public void setPassword(String password) {
    this.password = password;
}

public String getSubject() {
    return subject;
}

public void setSubject(String subject) {
    this.subject = subject;
}

public String getTo() {
```

```
        return to;
    }

    public void setTo(String to) {
        this.to = to;
    }

    public String getUsername() {
        return username;
    }

    public void setUsername(String username) {
        this.username = username;
    }

    public boolean sendMail() {
        Properties props;
        Session session;
        MimeMessage message;
        try {
            props = new Properties();                          //存储连接参数
            props.put("mail.smtp.host", host);                 //smtp 主机
            props.put("mail.smtp.auth", "true");               //需要身份验证
            session = Session.getDefaultInstance(props, null); //获得一个邮件 session
            message = new MimeMessage(session);                //新建一个邮件信息
                                                               //检查邮件地址是否合法
            if (from == null || from == "") {
                throw new Exception("Error Email Address in From.");
            }
            if (to == null || to == "") {
                throw new Exception("Error Email Address in To.");
            }
            message.setFrom(new InternetAddress(from));       //设置源地址
            InternetAddress address = new InternetAddress(to);        //设置目的地址
            message.addRecipient(Message.RecipientType.TO, address);
            message.setSubject(subject);                       //设置主题
            Multipart mp = new MimeMultipart();                //邮件内容
            MimeBodyPart mbpContent = new MimeBodyPart();
            mbpContent.setContent(content, "text/html");       //邮件格式
            //向 MimeMessage 添加代表正文(Multipart)
            mp.addBodyPart(mbpContent);
            message.setContent(mp);
            message.setSentDate(new Date());                   //设置发送时间
            Transport transport = session.getTransport("smtp");       //设置邮件传输
            transport.connect((String) props.get("mail.smtp.host"), username, pass-
word);                                                         //连接主机
            transport.sendMessage(message,
                    message.getRecipients(MimeMessage.RecipientType.TO));
                                                                        //发送邮件
            System.out.println("Send Success !");
            transport.close();                                 //关闭传输
```

```
                return true;
            } catch (AuthenticationFailedException e1) {
                e1.printStackTrace();
                return false;
            } catch (MessagingException e2) {
                e2.printStackTrace();
                return false;
            } catch (Exception e3) {
                e3.printStackTrace();
                return false;
            }
        }
    }
```

JavaMail 的连接属性保存在一个 Properties 类型的实例中，包括邮件主机名、是否需要认证等，然后根据此 Properties 的连接属性打开一个 Session 会话，接着在会话中创立邮件信息 Message。Message 包括邮件的标题、正文、发送人、接收人等。最后邮件通过一个 Transport 类的实例发送，Transport 类首先连接服务器，然后发送，最后关闭连接。

JSP 调用这个 JavaBean，代码如下：

```
<%@ page language="java" contentType="text/html; charset=GB2312" pageEncoding="GB2312" %>
<html>
  <head>
    <meta http-equiv="Content-Type" content="text/html; charset=GB2312">
    <title>邮件发送 JavaBean</title>
  </head>
  <body><font size=2>
    <%--通过 useBean 标签初始化一个 JavaBean.--%>
    <jsp:useBean id="email" class="ch06.Email" scope="page"/>
    <%--通过 setProperty 标签设置 JavaBean 的属性.--%>
    <jsp:setProperty name="email" property="to" value="someone@xxx.com"/>
    <jsp:setProperty name="email" property="subject" value="Send Email"/>
    <jsp:setProperty name="email" property="content" value="Test Content"/>
    <%--通过 getProperty 标签获取 JavaBean 的属性.--%>
    Email JavaBean 的类:<%=email.getClass().getName() %><br>
    发送人:<jsp:getProperty name="email" property="from"/><br>
    发送给:<jsp:getProperty name="email" property="to"/><br>
    标题:<jsp:getProperty name="email" property="subject"/><br>
    服务器地址:<jsp:getProperty name="email" property="host"/><br>
    内容:<jsp:getProperty name="email" property="content"/><br>
    发送是否成功:<%=email.sendMail() %>
    </font>
  </body>
</html>
```

6.5.2 使用 JavaBean 实现数据分页显示

分页显示功能在 Web 应用中经常要使用，当检索到的数据量比较大时，如果全部显示在同一个页面里会使页面的可读性变差，同时也加大系统的负担。在这种情况下，一般都要用到分页显示技术，将数据分几页显示出来。

当前有多种分页实现技术，这里简单比较常见的几种方式的优劣。

当前应用最广泛的分页技术是一次性将所需的所有数据查询出来，然后将查询的结果保存在缓存中。当用户从页面发出查看特定页面的请求时，从缓存中取出所需要的数据进行显示。

这种方法的优点是仅对数据库进行一次查询即可，可以节省系统与数据库进行多次连接的资源消耗，但缺点也显而易见。首先，会导致数据不够准确。因为这种方式是将满足查询条件的所有数据都保存在缓存中，然后从缓存中读取数据，而在查询操作之后对数据库进行的更改都不能体现出来。这样，用户得到的往往是过期的数据。其次，一次性将所有满足要求的数据都存入缓存会耗费很大的系统内存，导致系统的资源紧张。

另外一种常用的分页显示方法需要用户每次发出查看页面请求时都与数据库建立一次连接，然后从数据库中将一页的数据读取出来，并在页面中显示。这种方法的优点在于可以保证数据的准确性，同时每次只读取需要的记录，可以最大限度地降低结果集的体积，减小网络传输的数据量；缺点在于每次响应用户请求都需要建立与数据库的连接，这本身就是一种很耗费资源的操作。若这种方式能够配合数据库连接池使用，会使系统性能获得很大的提升。

【例 6.7】 设计一个 JavaBean，用于封装分页算法的业务逻辑，然后在 JSP 页面中使用该 JavaBean 实现分页显示功能。JavaBean 代码如下：

```
package ch06;

import java.sql.*;
import java.util.*;

public class PageBean {
  private int curPage = 1;                    //当前是第几页
  private int maxPage;                        //一共有多少页
  private int maxRowCount;                    //一共有多少行
public int rowsPerPage = 5;                   //每页多少行
  private Connection conn = null;
  public List data;

  public PageBean() throws Exception {
    this.setPageBean();
  }

  public void setMaxPage(int maxPage) {
    this.maxPage = maxPage;
  }

  public int getMaxPage() {
    return this.maxPage;
  }

  public void setCurPage(int curPage) {
    this.curPage = curPage;
  }

  public int getCurPage() {
```

```
    return this.curPage;
  }

  public void setMaxRowCount(int maxRowCount) {
    this.maxRowCount = maxRowCount;
  }

  public int getMaxRowCount() {
    return this.maxRowCount;
  }

  public PageBean getResult(String page) throws Exception {          //得到要显示于本页的数据
      PageBean pageBean = new PageBean();
      List data = new ArrayList();
      int pageNum = Integer.parseInt(page);
      conn = DBGet.getConnection();
      String sql = "select top " + pageNum * pageBean.rowsPerPage + " * from employee";
      PreparedStatement ps = conn.prepareStatement(sql);
      ResultSet rs = ps.executeQuery();
      int i = 0;
      Employee employee;
      while (rs.next()) {
        if (i > (pageNum - 1) * pageBean.rowsPerPage - 1) {
          employee = new Employee();
            employee.setEmp_id(rs.getString("emp_id"));
            employee.setFname(rs.getString("fname"));
            employee.setMinit(rs.getString("minit"));
            employee.setLname(rs.getString("lname"));
            employee.setJob_id(rs.getInt("job_id"));
            employee.setJob_lvl(rs.getInt("job_lvl"));
            employee.setPub_id(rs. getString ("pub_id"));
            employee.setHire_date(rs.getDate("hire_date"));
            data.add(employee);
        }
        i++;
      }
      DBGet.closeResultSet(rs);
      DBGet.closePreparedStatement(ps);
      DBGet.closeConnection(conn);

      pageBean.setCurPage(pageNum);
      pageBean.data = data;
      return pageBean;
  }

  public int getAvailableCount() throws Exception {
    int ret = 0;
    conn = DBGet.getConnection();
    String sql = "select * from employee";
    PreparedStatement ps = conn.prepareStatement(sql);
    ResultSet rs = ps.executeQuery();
```

```
        while (rs.next()) {
          ret++;
        }
        DBGet.closeResultSet(rs);
        DBGet.closePreparedStatement(ps);
        DBGet.closeConnection(conn);
        return ret;

      }

      public void setPageBean() throws Exception {
        //得到总行数
        this.setMaxRowCount(this.getAvailableCount());

        if (this.maxRowCount % this.rowsPerPage == 0) {              //根据总行数计算总页数
          this.maxPage = this.maxRowCount / this.rowsPerPage;
        }
        else {
          this.maxPage = this.maxRowCount / this.rowsPerPage + 1;
        }
      }
    }
```

在 JSP 中调用该 JavaBean，代码如下：

```
<%@ page import = "java.util.*, ch06.Employee, ch06.PageBean" contentType = "text/html;
charset = GBK" %>
<jsp:useBean id = "page1" class = "ch06.PageBean" scope = "request"/>
  <%
      PageBean page2 = new PageBean();
      if(request.getParameter("jumpPage") != null && !request.getParameter("jumpPage").e-
quals("")) {
            page2 = page1.getResult((String)request.getParameter("jumpPage"));
      }
     %>
<html>
  <head>
    <title>分页显示</title>
    <script language = "JavaScript">
      <!--
      function Jumping(){
        document.PageForm.submit();
        return ;
      }

      function gotoPage(pagenum){
        document.PageForm.jumpPage.value = pagenum;
        document.PageForm.submit();
      return ;
     }
     -->
     </script>
   </head>
```

```
<body style="text-align: center">
<table border=1>
    <tr>
        <td align="center" width="95">emp_id</td>
        <td align="center" width="93">fname</td>
        <td align="center" width="71">lname</td>
    </tr>
<%
  String s=String.valueOf(page2.getCurPage());
    List data = page2.getResult(s).data;
    for (int i = 0; i<data.size();i++) {
          Employee employee = (Employee)data.get(i);
%>
    <tr>
          <td align="center" width="95"><% = employee.getEmp_id() %></td>
          <td align="center" width="93"><% = employee.getFname() %></td>
          <td align="center" width="71"><% = employee.getLname() %></td>
    </tr>
<% } %>
</table>
<% if (page2.getMaxPage() != 1) { %>
    <form name="PageForm" action="" method="post">
    每页<% = page2.rowsPerPage %>行
    共<% = page2.getMaxRowCount() %>行
    第<% = page2.getCurPage() %>页
    共<% = page2.getMaxPage() %>页
    <br />
<%
    if (page2.getCurPage() == 1) {
          out.print(" 首页 上一页");
    } else {
%>
      <a href="javascript:gotoPage(1)">首页</a>
      <a href="javascript:gotoPage(<% = page2.getCurPage() - 1 %>)">上一页</a>
<% } %>
<%
  if (page2.getCurPage() == page2.getMaxPage()) {
        out.print("下一页 尾页");
  } else {
%>
    <a href="javascript:gotoPage(<% = page2.getCurPage() + 1 %>)">下一页</a>
    <a href="javascript:gotoPage(<% = page2.getMaxPage() %>)">尾页</a>
<% } %>
  转到第
  <select name="jumpPage" onchange="Jumping()">
  <%
    for (int i = 1; i <= page2.getMaxPage(); i++) {
      if (i == page2.getCurPage()) {
%>
            <option selected value="<% = i %>"><% = i %></option>
<%   } else { %>
```

```
            <option value="<%=i%>"><%=i%> </option>
    <%
        }
      }
      %>
      </select>页
      </form>
    <%}%>
    </body>
  </html>
```

6.5.3 基于 JSPSmartUpload 的文件上传 JavaBean

JSPSmartUpload 是可免费使用的功能完善的文件上传下载组件。该组件能以 JavaBean 组件的形式，将执行上传下载操作嵌入 JSP 文件中。它有以下特点。

(1) 使用简单，JSP 程序用很少的代码量就可以实现文件的上传或下载，对表单报头的分析都封装到了组件内部。

(2) 利用 JSPSmartUpload 组件提供的对象及其操作方法，可以获得全部上传文件的信息(包括文件名、大小、类型、扩展名、文件数据等)，方便存取操作。

(3) 能对上传的文件在大小、类型等方面做出限制，例如可以滤掉不符合要求的文件。

(4) 下载灵活，能把 Web 服务器变成文件服务器，不管文件是在 Web 服务器的目录下还是在其他任何目录下，都可以利用 JSPSmartUpload 进行下载。

【例 6.8】 使用 JSPSmartUpload 组件上传文件的操作，用<jsp:useBean>标记初始化，并且调用 upload 方法完成文件上传操作。将 JSPSmartUpload 的 JAR 包添加至 Web 项目中，JSP 代码如下：

```
  <%@ page language = "java" contentType = "text/html; charset = GB2312" pageEncoding = "
GB2312"%>
  <%@ page language="java" import="java.io.*"%>
  <%@ page language="java" import="com.jspsmart.upload.*"%>
  <html>
  <head>
        <meta http-equiv="Content-Type" content="text/html; charset=GB2312">
        <title>文件上传</title>
  </head>
  <body>
        <jsp:useBean id="mySmartUpload" scope="page" class="com.jspsmart.upload.SmartUp-
load" />
        <FORM METHOD="POST" ACTION="" ENCTYPE="multipart/form-data">
           <INPUT TYPE="FILE" NAME="FILE1" SIZE="50"><BR>
           <INPUT TYPE="FILE" NAME="FILE2" SIZE="50"><BR>
           <INPUT TYPE="FILE" NAME="FILE3" SIZE="50"><BR>
           <INPUT TYPE="FILE" NAME="FILE4" SIZE="50"><BR>
           <INPUT TYPE="SUBMIT" VALUE="Upload">
        </FORM>
        <%
             //上传文件计数
             int count=0;
             //初始化,传入 pageContext 内置变量
```

```
            mySmartUpload.initialize(pageContext);
        //允许上传的文件类型
          mySmartUpload.setAllowedFilesList("htm,html,txt,jar,jsp,xml");

        //或者设定拒绝上传的文件类型
        //mySmartUpload.setDeniedFilesList("exe,bat,jsp");

        //拒绝的物理路径
        //mySmartUpload.setDenyPhysicalPath(true);

        //设置文件最大为 50000 bytes
        mySmartUpload.setMaxFileSize(50000);

        //允许一次最多上载文件大小不超过 200000 bytes
        //mySmartUpload.setTotalMaxFileSize(200000);
    try {
        //上传操作
          mySmartUpload.upload();
        //以原文件名存储在 Web 服务器虚拟路径下
        //返回上传的文件数
            count = mySmartUpload.save("/file", mySmartUpload.SAVE_VIRTUAL);
          } catch (Exception e){
        //输出意外信息
            out.println("<b>Wrong selection : </b>" + e.toString());
          }
        //显示文件上载数
          out.println(count + " file(s) uploaded.");
    %>
</body>
</html>
```

6.5.4 基于 JGraph 的验证码 JavaBean

JGraph 是一个短小精悍、功能完善的 Java 组件。它可以帮助用户用图论原理进行网络图形表示的开发。基于 JGraph 可以完成从简单的图形编辑器到计算机、网络图以及最短路径搜索器等一系列项目的设计。JGraph 运行环境需要 jgraph.jar 包,可以在 https://downloads.jgraph.com/downloads/jgraphx/archive/网站上下载。

JGraph 将图元定义为 Cell 的组合,每个 Cell 可以是一个顶点(Vertex)、边(Edge)或者节点(Port)。顶点可以有邻接的顶点,它们通过边互相联系,边连接的两个端点称为目标和源。每个目标或者源都是一个节点。所有的图元都绘制在 org.jgraph.JGraph 对象上。

【例 6.9】 开发一个可以显示随机字符串图片的 JavaBean,先用 JGraph 动态生成图片,然后图片以 png 的格式写入一个文件中,打开一个 IOStream 实例,然后将图形写入流中,最后在页面上通过调用 JavaBean 的接口,完成显示。JavaBean 代码如下:

```
package ch06;

import java.awt.Color;
import java.awt.geom.Rectangle2D;
import java.awt.image.BufferedImage;
```

```
import java.io.File;
import java.io.IOException;

import javax.imageio.ImageIO;
import javax.imageio.stream.ImageOutputStream;
import javax.swing.JFrame;
import javax.swing.JScrollPane;

import org.jgraph.JGraph;
import org.jgraph.graph.DefaultCellViewFactory;
import org.jgraph.graph.DefaultGraphCell;
import org.jgraph.graph.DefaultGraphModel;
import org.jgraph.graph.DefaultPort;
import org.jgraph.graph.GraphConstants;
import org.jgraph.graph.GraphLayoutCache;
import org.jgraph.graph.GraphModel;

public class Graphic {
        String webroot;
        String filename;
        String random;

        public Graphic(){
                /* 将 Webroot 指向合适的路径 */
                webroot = "C:\\apache-tomcat-6.0.14\\webapps\\JSPLessonSrc\\ch07";
                filename = "number.png";
        }

        public String getFilename() {
                return filename;
        }
        public void setFilename(String filename) {
                this.filename = filename;
        }
        public String getRandom() {
                return random;
        }
        public void setRandom(String random) {
                this.random = random;
        }

        public void paint(){
                GraphModel model = new DefaultGraphModel();         //设置显示模式
                GraphLayoutCache view = new GraphLayoutCache(model, //创建默认视图
                        newDefaultCellViewFactory());
                JGraph graph = new JGraph(model, view);             //创建默认视图
                //添加一个 Cell,讲 random 字符串显示
                DefaultGraphCell cell = new DefaultGraphCell(random);
                GraphConstants.setBounds(cell.getAttributes(), new Rectangle2D.Double(0,0,100,
40));
                GraphConstants.setGradientColor(cell.getAttributes(), Color.orange);
                GraphConstants.setOpaque(cell.getAttributes(), true);
```

```
            DefaultPort port = new DefaultPort();
            cell.add(port);                                         //插入一个 port
            graph.getGraphLayoutCache().insert(cell);               //插入这个 Cell
            JFrame frame = new JFrame();                            //在一个框架中显示 Graphic
            frame.getContentPane().add(new JScrollPane(graph));     //为了输出到文件
            frame.pack();
            frame.setVisible(false);
            try {
                File f = new File(webroot , filename);              //新建一个文件引用
                ImageOutputStream ios = ImageIO.createImageOutputStream(f);
                                                                    //得到一个输出流
                BufferedImage img = graph.getImage(graph.getBackground(), 1);
                                                                    //得到图像对象
                ImageIO.write(img,"png",ios);                       //写到流里面
                ios.flush();                                        //刷新流
                ios.close();                                        //关闭流
            } catch (IOException e) {                               //意外处理
                e.printStackTrace();
            }
        }
    }
```

在 JSP 中引用这个 JavaBean，获取 Session 的前 5 个字符作为随机变量传给 JavaBean，并且调用 paint 方法完成图形绘制。通过获取 filename 参数，可以得到输出文件的路径。JSP 代码如下：

```
<%@ page language = "java" contentType = "text/html; charset = GB2312" pageEncoding = "
GB2312" %>
<html>
    <head>
        <meta http - equiv = "Content - Type" content = "text/html; charset = GB2312">
        <title>图形绘制 JavaBean</title>
    </head>
    <body>
        <font size = 2>
            <%-- 通过 useBean 标签初始化一个 JavaBean.--%>
            <jsp:useBean id = "image" class = "ch06.Graphic" scope = "page"/>
            <%-- 通过 setProperty 标签设置 JavaBean 的属性.--%>
            <jsp:setProperty name = "image" property = "random"
                                                value = "<% = session.getId().substring
(0,5) %>"/>
            <%-- 通过 getProperty 标签获取 JavaBean 的属性.--%>
                JavaBean 的类:<% = image.getClass().getName() %><br>
                随机字符串为:<jsp:getProperty name = "image" property = "random"/>
<br>
                <% image.paint();                           //输出动态图形 %>
                图形化随机字符串:
                <img src = "<jsp:getProperty name = "image" property = "filename"/
>"><br>
        </font>
    </body>
</html>
```

程序运行结果如图 6.7 所示。

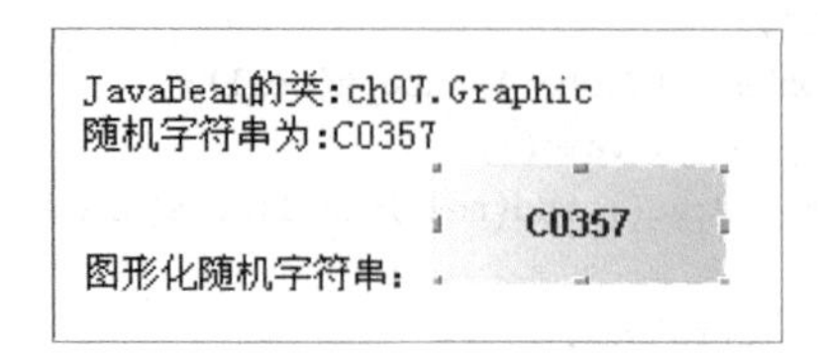

图 6.7　图形绘制验证码 JavaBean

6.6　本章小结

本章全面介绍了 JavaBean 组件技术，描述了 JavaBean 类的代码基本特征，以及在 JSP 中如何使用动作元素调用 JavaBean，并举例说明封装数据的 JavaBean 与封装业务逻辑的 JavaBean 的作用，最后讲解了 4 个非常实用的 JavaBean 实际用例。

实验 16　使用 JavaBean 封装业务逻辑

一、实验内容

- 抽象业务处理活动的 JavaBean(Biz)。
- 在 JSP 中使用 JavaBean。

前面实验的功能是通过 JSP 代码调用 Dao 数据访问对象实现的。但有时，从数据库中查询出来的数据需要进一步加工处理，即进行算法性计算，也称为业务处理。因此，在数据访问 Dao 层之上再抽象业务处理 Biz 层，在 JSP 代码中调用 Biz 接口方法完成特定功能。

二、实验步骤

1. 创建 Biz 接口及其实现类

(1) 创建 biz 包，存放业务处理 JavaBean。

(2) 创建 UserBiz 接口，方法如下：

```
package biz;

import entity.User;

public interface UserBiz {
            public User findUser(String userName);
            public User findUser(int userId);
            public int addUser(User user);
            public int updateUser(User user) throws Exception;
}
```

(3) 创建 BoardBiz 接口，方法如下：

```
package biz;

import java.util.List;
```

```
import java.util.Map;

import entity.Board;

public interface BoardBiz {
        public Map<Integer,List<Board>> findBoard();
        public Board findBoard(int boardId) throws Exception;
}
```

(4) 创建 TopicBiz 接口,方法如下:

```
package biz;

import entity.Topic;
import java.util.*;

public interface TopicBiz {
    public Topic findTopic(int topicId);
    public List<Topic> findListTopic(int page, int boardId);
    public int addTopic(Topic topic);
    public int deleteTopic(int topicId);
    public int updateTopic(Topic topic) throws Exception;
    public int findCountTopic(int boardId);
}
```

(5) 创建 ReplyBiz 接口,方法如下:

```
package biz;

import java.util.List;
import entity.Reply;

public interface ReplyBiz {
    public Reply findReply(int replyId);
    public int addReply(Reply reply);
    public int deleteReply(int replyId);
    public int updateReply(Reply reply) throws Exception;
    public List findListReply(int page, int topicId);
    public int findCountReply(int topicId);
}
```

(6) 创建 biz.impl 包,创建 UserBiz 接口的实现类 UserBizImpl,代码如下:

```
package biz.impl;

import biz.UserBiz;
import dao.UserDao;
import dao.impl.UserDaoImpl;
import entity.User;

public class UserBizImpl implements UserBiz {

    private UserDao userDao = new UserDaoImpl();

    public int addUser(User user) {
        return userDao.addUser(user);
```

```
    }

    public User findUser(String name) {
        return userDao.findUser(name);
    }

    public User findUser(int id) {
        return userDao.findUser(id);
    }

    public int updateUser(User user) throws Exception {
        return userDao.updateUser(user);
    }
}
```

在 Biz 类中，封装一个私有的 Dao 对象作为成员属性，目的是在业务处理中调用 dao 对象的方法。可见 Biz 层 JavaBean 和 dao 层 JavaBean 之间是调用与被调用的关系，而封装数据的 JavaBean（如 User 类）作为参数来传递。其他 Biz 接口实现类的实现方法同理。

2. 在 JSP 中使用 Biz 接口对象

（1）修改 doLogin.jsp，使用 UserBiz 接口对象，代码如下：

```
<%@ page language="java" pageEncoding="GBK" import="entity.*, biz.*, biz.impl.*"%>
<%
request.setCharacterEncoding("GBK");

  String userName = request.getParameter("userName");   //取得请求中的登录名
  String userPass = request.getParameter("userPass");   //取得请求中的密码
  UserBiz userBiz = new UserBizImpl();                  //得到用户 Biz 的实例
  User user = userBiz.findUser(userName);               //根据请求的登录名和密码查找用户

  if( user!= null && user.getUserPass().equals(userPass) ) {
      session.setAttribute("user", user);
      out.println("登录成功");
  } else {
      out.println("登录失败");
  }
%>
```

（2）修改 doReg.jsp、doLogout.jsp、doPost.jsp、doReply.jsp 代码，分别使用 Biz 接口对象实现各个功能。

三、实验小结

目前 BBS 系统中以 JavaBean 组件作为底层，有封装数据和封装业务的 JavaBean。JSP 代码可以直接使用 JavaBean 对象实现相应操作，这样做有利于代码重用。

四、补充练习

（1）使用 JavaBean 技术实现计算长方形面积和周长的功能。

（2）使用 JavaBean 技术实现计算器的功能（加、减、乘、除）。

实验 17 JavaBean 在 JSP 中的使用

一、实验内容

- 使用<jsp:useBean>动作元素实例化 JavaBean 对象。
- 使用<jsp:useBean>和<jsp:setProperty>动作元素接收表单参数。
- 使用<jsp:getProperty>动作元素取出 JavaBean 对象的属性值。

使用 new 关键字创建实例时,均可以使用<jsp:useBean>动作元素来代替,这样做的好处在于<jsp:setProperty>动作元素不仅可以创建对象,并且同时设置该对象的生存范围,代码简洁、可读性好。<jsp:setProperty>和<jsp:getProperty>动作元素分别用于设置和取出某一范围内的 JavaBean 对象的属性值,注意指定的属性名称要与 JavaBean 的属性名称相同,并且 JavaBean 的 set 和 get 方法应书写正确,否则会报异常。

二、实验步骤

1. 修改 doLogin.jsp 代码获取表单参数

(1) 使用<jsp:useBean>动作元素实例化 Biz 对象,代码如下:

```
<jsp:useBean id="userBiz" class="biz.impl.UserBizImpl" scope="page" />
```

(2) 使用<jsp:useBean>动作元素实例化 User 对象,获取登录表单参数,代码如下:

```
<%@ page language="java" pageEncoding="GBK" import="entity.*, biz.*, biz.impl.*"%>
<%
    request.setCharacterEncoding("GBK");
%>
<!--实例化 UserBizImpl 对象 -->
<jsp:useBean id="userBiz" type="biz.UserBiz" class="biz.impl.UserBizImpl" scope="page" />
<!--实例化 User 对象 -->
<jsp:useBean id="user" class="entity.User" scope="session" />
<!--接收表单参数 -->
<jsp:setProperty property="*" name="user"/>

<%
User tmpUser = userBiz.findUser(user.getUserName());    //根据请求的登录名和密码查找用户
if( user!= null && user.getUserPass().equals(tmpUser.getUserPass()) ) {
    out.println("登录成功");
} else {
    out.println("登录失败");
}
%>
```

这里使用<jsp:useBean>动作元素实例化的 user 对象,设置其 scope 属性为 session,相当于代码:

```
<%
    User user = new User();
    session.setAttribute("user", user);"
%>
```

这里使用<jsp:setProperty>动作元素接收表单数据,设置 property 属性为"*",意思是将表单提交过来的参数按照变量名称分别给 user 对象的各个属性值赋值，相当于代码：

```
<%
    String userName = Request.getParameter("userName");
    String userPass = Request.getParameter("userPass");
    user.setUserName(userName);
    user.setUserPass(userPass);
%>
```

2. 取出 JavaBean 对象的属性值

修改 index.jsp 代码，当用户登录成功后，使用<jsp:getProperty>动作元素从 session 范围内取出 user 对象显示用户名，代码如下：

```
<!--        用户信息、登录、注册          -->
<%
    if(session.getAttribute("user") == null){
%>
<DIV class = "h">
    您尚未  <a href = "login.jsp">登录</a>
     |   <A href = "reg.jsp">注册</A> |
</DIV>
<%
  } else {
%>
<DIV class = "h">
    您好：  <jsp:getProperty name = "user" property = "userName" scope = "session"/>
     |   <A href = "manage/doLogout.jsp">登出</A> |
</DIV>
<%
    }
%>
```

三、实验小结

本次实验使用<jsp:useBean>动作元素实例化某一范围内的 JavaBean 对象，使用<jsp:setProperty>动作元素设置 JavaBean 的属性值，使用<jsp:getProperty>动作元素获取 JavaBean 的属性值。在两层架构(即 Model 1 模型)的系统 JSP 代码中，这 3 个脚本元素经常被用到，但在三层架构(即 Model 2 模型)的系统中则基本不用，关于这两个模型后面实验将会练习。

四、补充练习

重构论坛所有 JSP 代码，练习使用<jsp:useBean>、<jsp:setProperty>和<jsp:getProperty>动作元素。

第7章　EL表达式语言与JSTL标签库

【本章要点】

- EL表达式语言的使用。
- JSTL核心标签库。
- 自定义标签。

本章讲述EL表达式语言在JSP中的应用，介绍JSTL标准标签库，包括Core标签、Format标签、SQL标签和XML标签，重点掌握前两类标签，最后介绍自定义标签的创建过程。

7.1　EL表达式语言

EL(Expression Language)表达式语言的灵感来自ECMAScript和XPath表达式语言，它提供了在JSP中简化表达式的方法。它是一种简单的语言，基于可用的命名空间(PageContext属性)、嵌套属性和对集合、操作符(算术型、关系型和逻辑型)的访问符、映射到Java类中静态方法的可扩展函数以及一组隐式对象。

EL提供了在JSP脚本编制元素范围外使用运行时表达式的功能。在JSP 2.0中，将EL表达式添加为一种脚本编制元素。

7.1.1　EL语法

EL元素必须以“${”开始，以“}”结束，语法结构为${expression}。Expression表达式可以是一个普通的表达式，也可以是某个作用域(页面作用域、请求作用域、会话作用域或应用作用域)中的一个属性。EL元素可以出现在模板文本中，也可以出现在JSP标签的属性中。

1. EL变量范围

在EL中访问变量的值可以直接使用${作用范围.变量名}或者${变量名}。默认情况下，如果没有指明变量范围，JSP引擎会按照page、request、session、application的范围搜索指定变量，然后将该对象取出。

然而，如果在这四个范围中都有同名的变量名，这样就会出现问题，而且让JSP引擎去搜索所有的范围，会降低效率。所以，最好指明一个范围，通过以下的方式将变量取出：

```
${pageScope.变量名}          //从page范围内取出变量
${requestScope.变量名}       //从request范围内取出变量
${sessionScope.变量名}       //从session范围内取出变量
```

${applicationScope. 变量名}　　　//从 application 范围内取出变量

如果上述 EL 表达式取出的变量是 JavaBean 对象，还可以显示其对应的成员属性值，如 ${sessionScope. user. name}，显示 session 范围的 user 对象的 name 属性值。这种简洁的表达方式看起来非常简单，可读性非常强，但需要正确书写 user 对象所对应 JavaBean 类。这里 ${sessionScope. user. name}实质上是调用 session 范围中 user 对象的 getName()方法返回 name 值，如果缺少 get 方法或者方法名不正确，都会产生异常。

2. 访问运算符 . 和[ ]

EL 使用访问运算符“. ”和“[ ]”来存取数据。访问运算符“. ”通常用于引用一个对象的属性。例如，访问 person 对象的 age 属性：${person. age}。在这种情况下，运算符 . 和[ ]可以相互替换使用，也可写作 ${person["name"]}。

3. 算术运算符

EL 支持通用的算术运算，包括+、-、*、/、%等，可以使用 div 关键字代表除法(/)运算，使用 mod 关键字代表模(%)运算。算术运算符的优先级是：

- 括号：()；
- 负号：-；
- 乘、除、模：*，/(或 div)，%(或 mod)；
- 加、减：+，-。

注意：除法中，如果除以 0，返回值为无穷大而不是错误。

4. 关系运算

EL 支持通用的关系运算，包括：=、! =、<、>、<=、>=，也可以使用 eq、ne、lt、gt、le、ge 关键字，具体含义如表 7.1 所示。

表 7.1　EL 中的关系运算

操作	描述	示例	结果
==(eq)	是否相等	${5 == 5}	true
! =(ne)	是否不等	${5 ! = 5}	false
<(lt)	是否小于	${5 < 7}	true
>(gt)	是否大于	${5 > 7}	false
<=(le)	是否小于等于	${5 le 5}	true
>=(ge)	是否大于等于	${5 ge 6}	false

EL 关系运算的优先顺序低于算术运算，关系运算的优先顺序是：

- <,>,<=,>=；
- == ,! =。

5. 逻辑运算

EL 支持逻辑运算符 &&、||、!，也可以使用 and、or、not，其优先级低于关系运算符，逻辑运算符之间的优先顺序是：

- ! (not)；
- && (and)；
- || (or)。

6. empty 运算符

在 EL 中有一个特殊的运算符 empty，如果操作数值为 null 返回 true，或者操作数本身是一个空的容器、空的数组或长度为 0 的字符串等也返回 true。这里空容器指的是不包含任何元素的容器，空数组表示其大小为 0 的数组。例如，判断一个变量是否为空：

```
${empty sessionScope.userName}            //判断 session 返回的 userName 变量是否为 null
```

7.1.2　EL 内置对象

EL 定义了一组隐式对象，其中许多对象在 JSP 脚本和表达式中可以使用。

1. 与范围有关的隐式对象

与范围有关的 EL 隐式对象包含以下四个：pageScope、requestScope、sessionScope 和 applicationScope，已经在前面提到。它们基本上和 JSP 的 pageContext、request、session 和 application 内置对象一样。

在 EL 中，这四个隐式对象只能用来取得相应范围内指定属性值，即 getAttribute (String name)，却不能取得其他相关信息。

例如，要取得 session 中存储的一个属性 username 的值，可以利用下列方法：

```
session.getAttribute("username")           //取得 username 的值
```

在 EL 中则使用下列方法：

```
${sessionScope.username}
```

2. 与输入有关的隐式对象

与输入有关的隐式对象有两个：param 和 paramValues，它们是 EL 中比较特别的隐式对象。

例如，要取得用户的请求参数时，可以利用下列方法：

```
request.getParameter(String name)
request.getParameterValues(String name)
```

在 EL 中则可以使用 param 和 paramValues 两者来取得数据：

```
${param.name}
${paramValues.name}
```

【例 7.1】　实现一个计算器，要求计算后既显示结果，也要在相应文本框中保留参加运算的操作数，代码如下：

```
<%@ page language="java" contentType="text/html; charset=gb2312" %>
<html>
  <head>
    <title>加法计算器</title>
  </head>
  <body>
    <h1>计算器</h1>
    <form action="">
       <input type="text" name="num1" value="${param.num1}" /> +
       <input type="text" name="num2" value="${param.num2}" /> =
       <input type="text" name="num3" value="${param.num1 + param.num2}" />  
       <input type="submit" value="计算" />
   </form>
  </body>
```

```
</html>
```

代码中文本框的 value 属性中使用 EL 表达式，显示 param 隐式对象中的参数值。首次浏览该页面由于没有任何提交的参数，所以文本框为空，如图 7.1 所示。

对比 JSP 表达式(<%= %>)可以发现，EL 表达式更具优势，因为在某些变量为 NULL 时，界面中不会显示出 NULL。要知道在界面上显示 NULL，对于用户来说是非常不可思议的。

当在前两个文本框中输入两个数字，单击“计算”按钮时，界面中既显示出计算结果，也保留了这两个数字，如图 7.2 所示。

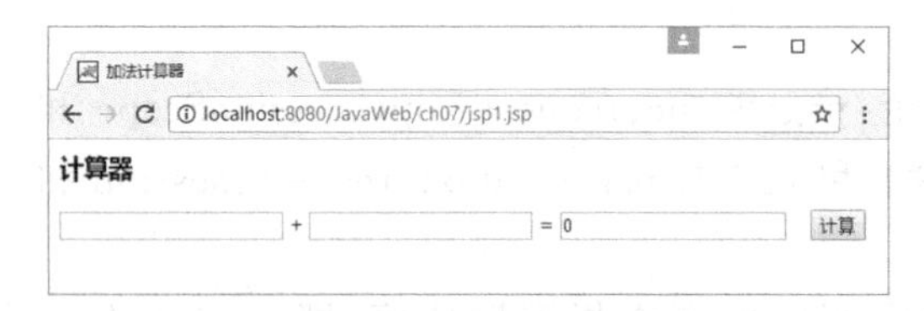

图 7.1 加法计算器初始界面

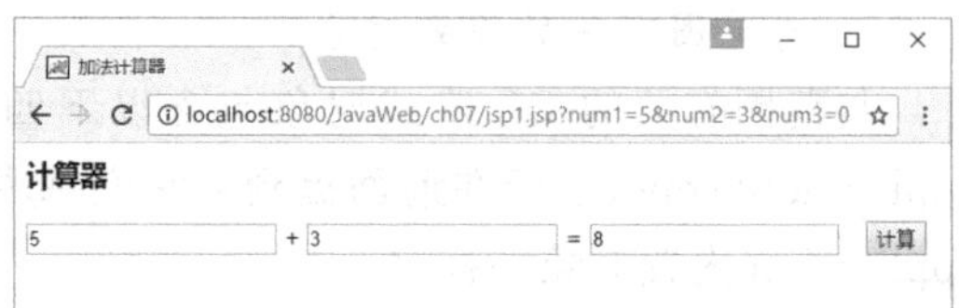

图 7.2 加法计算器计算结果

可以看到，有了 EL 表达式及其隐式对象的使用，有些代码将会变得非常简单，且可读性强。

3. 其他隐式对象

其他隐式对象的作用如表 7.2 所示。

表 7.2 EL 的隐式对象及描述

隐式对象	描 述

pageContext	JSP 页面的上下文对象，它可以用于访问 JSP 隐式对象，如请求、响应、会话、输出等。例如：
	${pageContext.request.contextPath} //取出 Web 项目的上下文路径
	${pageContext.request.cookies} //取出 Cookie 数组
	${pageContext.request.method} //取出提交方式(get 或 post)
	${pageContext.request.queryString} //取出请求串
	${pageContext.request.requestURL} //取出请求的 URL 地址
	${pageContext.session.new} //取出 session 是否为新创建的 session
	${pageContext.servletContext.serverInfo} //返回容器信息 Tomcat
	${pageContext.exception.message} //取出异常中的信息

header	将请求头名称映射到单个字符串头值，通过调用 ServletRequest.getHeader(String name)获得。表达式 ${header.name}相当于 request.getHeader(name)
headerValues	将请求头名称映射到一个数值数组，通过调用 ServletRequest.getHeaders(String name)获得，它与 header 隐式对象非常类似。表达式 ${headerValues.name}相当于 request.getHeaderValues(name)
cookie	将 cookie 名称映射到单个 cookie 对象。向服务器发出的客户端请求可以获得一个或多个 cookie。表达式 ${cookie.name.value}返回带有特定名称的第一个 cookie 值。如果请求中包含多个同名的 cookie，则应该使用 ${headerValues.name}表达式
initParam	将上下文初始化参数名称映射到单个值，通过调用 ServletContext.getInitparameter(String name)获得

EL 表达式语言的理解非常简单，实用性强。可以在 page 指令进行设置，即<%@ page isELIgnored="true"%>表示是否禁用 EL 语言，true 表示禁止，false 表示不禁止，JSP 2.0 中默认的启用 EL 语言。应该说，EL 表达式基本能够取代 JSP 表达式，而且还经常配合一些特定标签使用，例如下面将要提及的 JSTL 标签。

7.2　JSTL 标签库

到目前为止，使用 JSP 页面元素、内置对象、JavaBean 完全可以开发出来一些小型 Web 应用程序。但仔细分析一下，使用这种开发思路的应用程序还不能形成软件开发的系统工程。

作为一个软件系统工程，应该考虑两个最基本的问题。一是如果未来系统需要发生变化，代码是否需要大量重新修改；二是能在开发团队中进行合理分工，能够各负其责，共同完成一个功能或系统。显而易见，目前所学到的 JSP 技术将页面元素和服务器代码在页面中混合在一起，这是 JSP 的优势，但也是其最大的劣势。

例如，可以使用三个脚本代码实现条件流程控制内容，但因为脚本元素依赖于在页面中嵌入程序源代码(Java 代码)，所以对于使用这些脚本元素的 JSP 页面，其软件维护任务的复杂度大大增加。例如，如下代码：

```
<% if (user.getRole() == "member")) { %>
    <p>Welcome, member!</p>
<% } else { %>
    <p>Welcome, guest!</p>
<% } %>
```

代码中的脚本代码严格地依赖于花括号的正确匹配。如果不经意间引入了一个语法错误，可能会造成严重破坏，并且在 JSP 容器编译该页面时，要使所产生的错误信息有意义可能会很困难，修正此类问题通常需要相当丰富的编程经验。

试想未来某个地方需要修改，在大型应用项目中会“牵一发而动全身”，客户端脚本和服务器端脚本的自由混合带来后期维护的噩梦。并且当美工人员需要对页面进行美工修改时，面对如此复杂的 JSP 代码而无处下手，此时不能不与程序员多次沟通才能完成美工工作，这样的工作状态是不希望存在的。

因此，在编写代码之前，要有意识地进行科学的系统设计，养成一种“分层”的开发思想，关于“分层”会在后面章节进一步详细讲解。目前，JavaBean 技术已经将描述实体数据和功能业务的代码封装到了底层，然而几乎所有应用都会涉及数据显示的问题，这一点 JavaBean 无法做到。一个非常有效的解决办法就是使用标签语言和标签库。标签库是一种可以将服务器代码格式转化为与客户端页面标签元素格式类似的一种技术，这样一来 Web 应用程序的层次将会区分得较为清晰，后端开发使用 JavaBean 等技术，前端开发使用标签语言，非常有效地解决了客户端和服务器端代码混乱的问题。

7.2.1　JSTL 简介

JSTL(JSP Standard Tag Library，JSP 标准标签库)是一个不断完善的开放源代码的 JSP 标签库，是由 Apache 的 Jakarta 小组来维护的。JSTL 只能运行在支持 JSP 1.2 和

Servlet 2.3 规范以上的容器上。

JSTL 包含两个部分：标签库和 EL 语言。JSTL 1.0 发布于 2002 年 6 月，由四个定制标签库(Core、Format、XML 和 SQL)和一对通用标签库验证器(ScriptFreeTLV 和 PermittedTaglibsTLV)组成。Core 标签库提供了定制操作，通过限制了作用域的变量管理数据，以及执行页面内容的迭代和条件操作，它还提供了用来生成和操作 URL 的标签；Format 标签库定义了用来格式化数据(尤其是数字和日期)的操作，它还支持使用本地化资源束进行 JSP 页面的国际化；XML 库包含一些标签，这些标签用来操作通过 XML 表示的数据；而 SQL 库定义了用来查询关系数据库的操作。

JSTL 标签库目前支持的四种标签各有作用。

- Core：核心标签库，是 JSTL 中最常用的标签库，支持 JSP 中一些基本操作，如输出、程序流程控制等，URI 为 http://java.sun.com/jstl/core，前缀格式为< c:tagname …>。
- XML：XML 处理标签库，支持 XML 文档的处理，URI 为 http://java.sun.com/jstl/xml，前缀格式为< x:tagname …>。
- Format：本地化处理标签库，支持对 JSP 页面的国际化，如设置时区、语言种类等操作，URI 为 http://java.sun.com/jstl/fmt，前缀格式为< fmt:tagname …>。
- SQL：数据库处理标签库，支持 JSP 对数据库的操作，URI 为 http://java.sun.com/jstl/sql，前缀格式为< sql:tagname …>。

7.2.2 添加 JSTL 支持

目前 JSTL 最新版本是 JSTL 1.2，注意需要 Tomcat 5.0 以上版本的支持，可从如下的网址可下载得到：http://tomcat.apache.org/taglibs/standard，从该网址中可以下载各个版本的 JSTL。

下载 jar 包后，把 jar 包文件复制到当前 Web 应用的“WEB-INF\lib”目录中，JSTL 即在当前 Web 应用中可用；如果要在所有的 Web 应用中可用，可把这两个文件复制到 Tomcat 安装目录的“lib”目录下。

在解压得到的 META-INF 子目录中还有许多 tld 文件，这些是 JSTL 标签的描述文件，内容为 XML 格式。无须复制和配置这些 tld 文件，即可直接使用 JSTL。

将所需的库文件放入正确的目录后，还不能够在 JSP 页面中使用 JSTL 标签，还需要对 WEB-INF 目录中的 web.xml 文件进行配置来告诉服务器使用哪个标签库来解释相应标签。每一个标签库都通过一个< taglib >标签来映射到相关 tld 描述文件，可以同时添加一个或多个映射到< web-app >标签中，如下所示：

```
<?xml version = "1.0" encoding = "ISO - 8859 - 1"?>
<web - app xmlns = "http://java.sun.com/xml/ns/j2ee"
    xmlns:xsi = "http://www.w3.org/2001/XMLSchema - instance"
    xsi:schemaLocation = "http://java.sun.com/xml/ns/j2ee
                            http://java.sun.com/xml/ns/j2ee/web - app_2_4.xsd"
    version = "2.4">

<taglib>
    <taglib - uri>http://java.sun.com/jsp/jstl/fmt</taglib - uri>
    <taglib - location>/WEB - INF/fmt.tld</taglib - location>
```

```
</taglib>

<taglib>
    <taglib-uri>http://java.sun.com/jsp/jstl/core</taglib-uri>
    <taglib-location>/WEB-INF/c.tld</taglib-location>
</taglib>

<taglib>
    <taglib-uri>http://java.sun.com/jsp/jstl/sql</taglib-uri>
    <taglib-location>/WEB-INF/sql.tld</taglib-location>
</taglib>

<taglib>
    <taglib-uri>http://java.sun.com/jsp/jstl/x</taglib-uri>
    <taglib-location>/WEB-INF/x.tld</taglib-location>
</taglib>

</web-app>
```

这里将四个标签库均添加了映射，<taglib-uri>指定映射标签库所需的URI路径，<taglib-location>指定映射的标签描述文件(.tld)位置。

环境配置好后可以写一个包含JSTL标签的JSP文件来测试，使用以下最简单的核心标签<c:out>输出，代码如下：

```
<%@ page language="java" contentType="text/html; charset=gb2312" isELIgnored="
false"%>
<%@ taglib uri="http://java.sun.com/jsp/jstl/core" prefix="c"%>
<html>
  <head>
    <title>JSTL测试</title>
  </head>
  <body>
    JSTL测试<c:out value="${1+1}" />
  </body>
</html>
```

<c:out>标签通过计算value属性值“${1+1}”后，将结果输出在页面上，程序运行结果如图7.3所示。

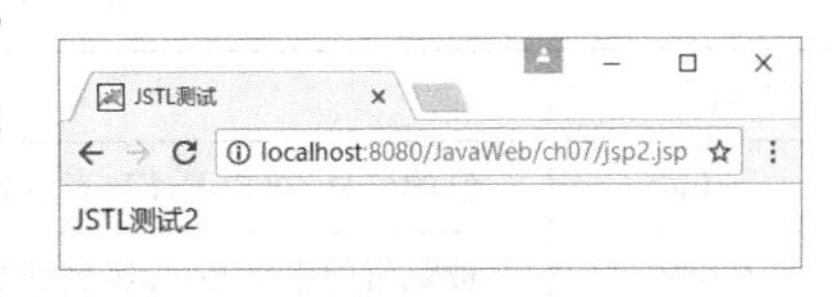

图7.3 JSTL安装测试

多数版本的MyEclipse，当创建Web项目时，会自动添加JSTL支持。JSP页面需要使用JSTL标签时，直接使用taglib指令导入即可。

7.3 Core标签库

Core标签库，又被称为核心标签库，该标签库的工作是对于JSP页面一般处理的封装。在该标签库中的标签一共有14个，被分为4类，分别是：

- 通用标签：<c:out>、<c:set>、<c:remove>、<c:catch>。
- 条件标签：<c:if>、<c:choose>、<c:when>、<c:otherwise>。

- 迭代标签：<c:forEach>、<c:forTokens>。
- URL 相关标签：<c:import>、<c:url>、<c:redirect>、<c:param>。

以下介绍各个标签的用途和属性以及简单示例。

7.3.1 通用标签

通用标签负责 JSP 页面中变量的赋值、输出、删除以及异常捕获等操作。

1. 用于显示的<c:out>标签

<c:out>标签是一个最常用的标签，用于在 JSP 中显示数据。它的属性和描述如表 7.3 所示。

表 7.3 <c:out>标签属性和说明

属性	描　述
value	输出到页面的数据，可以是 EL 表达式或常量（必须）
default	当 value 为 null 时显示的数据（可选）
escapeXml	当设置为 true 时会主动更换特殊字符，比如“<,>,&”（可选，默认为 true）

在 JSTL 1.0 的时候，在页面显示数据必须使用<c:out>来进行。然而，在 JSTL 1.1 中，由于 JSP 2.0 规范已经默认支持了 EL 表达式，因此可以直接在 JSP 页面使用表达式。<c:out>标签使用示例如下：

```
<c:out value="${sessionScope.anyValue}" default="no value" escapeXml="false"/>
```

该示例将从 session 范围查找名为“anyValue”的参数，并显示在页面，若没有找到则显示“no value”。

2. 用于赋值的<c:set>标签

<c:set>标签用于为变量或 JavaBean 中的变量属性赋值的工作。它的属性和描述如表 7.4 所示。

表 7.4 <c:set>标签属性和说明

属性	描　述
value	值的信息，可以是 EL 表达式或常量
target	被赋值的 JavaBean 实例的名称，若存在该属性则必须存在 property 属性（可选）
property	JavaBean 实例的变量属性名称（可选）
var	被赋值的变量名（可选）
scope	变量的作用范围，若没有指定，默认为 page（可选）

当不存在 value 的属性时，将以包含在标签内的实体数据作为赋值的内容。<c:set>标签使用示例如下：

```
<c:set value="anyValue" var="varName"/>
${varName}<br/>
```

该示例将为名为“varName”的变量赋值为“anyValue”，其作用范围为 page。

3. 用于删除的<c:remove>标签

<c:remove>标签用于删除存在于某个作用范围 scope 中的变量。它的属性和描述如表 7.5 所示。

表 7.5　<c:remove>标签属性和说明

属性	描　述
var	需要被删除的变量名
scope	变量的作用范围,若没有指定,默认为全部查找(可选)

<c:remove>标签使用示例如下:

```
<c:remove var="varName" scope="session"/>
${sessionScope.varName}<br />
```

该示例将存在于 session 范围中名为"varName"的变量删除。下一句 EL 表达式显示该变量时,该变量已经不存在,因此不做任何显示。

4. 用于异常捕获的<c:catch>标签

<c:catch>标签允许在 JSP 页面中捕捉异常。它包含一个 var 属性,是一个描述异常的变量,该变量可选。若没有 var 属性的定义,那么仅仅捕捉异常而不做任何事情,若定义了 var 属性,则可以利用 var 所定义的异常变量进行判断转发到其他页面或提示报错信息,示例如下。

```
<c:catch var="err">
      ${param.sampleValue == 0}
</c:catch>
${err}
```

当"${param.sampleValue == 0}"表达式有异常时,可以从 var 属性"err"得到异常的内容,通常判断"err"是否为 null 来决定错误信息的提示。

7.3.2　条件标签

条件标签的用法类似于语法中"if""if-else"和"if-else-if"判断结构,常用标签有<c:if>、<c:choose>、<c:when>和<c:otherwise>。

1. 用于判断的<c:if>标签

<c:if>标签用于简单的条件语句。它的属性和描述如表 7.6 所示。

表 7.6　<c:if>标签属性和说明

属性	描　述
test	需要判断的条件
var	保存判断结果 true 或 false 的变量名,该变量可供之后的工作使用(可选)
scope	变量的作用范围,若没有指定,默认为保存于 page 范围中的变量(可选)

<c:if>标签示例如下:

```
<c:if test="${param.role == 1}" var="user" scope="session">
      It is admin.
```

```
</c:if><br />
${user}<br />
```

该示例将判断 request 请求提交的传入参数中，参数 role 内容是否为“1”，若为“1”则显示“It is admin.”。判断结果被保存在 session 范围中的“user”变量中。

2. 用于复杂判断的<c:choose>、<c:when>、<c:otherwise>标签

这 3 个标签用于实现复杂条件判断语句，类似“if-else-if”的条件语句。

- <c:choose>标签没有属性，可以被认为是父标签，<c:when>、<c:otherwise>将作为其子标签来使用。
- <c:when>标签等价于“if”语句，它包含一个 test 属性，该属性表示需要判断的条件。
- <c:otherwise>标签没有属性，它等价于“else”语句。

以上示例如下：

```
<c:choose>
        <c:when test="${param.sample == 1}">
                not 2 not 3,it is 1
        </c:when>
        <c:when test="$ param.sample == 2}">
                not 1 not 3,it is 2
        </c:when>
        <c:when test="${param.sample == 3}">
                not 1 not 2,it is 3
        </c:when>
        <c:otherwise>
                not 1、2、3
        </c:otherwise>
</c:choose>
```

该示例将判断 request 请求提交的参数中，参数 sample 内容是否为“1”“2”或“3”，并根据判断结果显示各自的语句，若都不是则显示“not 1、2、3”。

7.3.3 迭代标签

迭代标签经常用于循环集合内容，主要包括<c:forEach>和<c:forTokens>标签。

1. 用于循环的<c:forEach>标签

<c:forEach>为循环控制标签，它的属性和描述如表 7.7 所示。

表 7.7 <c:forEach>标签属性和说明

属性	描　述
items	进行循环的集合(可选)
begin	开始条件(可选)
end	结束条件(可选)
step	循环的步长，默认为 1(可选)
var	做循环的对象变量名，若存在 items 属性，则表示循环集合中对象的变量名(可选)
varStatus	显示循环状态的变量(可选)

下面是一个<c:forEach>简单循环的示例：

```
<c:forEach var = "i" begin = "1" end = "10" step = "1">
      ${i}<br />
</c:forEach>
```

该示例从“1”循环到“10”，并将循环中变量“i”显示在页面上。

下面是一个<c:forEach>集合循环的示例：

```
<% ArrayList arrayList  =  new ArrayList();
      arrayList.add("aa");
      arrayList.add("bb");
      arrayList.add("cc");
%>
<% request.getSession().setAttribute("arrayList", arrayList); %>
<c:forEach items = "${sessionScope.arrayList}" var = "str">
      ${str}
</c:forEach>
```

该示例将保存在 session 范围中的名为“str”的 ArrayList 类型集合参数中的对象依次读取出来，items 属性指向 ArrayList 类型集合参数，var 属性定义一个新的变量来接收集合中的对象。最后直接通过 EL 表达式显示在页面上。

2. 用于分隔字符的<c:forTokens>标签

<c:forTokens>标签可以根据某个分隔符分隔指定字符串，相当于 java.util.StringTokenizer 类。它的属性和描述如表 7.8 所示。

表 7.8　<c:forTokens>标签属性和说明

属性	描　述	属性	描　述
items	进行分隔的 EL 表达式或常量	step	循环的步长，默认为 1(可选)
delims	分隔符	var	做循环的对象变量名(可选)
begin	开始条件(可选)	varStatus	显示循环状态的变量(可选)
end	结束条件(可选)		

下面是一个<c:forTokens>标签示例：

```
<c:forTokens items = "aa,bb,cc,dd" begin = "0" end = "2" step = "2" delims = "," var = "aValue">
      ${aValue}
</c:forTokens>
```

需要分隔的字符串为“aa，bb，cc，dd”，分隔符为“，”。begin 属性指定从第一个“，”开始分隔，end 属性指定分隔到第三个“，”，并将做循环的变量名指定为“aValue”。由于步长为“2”，使用 EL 表达式 ${aValue}只能显示“aa”。

7.3.4 URL 相关标签

1. 用于包含页面的<c:import>

<c:import>标签允许包含另一个 JSP 页面到本页面来。它的属性和描述如表 7.9 所示。

表 7.9　<c:import>标签属性和说明

属性	描　述
url	需要导入页面的 URL
context	Web Context 该属性用于在不同的 Context 下导入页面，当出现 context 属性时，必须以“/”开头，此时也需要 url 属性以“/”开头(可选)
charEncoding	导入页面的字符集(可选)
var	可以定义导入文本的变量名(可选)
scope	导入文本的变量名作用范围(可选)
varReader	接收文本的 java.io.Reader 类变量名(可选)

下面是一个<c:import>标签示例：

```
<c:import url="/MyHtml.html" var="thisPage" />
<c:import url="/MyHtml.html" context="/sample2" var="thisPage"/>
<c:import url="www.sample.com/MyHtml.html" var="thisPage"/>
```

该示例演示了 3 种不同的导入方法，第一种是在同一 Context 下的导入，第二种是在不同的 Context 下导入，第三种是导入任意一个 URL。

2. 用于得到 URL 地址的<c:url>标签

<c:url>标签用于得到一个 URL 地址。它的属性和描述如表 7.10 所示。

表 7.10　<c:url>标签属性和说明

属性	描　述
value	页面的 URL 地址
context	Web Context 该属性用于得到不同 Context 下的 URL 地址，当出现 context 属性时，必须以“/”开头，此时也需要 url 属性以“/”开头(可选)
charEncoding	URL 的字符集(可选)
var	存储 URL 的变量名(可选)
scope	变量名作用范围(可选)

下面是一个<c:url>标签示例：

```
<c:url value="/MyHtml.html" var="urlPage" />
<a href="${urlPage}">link</a>
```

得到了一个 URL 后，以 EL 表达式放入<a>标签的 href 属性，达到链接的目的。

3. 用于页面重定向的<c:redirect>标签

<c:redirect>用于页面的重定向，该标签的作用相当于 response.setRedirect 方法的工作。它包含 url 和 context 两个属性，属性含义和<c:url>标签相同。下面是一个<c:redirect>标签示例：

```
<c:redirect url="/MyHtml.html"/>
```

该示例若出现在 JSP 中，则将重定向到当前 Web Context 下的“MyHtml.html”页面，一般会与<c:if>等标签一起使用。

4. 用于包含传递参数的<c:param>标签

<c:param>用来为包含或重定向的页面传递参数。它的属性和描述如表 7.11 所示。

表 7.11 <c:param>标签属性和说明

属性	描述
name	传递的参数名
value	传递的参数值(可选)

下面是一个<c:param>标签示例:

```
<c:redirect url = "/MyHtml.jsp">
      <c:param name = "userName" value = "zhangsan" />
</c:redirect>
```

该示例将为重定向的“MyHtml.jsp”传递指定参数“userName="zhangsan"”。

7.4 Format 标签库

Format 标签库也称 I18N formatting 标签库,“I18N”是指单词“internationalization”共 18 个字母,该标签库用于在 JSP 页面中做国际化的动作。在该标签库中的标签一共有 12 个,被分为两类,分别是:

- 国际化核心标签:<fmt:setLocale>、<fmt:bundle>、<fmt:setBundle>、<fmt:message>、<fmt:param>、<fmt:requestEncoding>。
- 格式化标签:<fmt:timeZone>、<fmt:setTimeZone>、<fmt:formatNumber>、<fmt:parseNumber>、<fmt:formatDate>、<fmt:parseDate>。

1. 用于设置本地化环境的<fmt:setLocale>标签

<fmt:setLocale>标签用于设置 Locale 环境。它的属性和描述如表 7.12 所示。

表 7.12 <fmt:setLocale>标签属性和说明

属性	描 述
value	Locale 环境的指定,可以是 java.util.Locale 或 String 类型的实例
scope	Locale 环境变量的作用范围(可选)

下面是一个<fmt:setLocale>标签示例:

```
<fmt:setLocale value = "zh_CN"/>
```

表示设置本地环境为中文。

2. 用于资源文件绑定的<fmt:bundle>、<fmt:setBundle>标签

这两组标签用于资源配置文件的绑定,唯一不同的是<fmt:bundle>标签将资源配置文件绑定于它标签体中的显示,<fmt:setBundle>标签则允许将资源配置文件保存为一个变量,在之后的工作可以根据该变量来进行。

根据 Locale 环境的不同将查找不同后缀的资源配置文件,这点在国际化的任何技术上都是一致的,通常来说,这两种标签单独使用是没有意义的,它们都会与 Format 标签库中的其他标签配合使用。它们的属性和描述如表 7.13 所示。

表 7.13 <fmt:bundle>、<fmt:setBundle>标签属性和说明

属性	描 述
basename	资源配置文件的指定,只需要指定文件名而无须扩展名,两组标签共有的属性
var	<fmt:setBundle>独有的属性,用于保存资源配置文件为一个变量
scope	变量的作用范围

下面是一个<fmt:bundle>标签和<fmt:setBundle>标签示例:

```
<fmt:setLocale value = "zh_CN"/>
<fmt:setBundle basename = "applicationMessage" var = "applicationBundle"/>
```

该示例将会查找一个名为 applicationMessage_zh_CN.properties 的资源配置文件,来作为显示的 Resource 绑定。

3. 用于显示资源配置文件信息的<fmt:message>标签

用于信息显示的标签,将显示资源配置文件中定义的信息。它的属性和描述如表 7.14 所示。

表 7.14 <fmt:message>标签属性和说明

属性	描 述
key	资源配置文件的“键”指定
bundle	若使用<fmt:setBundle>保存了资源配置文件,该属性就可以从保存的资源配置文件中进行查找
var	将显示信息保存为一个变量
scope	变量的作用范围

下面是一个<fmt:message>标签示例:

```
<fmt:setBundle basename = "applicationMessage" var = "applicationBundle"/>
<fmt:bundle basename = "applicationAllMessage">
        <fmt:message key = "userName" />
        <p>
        <fmt:message key = "passWord" bundle = "${applicationBundle}" />
</fmt:bundle>
```

该示例使用了两种资源配置文件的绑定的做法,“applicationMessage”资源配置文件利用<fmt:setBundle>标签被赋予了变量“applicationBundle”,而作为<fmt:bundle>标签定义的“applicationAllMessage”资源配置文件作用于其标签体内的显示。

第一个<fmt:message>标签将使用“applicationAllMessage”资源配置文件中“键”为“username”的信息显示。

第二个<fmt:message>标签虽然被定义在<fmt:bundle>标签体内,但是它使用了 bundle 属性,因此将指定之前由<fmt:setBundle>标签保存的“applicationMessage”资源配置文件,该“键”为“password”的信息显示。

4. 用于参数传递的<fmt:param>标签

<fmt:param>标签应该位于<fmt:message>标签内,将为该消息标签提供参数值。它只有一个属性 value。

<fmt:param>标签有两种使用版本,一种是直接将参数值写在 value 属性中,另一种是

将参数值写在标签体内。

5. 用于为请求设置字符编码的<fmt:requestEncoding>标签

<fmt:requestEncoding>标签用于为请求设置字符编码。它只有一个属性 value,在该属性中可以定义字符编码。

6. 用于设定时区的<fmt:timeZone>、<fmt:setTimeZone>标签

这两组标签都用于设定一个时区。唯一不同的是<fmt:timeZone>标签将使得在其标签体内的工作可以使用该时区设置,<fmt:setBundle>标签则允许将时区设置保存为一个变量,在之后的工作可以根据该变量来进行。它们的属性和描述如表 7.15 所示。

表 7.15 <fmt:timeZone>、<fmt:setTimeZone>标签属性和说明

属性	描 述
value	时区的设置
var	<fmt:setTimeZone>独有的属性,用于保存时区为一个变量
scope	变量的作用范围

7. 用于格式化数字的<fmt:formatNumber>标签

<fmt: formatNumber>标签用于格式化数字。它的属性和描述如表 7.16 所示。

表 7.16 <fmt:formatNumber>标签属性和说明

属性	描 述
value	格式化的数字,该数值可以是 String 类型或 java.lang.Number 类型的实例
type	格式化的类型
pattern	格式化模式
var	结果保存变量
scope	变量的作用范围
maxIntegerDigits	指定格式化结果的最大值
minIntegerDigits	指定格式化结果的最小值
maxFractionDigits	指定格式化结果的最大值,带小数
minFractionDigits	指定格式化结果的最小值,带小数

<fmt:formatNumber>标签实际是对应 java.util.NumberFormat 类,type 属性的可能值包括 currency(货币)、number(数字)和 percent(百分比)。

下面是一个<fmt:formatNumber>标签示例:

```
<fmt:formatNumber value = "1000.88" type = "currency" var = "money"/>
```

该结果将被保存在"money"变量中,将根据 Locale 环境显示当地的货币格式。

8. 用于解析数字的<fmt:parseNumber>标签

<fmt:parseNumber>标签用于解析一个数字,并将结果作为 java.lang.Number 类的实例返回。<fmt:parseNumber>标签看起来和<fmt:formatNumber>标签的作用正好相反。它的属性和描述如表 7.17 所示。

表 7.17 <fmt:parseNumber>标签属性和说明

属性	描 述
value	将被解析的字符串
type	解析格式化的类型
pattern	解析格式化模式
var	结果保存变量，类型为 java.lang.Number
scope	变量的作用范围
parseLocale	以本地化的形式来解析字符串，该属性的内容应为 String 或 java.util.Locale 类型的实例

下面是一个<fmt:parseNumber>标签示例：

```
<fmt:parseNumber value = "15 %" type = "percent" var = "num"/>
```

解析之后的结果为“0.15”。

9. 用于格式化日期的<fmt:formatDate>标签

<fmt:formatDate>标签用于格式化日期。它的属性和描述如表 7.18 所示。

表 7.18 <fmt:formatDate>标签属性和说明

属性	描 述
value	格式化的日期，该属性的内容应该是 java.util.Date 类型的实例
type	格式化的类型
pattern	格式化模式
var	结果保存变量
scope	变量的作用范围
timeZone	指定格式化日期的时区

<fmt:formatDate>标签与<fmt:timeZone>、<fmt:setTimeZone>两组标签的关系密切。若没有指定 timeZone 属性，也可以通过<fmt:timeZone>、<fmt:setTimeZone>两组标签设定的时区来格式化最后的结果。

10. 用于解析日期的<fmt:parseDate>标签

<fmt:parseDate>标签用于解析一个日期，并将结果作为 java.lang.Date 类型的实例返回。<fmt:parseDate>标签看起来和<fmt:formatDate>标签的作用正好相反。它的属性和描述如表 7.19 所示。

表 7.19 <fmt:parseDate>标签属性和说明

属性	描 述
value	将被解析的字符串
type	解析格式化的类型
pattern	解析格式化模式
var	结果保存变量，类型为 java.lang.Date
scope	变量的作用范围
parseLocale	以本地化的形式来解析字符串，该属性的内容为 String 或 java.util.Locale 类型的实例

< fmt:parseNumber >和< fmt:parseDate >两组标签都实现解析字符串为一个具体对象实例的工作，因此，这两组解析标签对 var 属性的字符串参数要求非常严格。就 JSP 页面的表示层前段来说，处理这种解析本不属于分内之事，因此< fmt:parseNumber >和< fmt:parseDate >两组标签应该尽量少用，替代工作的地方应该在服务器端表示层的后段，比如在 Servlet 中。

7.5 SQL 标签库

SQL 标签库中的标签用来提供在 JSP 页面中可以与数据库进行交互的功能，虽然它的存在对于早期纯 JSP 开发的应用以及小型的开发有着意义重大的贡献，但是对于 MVC 模型来说，它却是违反规范的(关于 MVC 模型第 9 章将会讲解)。因为与数据库交互的工作本身就属于业务逻辑层的工作，所以不应该在 JSP 页面中出现，而是应该在模型层中进行。

对于 SQL 标签库本书不作重点介绍，只给出几个简单示例让读者简单了解它们的功能。SQL 标签库有以下 6 组标签：< sql:setDataSource >、< sql:query >、< sql:update >、< sql:transaction >、< sql:setDataSource >、< sql:param >、< sql:dateParam >。

1. 用于设置数据源的< sql:setDataSource >标签

< sql:setDataSource >标签用于设置数据源，下面是一个示例：

```
< sql:setDataSource
      var = "dataSrc"
      url = "jdbc:sqlserver://localhost:1433;databaseName = pubs"
      driver = "com.microsoft.sqlserver.jdbc.SQLServerDriver"
      user = "sa"
      password = "123456"/>
```

该示例定义一个数据源并保存在“dataSrc”变量内。

2. 用于查询的< sql:query >标签

< sql:query >标签用于查询数据库，它标签体内可以是一句查询 SQL，示例如下：

```
< sql:query var = "queryResults" dataSource = " $ {dataSrc}">
      select * fromtable1
</sql:query >
```

该示例将返回查询的结果到变量“queryResults”中，保存的结果是 javax.servlet.jsp.jstl.sql.Result 类型的实例。要取得结果集中的数据可以使用< c:forEach >循环来进行。

```
< c:forEach var = "row" items = " $ {queryResults.rows}">
      < tr >
            < td > $ {row.userName}</td >
            < td > $ {row.passWord}</td >
      </tr >
</c:forEach >
```

该示例中“rows”是 javax.servlet.jsp.jstl.sql.Result 实例的变量属性之一，用来表示数据库表中的“列”集合，循环时，通过“ $ {row.×××}”表达式可以取得每一列的数据，“×××”是表中的列名。

3. 用于更新的< sql:update >标签

< sql:update >标签用于更新数据库，它的标签体内可以是一句更新的 SQL 语句。其使

用和< sql:query >标签没有什么不同。

4. 用于事务处理的< sql:transaction >标签

< sql:transaction >标签用于数据库的事务处理，在该标签体内可以使用< sql:update >标签和< sql:query >标签，而< sql:transaction >标签的事务管理将作用于它们之上。

< sql:transaction >标签对于事务处理定义了 read_committed、read_uncommitted、repeatable_read、serializable 4 个隔离级别。

5. 用于事务处理的< sql:param >、< sql:dateParam >标签

这两个标签用于向 SQL 语句提供参数，就好像程序中预处理 SQL 的"?"一样。< sql:param >标签传递除 java. util. Date 类型以外的所有相融参数，< sql:dateParam >标签则指定必须传递 java. util. Date 类型的参数。

7.6 XML 标签库

在企业级应用越来越依赖 XML 的今天，XML 格式的数据被作为信息交换的优先选择。XML processing 标签库为程序设计者提供了基本的对 XML 格式文件的操作。在该标签库中的标签一共有 10 个，被分为 3 类，分别是：

- XML 核心标签：< x:parse >、< x:out >、< x:set >。
- XML 流控制标签：< x:if >、< x:choose >、< x:when >、< x:otherwise >、< x:forEach >。
- XML 转换标签：< x:transform >、< x:param >。

由于该组标签库专注于对某一特定领域的实现，因此本书将只选择其中常见的一些标签和属性进行介绍。

< x:parse >标签是该组标签库的核心，从其标签名就可以知道，它是作为解析 XML 文件而存在的。它的属性和描述如表 7.20 所示。

表 7.20 < x:parse > 标签属性和说明

属性	描　述
doc	源 XML 的内容，该属性的内容应该为 String 类型或者 java. io. Reader 的实例，可以用 xml 属性来替代，但是不被推荐
var	将解析后的 XML 保存在该属性所指定的变量中，之后 XML processing 标签库中的其他标签若要取 XML 中的内容就可以从该变量中得到(可选)
scope	变量的作用范围(可选)
varDom	指定保存的变量为 org. w3c. dom. Document 接口类型(可选)
scopeDom	org. w3c. dom. Document 的接口类型变量作用范围(可选)
systemId	定义一个 URI，该 URI 将被使用到 XML 文件中以接入其他资源文件(可选)
filter	该属性必须为 org. xml. sax. XMLFilter 类的一个实例，可以使用 EL 表达式传入，将对 XML 文件做过滤得到自身需要的部分(可选)

其中，var、scope 和 varDom、scopeDom 不应该同时出现，而应该被视为两个版本来使用，二者的变量都可以被 XML processing 标签库的其他标签来使用。

<x:parse>标签单独使用的情况很少,一般会结合 XML processing 标签库中的其他标签来一起工作。

例如,首先给出一个简单的 XML 文件,将对该 XML 文件做解析,该 XML 文件名为 SampleXml. xml,然后利用标签库将该 XML 文件解析并保存到 xmlFileValue 中。

```
<?xml version = "1.0" encoding = "UTF - 8"?>
<xml - body>
        <name>RW</name>
        <passWord>123456</passWord>
        <age>28</age>
        <books>
                <book>book1</book>
                <book>book2</book>
                <book>book3</book>
        </books>
</xml - body>
```

标签库的工作:

```
<c:import var = "xmlFile" url = "http://localhost:8080/booksamplejstl/SampleXml.xml"/>
<x:parse var = "xmlFileValue" doc = " $ {xmlFile}"/>
```

7.7 自定义标签库

前面所讲述的 JSTL 标签提供了 JSP 编程中需要使用的标准操作标签,有时候需要程序员自己编写自定义标签来完成某种特定功能。一般说自定义标签是指 JSP 自定义标签。自定义标签在功能上、逻辑上与 JavaBean 类似,都封装 Java 代码。自定义标签是可重用的组件代码,并且允许开发人员为复杂的操作提供逻辑名称。以下是开发自定义标签的一些基本概念。

1. 标签(Tag)

标签是一种 XML 元素,通过标签可以使 JSP 网页变得简洁并且易于维护,还可以方便地实现同一个 JSP 文件支持多种语言版本。由于标签是 XML 元素,所以它的名称和属性都是大小写敏感的。

2. 标签库(Tag Library)

由一系列功能相似、逻辑上互相联系的标签构成的集合称为标签库。

3. 标签库描述文件(Tag Library Descriptor)

标签库描述文件是一个 XML 文件,这个文件提供了标签库中类和 JSP 中对标签引用的映射关系。它是一个配置文件,和 web. xml 是类似的。

4. 标签处理类(Tag Handle Class)

标签处理类是一个 Java 类,这个类继承了 TagSupport 或者扩展了 SimpleTag 接口,通过这个类可以实现自定义 JSP 标签的具体功能。

自定义 JSP 标签的格式:

```
<%@ taglib prefix = "someprefix" uri = "/sometaglib" %>
```

为了使 JSP 容器能够使用标签库中的自定义行为,必须满足以下两个条件:

(1) 从一个指定的标签库中识别出代表这种自定义行为的标签。

(2) 找到实现这些自定义行为的具体类。

第一个必需条件"找出一个自定义行为属于那个标签库"是由标签指令的前缀(Taglib Directive's Prefix)属性完成的,所以在同一个页面中使用相同前缀的元素都属于这个标签库。每个标签库都定义了一个默认的前缀,用在标签库的文档中或者页面中插入自定义标签。所以,可以使用除了诸如 jsp、jspx、java、servlet、sun、sunw(它们都是在 JSP 白皮书中指定的保留字)之类的前缀。

uri 属性满足了以上的第二个要求。为每个自定义行为找到对应的类。这个 uri 包含了一个字符串,容器用它来定位 TLD 文件。在 TLD 文件中可以找到标签库中所有标签处理类的名称。

当 Web 应用程序启动时,容器从 WEB-INF 文件夹目录结构的 META-INF 搜索所有以.tld 结尾的文件。也就是说它们会定位所有的 TLD 文件。对于每个 TLD 文件,容器会先获取标签库的 URI,然后为每个 TLD 文件和对应的 URI 创建映射关系。

在 JSP 页面中,仅需通过使用带有 URI 属性值的标签库指令来和具体的标签库匹配。

7.7.1 自定义标签分类

自定义标签有两种形式:正常标签和空标签。

- 正常标签包含起始标签、标签主体和结束标签,例如:

```
<jsptag:mapscope = "session" name = "tagMap">
  body
</jsptag:map>
```

- 空标签的含义是没有标签主体,例如:

```
<jsptag:map/>
```

实现这两种形式的标签,可以分别实现 javax.servlet.jsp.tagext.BodyTag 接口和 javax.servlet.jsp.tagext.Tag 接口。其中,有标签体的标签必须实现 BodyTag 接口,无标签体的简单标签可以实现 Tag 接口。

在 javax.servlet.jsp.tagext 包中还定义了两个比较重要的类,分别是 TagSupport 基类和 BodyTagSupport 基类。通常情况下,创建标签处理类一般是从这两个类扩展而来的。TagSupport 类实现了 Tag 接口,BodyTagSupport 类实现了 BodyTag 接口。

7.7.2 创建自定义标签库

【例 7.2】 编写自定义迭代标签和 EL 表达式调用类的静态方法实例。

```
//循环标签体类:ForEach.java
import java.util.Collection;
import java.util.Iterator;

import javax.servlet.jsp.JspException;
import javax.servlet.jsp.tagext.BodyContent;
import javax.servlet.jsp.tagext.BodyTagSupport;

public class ForEach  extends BodyTagSupport {
  private String id;
  private String collection;
```

```
    private Iterator iter;

    public void setCollection(String collection) {
      this.collection = collection;
    }
    public void setId(String id){
      this.id = id;
    }

    //遇到开始标签执行
    public int doStartTag() throws JspException {
      Collection coll = (Collection) pageContext.findAttribute(collection);
      //表示如果未找到指定集合,则不用处理标签体,直接调用 doEndTag()方法
      if(coll == null||coll.isEmpty()) return SKIP_BODY;

      iter = coll.iterator();
      pageContext.setAttribute(id, iter.next());
      //表示在现有的输出流对象中处理标签体,但绕过 setBodyContent()和 doInitBody()方法
      //这里一定要返回 EVAL_BODY_INCLUDE,否则标签体的内容不会在网页上输出显示
      return EVAL_BODY_INCLUDE;
    }

    //在 doInitBody 方法之前执行,在这里被绕过不执行
    @Override
    public void setBodyContent(BodyContent arg0) {
      System.out.println("setBodyContent...");
      super.setBodyContent(arg0);
    }
    //此方法被绕过不会被执行
    @Override
    public void doInitBody() throws JspException {
      System.out.println("doInitBody...");
      super.doInitBody();
    }

    //遇到标签体执行
    public int doAfterBody() throws JspException {
      if(iter.hasNext()) {
        pageContext.setAttribute(id, iter.next());
        return EVAL_BODY_AGAIN;//如果集合中还有对像,则循环执行标签体
      }
      return SKIP_BODY;//迭代完集合后,跳过标签体,调用 doEndTag()方法
    }

    //遇到结束标签执行:GetProperty.java
    public int doEndTag() throws JspException {
      System.out.println("doEndTag...");
      return EVAL_PAGE;
    }
  }
```

```
//获取属性类:GetProperty.java
import java.lang.reflect.Method;

import javax.servlet.jsp.JspException;
import javax.servlet.jsp.tagext.BodyTagSupport;

public class GetProperty extends BodyTagSupport {
  private String name;
  private String property;

  public void setName(String name) {
    this.name = name;
  }

  public void setProperty(String property) {
    this.property = property;
  }

  @SuppressWarnings("unchecked")
  public int doStartTag() throws JspException {
    try {
      Object obj = pageContext.findAttribute(name);
      if (obj == null) return SKIP_BODY;
      Class c = obj.getClass();
      //构造 GET 方法名字 get + 属性名(属性名第一个字母大写)
      String getMethodName = "get" + property.substring(0, 1).toUpperCase()
                             + property.substring(1, property.length());
      Method getMethod = c.getMethod(getMethodName, new Class[]{});
      pageContext.getOut().print(getMethod.invoke(obj));
      System.out.print(property + ":" + getMethod.invoke(obj) + "\t");
    } catch (Exception e) {
      e.printStackTrace();
    }
    return SKIP_BODY;
  }

  public int doEndTag() throws JspException {
    return EVAL_PAGE;
  }
}

//写一个 JavaBean:User.java
public class User
{
  private String name;
  private String password;

  public String getName() {
    return name;
  }
  public void setName(String name) {
```

```
      this.name = name;
    }
    public String getPassword() {
      return password;
    }
    public void setPassword(String password) {
      this.password = password;
    }
}

//表达式直接访问此类中静态的方法:ELFunction.java
public class ELFunction {
  public static int add( int i,int j ) {
    return i + j;
  }
}

//建好 TLD 文件 tag.tld,放在 WEB-INF 目录下:
<?xml version="1.0" encoding="utf-8"?>
<taglib version="2.0"
  xmlns="http://java.sun.com/xml/ns/j2ee"
  xmlns:xsi="http://www.w3.org/2001/XMLSchema-instance"
  xmlns:shcemalocation="http://java.sun.com/xml/ns/j2ee
  http://java.sun.com/xml/ns/j2ee/web-app_2_4.xsd">

  <description>自定义标签</description>
  <display-name>JSTL core</display-name>
  <tlib-version>1.2</tlib-version>
  <short-name>firstLabel</short-name>
  <uri>http://java.sun.com/jsp/jstl/core</uri>

  <!--创建自定义 迭代标签 -->
  <tag>
    <name>forEach</name>
    <tag-class>ch07.ForEach</tag-class>
    <!--如果没有标签体,设置 empty , 如果有标签体必须设置 JSP-->
    <body-content>JSP</body-content>
    <attribute>
      <name>id</name>
      <required>true</required><!--标识属性是否是必需的 -->
      <rtexprvalue>true</rtexprvalue><!--标识属性值是否可以用表达式语言 -->
    </attribute>
    <attribute>
      <name>collection</name>
      <required>true</required>
      <rtexprvalue>true</rtexprvalue>
    </attribute>
  </tag>

  <!--创建自定义获得属性标签 -->
  <tag>
```

```
      <name>getProperty</name>
      <tag-class>ch07.GetProperty</tag-class>
      <body-content>empty</body-content>
      <attribute>
       <name>name</name>
       <required>true</required>
       <rtexprvalue>true</rtexprvalue>
      </attribute>
      <attribute>
       <name>property</name>
       <required>true</required>
       <rtexprvalue>true</rtexprvalue>
      </attribute>
     </tag>

     <!--配置一个表达式调用的函数 -->
        <function>
         <name>add</name><!--配置一个标签,在 JSP 页面通过引用前缀调用 -->
         <function-class>ch07.ELFunction</function-class><!-- 实现类 -->
         <function-signature>int add(int,int)</function-signature><!--静态的方法:包括返回
类型,方法名,入参的类型 -->
        </function>
    </taglib>

    //在 web.xml 文件中配置自定义标签:
    <jsp-config>
     <taglib>
      <taglib-uri>firstTag</taglib-uri>
      <taglib-location>/WEB-INF/tag.tld</taglib-location>
     </taglib>
    </jsp-config>

    //在 jsp 文件中使用标签:
    <%@ page language="java" import="java.util.*" pageEncoding="utf-8"%>
    <%@ taglib uri="/WEB-INF/tag.tld" prefix="my"%>

    <jsp:useBean id="user1" class="ch07.User" scope="request">
      <jsp:setProperty name="user1" property="name" value="zhangsan"/>
      <jsp:setProperty name="user1" property="password" value="123"/>
    </jsp:useBean>

    <jsp:useBean id="user2" class="ch07.User" scope="request">
      <jsp:setProperty name="user2" property="name" value="lisi"/>
      <jsp:setProperty name="user2" property="password" value="456"/>
    </jsp:useBean>
    <%
     List list = new ArrayList();
     list.add(user1);
     list.add(user2);
    pageContext.setAttribute("list",list);
     %>
```

```
<html>
  <head>
    <title>自定义标签</title>
  </head>
  <body>
    <h2 align="center">This is my JSP page:测试 taglib.</h2>
    <hr>

   <h2>自定义迭代标签:</h2>
    <table>
     <tr><td>姓名</td><td>密码</td></tr>
     <my:forEach collection="list" id="user">
       <tr>
        <td><my:getProperty name="user" property="name"/></td>
        <td><my:getProperty name="user" property="password"/></td>
       </tr>
     </my:forEach>
    </table>
    <hr>

    <h2>表达式调用类的静态方法:</h2>
    2+5=${my:add(2,5)}
  </body>
</html>
```

程序运行结果如图 7.4 所示。

这里标签处理程序共定义了 3 个类：ForEach.java、GetProperty.java 和 ELFunction.java。标签处理程序里面有一些特殊的方法，主要如下：

图 7.4 自定义标签的使用

- int doStartTag() throws JspException：处理开始标签。
- int doEndTag() throws JspException：处理结束标签。
- Tag getParent()/void setParent(Tag t)：获得/设置标签的父标签。
- void setPageContext(PageContext pc)：pageContext 属性的 setter 方法。
- void release()：释放获得的所有资源。

doStartTag()和 doEndTag()方法的返回值说明如下：

- SKIP_BODY：表示不用处理标签体，直接调用 doEndTag()方法。
- SKIP_PAGE：忽略标签后面的 jsp(SUN 企业级应用的首选)内容。
- EVAL_PAGE：处理标签后，继续处理 jsp(SUN 企业级应用的首选)后面的内容。
- EVAL_BODY_BUFFERED：表示需要处理标签体，且需要重新创建一个缓冲(调用 setBodyContent 方法)。
- EVAL_BODY_INCLUDE：表示在现有的输出流对象中处理标签体，但绕过 setBodyContent()和 doInitBody()方法。

• EVAL_BODY_AGAIN：对标签体循环处理。

在创建自定义标签之前，需要创建一个标签处理程序。标签处理程序是一个执行自定义标签操作的 Java 对象。在使用自定义标签时，要导入一个标签库，即一组标签/标签处理程序对。通过在 Web 部署描述符中声明库导入它，然后用指令 taglib 将它导入 JSP 页：

```
<%@ taglib uri = "/WEB - INF/tag.tld" prefix = "my" %>
```

如果 JSP 容器在转换时遇到了自定义标签，那么它就检查标签库描述符（TLD）文件以查询相应的标签处理程序。

在运行时，JSP 页生成的 Servlet 得到对应于这一页面所使用标签的标签处理程序的一个实例。生成的 Servlet 用传递给它的属性初始化标签处理程序。

标签处理程序实现了生存周期方法。生成的 Servlet 用这些方法通知标签处理程序应当启动、停止或者重复自定义标签操作。生成的 Servlet 调用这些生存周期方法执行标签的功能。

TLD 文件的根元素是 taglib。taglib 描述了一个标签库，即一组标签/标签处理程序对。tlib-version 元素对应于标签库版本，jsp-version 对应于标签库所依赖的 JSP 技术的版本，short-name 元素定义了 IDE 和其他开发工具可以使用的标签库的简单名，taglib 元素包含许多 tag 元素，标签库中每一个标签有一个 tag 元素。

7.8 本章小结

本章重点讲述使用 EL 表达式代替 JSP 表达式和 JSTL 标签库的使用，其中，实践编程时 Core 标签库的迭代标签、条件标签，Format 标签库应用较多。JSTL 标签本质上是已经开发好的自定义标签，用户可以根据自己的需要开发个性化的自定义标签，以便在 JSP 中使用。

实验 18 EL 表达式的应用

一、实验内容

• 在 index.jsp 页面中使用 EL 表达式。

• 在 list.jsp 页面中使用 EL 表达式。

EL 表达式语言的理解非常简单，实用性强。可以在 page 指令进行设置，即<%@ page isELIgnored="true"%>表示是否禁用 EL 语言，true 表示禁止，false 表示不禁止，JSP 2.0 中默认的启用 EL 语言。

二、实验步骤

1. 在 index.jsp 页面中使用 EL 表达式

修改 index.jsp 代码，用户登录后，使用 EL 表达式显示 session 范围的 user 对象用户名，代码如下：

```
<!--      用户信息、登录、注册        -->
<%
      if(session.getAttribute("user") == null){
%>
      <DIV class = "h">
            您尚未  <a href = "login.jsp">登录</a>
             |   <A href = "reg.jsp">注册</A> |
      </DIV>
<%
      } else {
%>
      <DIV class = "h">
            您好:  ${sessionScope.user.userName }
             |   <A href = "manage/doLogout.jsp">登出</A> |
      </DIV>
<%
      }
%>
```

可以看到使用EL表达式与JSP表达式或<jsp:getProperty>动作元素相比，非常简单，并且具有较高的程序可读性，在实际开发中建议使用。

对比JSP表达式(<%= %>)可以发现，EL表达式更具优势，因为在某些变量为NULL时，界面中不会显示出NULL。要知道在界面上显示NULL，对于用户来说是非常不可思议的。

2. 在list.jsp页面中使用EL表达式

修改list.jsp代码，使用EL表达式取出参数page和boardId，代码如下：

```
<%@ page language = "java" pageEncoding = "GBK" import = "java.util.*, entity.*, dao.*,
dao.impl.*" %>
<%
    TopicDao topicDao = new TopicDaoImpl();                    //得到主题Dao的实例
    ReplyDao replyDao = new ReplyDaoImpl();                    //得到回复Dao的实例
    UserDao userDao = new UserDaoImpl();                       //得到用户Dao的实例
    BoardDao boardDao = new BoardDaoImpl();                    //得到版块Dao的实例
    int boardId = Integer.parseInt( request.getParameter("boardId") );  //取得版块id
    int p = Integer.parseInt( request.getParameter("page") );  //取得页数
    List listTopic = topicDao.findListTopic( p, boardId );     //取得该版块主题列表
    Board board = boardDao.findBoard( boardId );               //取得版块信息
    int prep = p;                                              //上一页
    int nextp = p;                                             //下一页
    if(listTopic.size() == 20) {
            nextp = p+1;
    }
    if( p>1 ){
            prep = p-1;
    }
%>
……
<A href = "post.jsp?boardId = ${param.boardId }"><IMG src = "image/post.gif" border = "0"></A>
……
```

这里 param 范围是指提交参数范围，相当于 request. getParameter(String parameter-Name)方法。

三、实验小结

本次实验使用 EL 表达式尽可能替代 JSP 表达式和<jsp:getProperty>动作元素，EL 表达式经常还需要配合 JSTL 标记来使用，关于 JSTL 标记将会在下一次实验中练习。

四、补充练习

(1) 在 detail. jsp 中使用 EL 表达式。
(2) 在 update. jsp 中使用 EL 表达式。

实验 19 JSTL 标记在 JSP 中的使用

一、实验内容

- 在 index. jsp 页面中使用 JSTL 条件标记。
- 在 list. jsp 页面中使用 JSTL 迭代标记。

条件标签的用法类似于语法中“if”“if-else”和“if-else-if”判断结构，常用标签有<c:if>、<c:choose>、<c:when>和<c:otherwise>。

迭代标签经常用于循环集合内容，主要包括<c:forEach>和<c:forTokens>标签。

二、实验步骤

1. 在 index. jsp 页面中使用 JSTL 条件标记

(1) 右键单击 BBS 项目，选择“MyEclipse | Add JSTL Libraries” 添加 JSTL 支持。

(2) 在 index. jsp 页面中使用 JSTL 核心标签库，导入标签库指令如下：

```
<%@ taglib uri = "http://java.sun.com/jsp/jstl/core" prefix = "c" %>
```

(3) 修改显示登录用户名部分代码如下：

```
<!--        用户信息、登录、注册            -->
<c:choose>
      <c:when test = " ${sessionScope.user == null}">
            <DIV class = "h">
                  您尚未  <a href = "login.jsp">登录</a>
                   |   <A href = "reg.jsp">注册</A> |
            </DIV>
      </c:when>
      <c:otherwise>
            <DIV class = "h">
                  您好:   ${sessionScope.user.userName }
                   |   <A href = "manage/doLogout.jsp">登出</A> |
            </DIV>
      </c:otherwise>
</c:choose>
```

<c:choose>标签没有属性，可以被认为是父标签，<c:when>、<c:otherwise>将作为其子标签来使用。<c:when>标签等价于“if”语句，它包含一个 test 属性，该属性表示需要判断的条件。<c:otherwise>标签没有属性，它等价于“else”语句。

2. 在 list.jsp 页面中使用 JSTL 迭代标记

(1) 在 list.jsp 页面中使用 JSTL 核心标签库，导入标签库指令如下：

```
<%@ taglib uri="http://java.sun.com/jsp/jstl/core" prefix="c" %>
```

(2) 修改显示主题列表代码如下：

```
<TABLE cellSpacing="0" cellPadding="0" width="100%">
    <TR>
        <TH class="h" style="WIDTH: 100%" colSpan="4"><SPAN> </SPAN></TH>
    </TR>
<!--        表 头              -->
    <TR class="tr2">
        <TD> </TD>
        <TD style="WIDTH: 80%" align="center">文章</TD>
        <TD style="WIDTH: 10%" align="center">作者</TD>
        <TD style="WIDTH: 10%" align="center">回复</TD>
    </TR>
<!--        主 题 列 表          -->
    <c:forEach items="<%=listTopic %>" var="topic">
        <%
            User user = userDao.findUser( topic.getUserId() );    //取得该主题的发布用户
        %>
        <TR class="tr3">
            <TD><IMG src="image/topic.gif" border=0></TD>
            <TD style="FONT-SIZE: 15px">
                <A href="detail.jsp?page=1&boardId=${boardId}&topicId=${topic.top-
icId}">
                    ${topic.title}
                </A>
            </TD>
            <TD align="center"><%=user.getUserName() %></TD>
            <TD align="center"><%=replyDao.findCountReply( topic.getTopicId() ) %></TD>
        </TR>
    </c:forEach>
</TABLE>
```

这里使用<c:forEach>标记循环迭代 listTopic 主题列表集合，在循环体内部使用集合元素 topic 对象。

三、实验小结

本次实验使用<c:choose>、<c:when>和<c:otherwise>标记实现 JSP 页面的条件判断，使用<c:forEach>标记 JSP 页面的循环迭代。

到目前为止，该 BBS 系统已经形成了 Model 1 系统模型，即 JSP+JavaBean 技术。在 Model 1 中，JSP 页面独自响应请求并将处理结果返回客户。所有的数据通过 Bean 来处理，JSP 实现页面的表现。Model 1 模型也实现了页面的表现和页面的商业逻辑相分离。

然而，可以观察到即便已经使用了 JSTL 标签，仍然不能避免页面会被嵌入大量的脚本语言或者 Java 代码段。当需要处理的商业逻辑很复杂时，这种情况会变得非常糟糕。大量的内嵌代码使得整个页面程序变得异常复杂。对于前端界面设计人员来说，这简直是不可思议的事情。

这种情况在大型项目中常见，这样也造成了代码的开发和维护出现困难，造成了不必要的资源浪费。在任何项目中，这样的模型多少总会导致定义不清的响应和项目管理的困难。

综上所述，Model 1 可以很好地满足小型应用的需要，在简单的应用中，可以考虑使用 Model 1。但 Model 1 不能够满足大型应用的要求，对于大型项目可考虑采用 Model 2，下面的实验将会练习。

四、补充练习

重构论坛所有 JSP 代码，练习使用<c:choose>、<c:when>、<c:otherwise>条件标记和<c:forEach>迭代标记。

第 8 章　基于 Servlet 的 Web 开发

【本章要点】

- Servlet 原理。
- doGet 和 doPost 方法。
- 处理 HTTP 请求和响应。
- 会话管理。
- 过滤器的使用。

本章首先讲解 Servlet 技术，实现第一个 Servlet，对 doGet 和 doPost 方法做出区分。使用 Servlet 处理客户端请求与响应，使用 HttpSession 接口实现会话管理。以 Servlet 为基础实现过滤器，使用过滤器技术解决实际问题。

8.1　Servlet 概述

Servlet 是 Java 技术对 CGI 编程的回答。Servlet 程序在服务器端运行，动态地生成 Web 页面。与传统的 CGI 和许多其他类似 CGI 的技术相比，Java Servlet 具有更高的效率，更容易使用，功能更强大，具有更好的可移植性，更加高效。

在传统的 CGI 中，每个请求都要启动一个新的进程，如果 CGI 程序本身的执行时间较短，启动进程所需要的开销很可能超过实际执行时间。而在 Servlet 中，每个请求由一个轻量级的 Java 线程处理（而不是重量级的操作系统进程）。

在传统 CGI 中，如果有 N 个并发的对同一 CGI 程序的请求，则该 CGI 程序的代码在内存中重复装载了 N 次；而对于 Servlet，处理请求的是 N 个线程，只需要一份 Servlet 类代码。在性能优化方面，Servlet 也比 CGI 有着更多的选择，比如缓冲以前的计算结果，保持数据库连接的活动等。

Servlet 提供了大量的实用工具例程，如自动地解析和解码 HTML 表单数据、读取和设置 HTTP 头、处理 Cookie、跟踪会话状态等。

在 Servlet 中，许多使用传统 CGI 程序很难完成的任务都可以轻松地完成。例如，Servlet 能够直接和 Web 服务器交互，而普通的 CGI 程序不能。Servlet 还能够在各个程序之间共享数据，使得数据库连接池之类的功能很容易实现。

Servlet 用 Java 编写，Servlet API 具有完善的标准。因此，编写的 Servlet 无须任何实质上的改动即可移植到 Apache、Microsoft IIS 或者 WebStar。几乎所有的主流服务器都直接或通过插件支持 Servlet。

不仅有许多廉价甚至免费的 Web 服务器可供个人或小规模网站使用，而且对于现有的服务器，如果它不支持 Servlet，要加上这部分功能也往往是免费的（或只需要极少的投资）。

8.1.1 JSP 与 Servlet

当 JSP 成为开发动态网站的主要技术时，Servlet 在开发中与 JSP 占据着同样重要的位置。网站开发具有两种模式（下一章将会讲解），其中模式二同时用到了 JSP 和 Servlet。在模式二中结合了 JSP 和 Servlet 技术，充分利用了 JSP 和 Servlet 两者的优点。

JSP 技术主要用来表现页面，而 Servlet 技术主要用来完成大量的逻辑处理。也就是说，JSP 主要用来发送给前端的用户，而 Servlet 主要来响应用户的请求，完成请求的逻辑处理。Servlet 充当着控制者的角色，用来负责响应用的事务处理。

JSP 本身没有任何的业务处理逻辑，它只是简单地检索 Servlet 创建的 JavaBean 或者对象，再将动态的内容插入预定义的模块中。

Servlet 创建 JSP 需要的 JavaBean 和对象，再根据用户的行为，决定处理哪个 JSP 页面并发送给用户。

由于 Servlet 更适合于后台开发者使用，而且 Servlet 本身需要更多的编程处术，因此 Servlet 本身在页面表现形式非常欠缺，远远不如 JSP。

在实际的开发过程中，往往是先把 JSP 页面开发出来，然后再将 JSP 代码转换成 Servlet。这样做的好处是充分利用了 JSP 的页面表现能力，避免了 Servlet 在页面表现方面的严重不足，大大缩短了开发周期，各尽所能。

8.1.2 第一个 Servlet

下面的代码显示了一个简单 Servlet 的基本结构。该 Servlet 处理的是 GET 请求，所谓 GET 请求，一般是当用户在浏览器地址栏输入 URL、单击 Web 页面中的链接、提交没有指定 METHOD 的表单时浏览器所发出的请求。Servlet 也可以很方便地处理 POST 请求，POST 请求是提交那些指定 METHOD＝“POST”的表单时所发出的请求。

```
import java.io. * ;
import javax.servlet. * ;
import javax.servlet.http. * ;

public class SomeServlet extends HttpServlet {
  public void doGet(HttpServletRequest request, HttpServletResponse response)
                                              throws ServletException, IOException {

  //使用“request”读取和请求有关的信息
  //和表单数据

    //使用“response”指定 HTTP 应答状态代码和应答头
    //(比如指定内容类型,设置 Cookie)

    PrintWriter out = response.getWriter();
    //使用“out”把应答内容发送到浏览器
  }
}
```

如果某个类要成为Servlet，则它应该从HttpServlet继承，根据数据是通过GET还是POST发送，覆盖doGet、doPost方法之一或全部。doGet和doPost方法都有两个参数，分别为HttpServletRequest类型和HttpServletResponse类型。HttpServletRequest提供访问有关请求的信息的方法，如表单数据、HTTP请求头等。HttpServletResponse除了提供用于指定HTTP应答状态（200，404等）、应答头（Content-Type，Set-Cookie等）的方法之外，最重要的是它提供了一个用于向客户端发送数据的PrintWriter。对于简单的Servlet来说，它的大部分工作是通过println语句生成向客户端发送的页面。

注意，doGet和doPost抛出两个异常，因此必须在声明中包含它们。另外，还必须导入java.io包（要用到PrintWriter等类）、javax.servlet包（要用到HttpServlet等类）以及javax.servlet.http包（要用到HttpServletRequest类和HttpServletResponse类）。

最后，doGet和doPost这两个方法是由service方法调用的，有时可能需要直接覆盖service方法，比如Servlet要处理GET和POST两种请求时。

【例8.1】 编写一个输出纯文本的简单Servlet，代码如下：

```
import java.io.*;
import javax.servlet.*;
import javax.servlet.http.*;

public class HelloWorld extends HttpServlet {
  public void doGet(HttpServletRequest request, HttpServletResponse response)
                                                    throws ServletException, IOException {
    PrintWriter out = response.getWriter();
    out.println("hello,servlet");
  }
}
```

如果要运行该Servlet，还需要在web.xml中进行如下配置：

```
<servlet>
    <description>This is the description of my J2EE component</description>
    <display-name>This is the display name of my J2EE component</display-name>
    <servlet-name>HelloWorld</servlet-name>
    <servlet-class>ch08.HelloWorld</servlet-class>
</servlet>
<servlet-mapping>
    <servlet-name>HelloWorld</servlet-name>
    <url-pattern>/servlet/HelloWorld</url-pattern>
</servlet-mapping>
```

每一个Servlet需要配置<servlet>和<servlet-mapping>两个节点，其中<servlet-class>表示Servlet类名，<servlet-name>表示Servlet的别名，通过<servlet-name>实现访问路径<url-pattern>的映射。运行该Servlet需要在浏览器地址栏输入http://IP:Port/Web Context Name/servlet/HelloWorld，运行结果如图8.1所示。

【例8.2】 编写输出HTML的Servlet。

大多数Servlet都输出HTML，而不像例8.1一样输出纯文本。要输出HTML还有两个额外的步骤要做：告诉浏览器接下来发送的是HTML；修改println语句构造出合法的HTML页面，代码如下：

图8.1　使用Servlet输出简单文本

```
import java.io.*;
import javax.servlet.*;
import javax.servlet.http.*;

public class HelloWWW extends HttpServlet {
  public void doGet(HttpServletRequest request, HttpServletResponse response)
                                                  throws ServletException, IOException {
    response.setContentType("text/html");
    PrintWriter out = response.getWriter();
    out.println("<!DOCTYPE HTML PUBLIC \"-//W3C//DTD HTML 4.0 " +
      "Transitional//EN\">\n" +
              "<HTML>\n" +
              "<HEAD><TITLE>Hello WWW</TITLE></HEAD>\n" +
              "<BODY>\n" +
              "<H1>Hello WWW</H1>\n" +
              "</BODY></HTML>");
  }
}
```

第一步通过设置 Content-Type(内容类型)应答头完成。一般地，应答头可以通过 HttpServletResponse 的 setHeader 方法设置，但由于设置内容类型是一个很频繁的操作，因此 Servlet API 提供了一个专用的方法 setContentType。注意设置应答头应该在通过 PrintWriter 发送内容之前进行。接下来使用 out 对象输出 HTML 各种标记以及静态内容。

8.1.3 Servlet 生命周期

Servlet 运行在 Servlet 容器中，其生命周期由容器来管理。Servlet 的生命周期通过 javax.servlet.Servlet 接口中的 init()、service()和 destroy()方法来表示。

Servlet 的生命周期包含了下面 4 个阶段。

1. 加载和实例化

Servlet 容器负责加载和实例化 Servlet。当 Servlet 容器启动时，或者在容器检测到需要这个 Servlet 来响应第一个请求时，创建 Servlet 实例。当 Servlet 容器启动后，它必须要知道所需的 Servlet 类在什么位置，Servlet 容器可以从本地文件系统、远程文件系统或者其他的网络服务中通过类加载器加载 Servlet 类，成功加载后，容器创建 Servlet 的实例。因为容器是通过 Java 的反射 API 来创建 Servlet 实例，调用的是 Servlet 的默认构造方法(即不带参数的构造方法)，所以在编写 Servlet 类的时候，不应该提供带参数的构造方法。

2. 初始化

在 Servlet 实例化之后，容器将调用 Servlet 的 init()方法初始化这个对象。初始化的目的是为了让 Servlet 对象在处理客户端请求前完成一些初始化的工作，如建立数据库的连接，获取配置信息等。对于每一个 Servlet 实例，init()方法只被调用一次。在初始化期间，Servlet 实例可以使用容器为它准备的 ServletConfig 对象从 Web 应用程序的配置信息(在 web.xml 中配置)中获取初始化的参数信息。在初始化期间，如果发生错误，Servlet 实例可以抛出 ServletException 异常或者 UnavailableException 异常来通知容器。ServletException 异常用于指明一般的初始化失败，如没有找到初始化参数；而 UnavailableException 异常用于通知容器该 Servlet 实例不可用。例如，数据库服务器没有启动，数据库连接无法建立，Servlet

就可以抛出 UnavailableException 异常向容器指出它暂时或永久不可用。

3. 请求处理

Servlet 容器调用 Servlet 的 service()方法对请求进行处理。要注意的是，在 service()方法调用之前，init()方法必须成功执行。在 service()方法中，Servlet 实例通过 ServletRequest 对象得到客户端的相关信息和请求信息，在对请求进行处理后，调用 ServletResponse 对象的方法设置响应信息。在 service()方法执行期间，如果发生错误，Servlet 实例可以抛出 ServletException 异常或者 UnavailableException 异常。如果 UnavailableException 异常指示了该实例永久不可用，Servlet 容器将调用实例的 destroy()方法，释放该实例。此后对该实例的任何请求，都将收到容器发送的 HTTP 404(请求的资源不可用)响应。如果 UnavailableException 异常指示了该实例暂时不可用，那么在暂时不可用的时间段内，对该实例的任何请求，都将收到容器发送的 HTTP 503(服务器暂时忙，不能处理请求)响应。

4. 服务终止

当容器检测到一个 Servlet 实例应该从服务中被移除的时候，容器就会调用实例的 destroy()方法，以便让该实例可以释放它所使用的资源，保存数据到持久存储设备中。当需要释放内存或者容器关闭时，容器就会调用 Servlet 实例的 destroy()方法。在 destroy()方法调用之后，容器会释放这个 Servlet 实例，该实例随后会被 Java 的垃圾收集器所回收。如果再次需要这个 Servlet 处理请求，Servlet 容器会创建一个新的 Servlet 实例。

在整个 Servlet 的生命周期过程中，创建 Servlet 实例、调用实例的 init()和 destroy()方法都只进行一次，当初始化完成后，Servlet 容器会将该实例保存在内存中，通过调用它的 service()方法，为接收到的请求服务。下面给出 Servlet 整个生命周期过程的 UML 序列图，如图 8.2 所示。

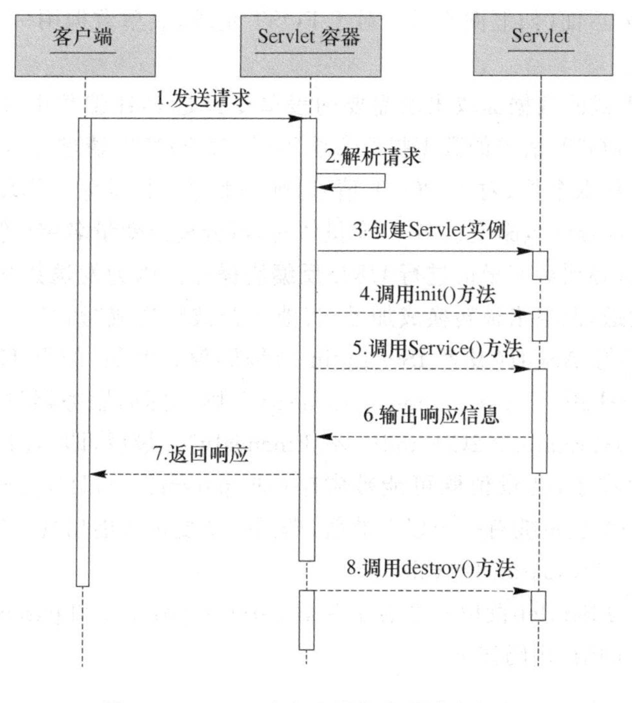

图 8.2　Servlet 在生命周期内为请求服务

8.2 处理客户请求与响应

Servlet 的主要用途之一就是处理来自客户端的请求。只需要简单地调用 HttpServlet-Request 的 getParameter 方法，在调用参数中提供表单变量的名字即可，而且 GET 请求和 POST 请求的处理方法完全相同。

getParameter 方法的返回值是一个字符串，它是参数中指定的变量名字第一次出现所对应的值经反编码得到的字符串(可以直接使用)。如果指定的表单变量存在，但没有值，getParameter 返回空字符串；如果指定的表单变量不存在，则返回 null。如果表单变量可能对应多个值，可以用 getParameterValues 来取代 getParameter。getParameterValues 能够返回一个字符串数组。

最后，虽然在实际应用中 Servlet 很可能只会用到那些已知名字的表单变量，但在调试环境中，获得完整的表单变量名字列表往往是很有用的，利用 getParamerterNames 方法可以方便地实现这一点。getParamerterNames 返回的是一个 Enumeration，其中的每一项都可以转换为调用 getParameter 的字符串。

8.2.1 处理客户表单数据

使用 Web 搜索引擎或者浏览一些查询类网站时，经常在地址栏里看到一些古怪的 URL，比如“http://host/path? user = Marty + Hall&;origin = bwi&dest = lax”。这个 URL 中位于问号后面的部分，即“user=Marty+Hall&;origin=bwi&dest=lax”，就是表单数据，这是将 Web 页面数据发送给服务器程序的最常用方法。对于 GET 请求，表单数据附加到 URL 的问号后面(如上例所示)；对于 POST 请求，表单数据用一个单独的行发送给服务器。

以前，从这种形式的数据提取出所需要的表单变量是 CGI 编程中最麻烦的事情之一。首先，GET 请求和 POST 请求的数据提取方法不同：对于 GET 请求，通常要通过 QUERY_STRING 环境变量提取数据；对于 POST 请求，则一般通过标准输入提取数据。其次，程序员必须负责在“&”符号处截断变量名字-变量值对，再分离出变量名字(等号左边)和变量值(等号右边)。再次，必须对变量值进行 URL 反编码操作。因为发送数据的时候，字母和数字以原来的形式发送，但空格被转换成加号，其他字符被转换成“%××”形式，其中××是十六进制表示的字符 ASCII(或者 ISO Latin-1)编码值。例如，如果 HTML 表单中名为“users”的域值为“～hall, ～gates, and ～mcnealy”，则实际向服务器发送的数据为“users=%7Ehall%2C+%7Egates%2C+and+%7Emcnealy”。最后，即第四个导致解析表单数据非常困难的原因在于，变量值既可能被省略(如“param1 = val1¶m2 = ¶m3 = val3”)，也有可能一个变量拥有一个以上的值，即同一个变量可能出现一次以上(如“param1=val1¶m2=val2¶m1=val3”)。

【例 8.3】 编写 Servlet 读取三个表单变量 param1、param2 和 param3，并以 HTML 列表的形式列出它们的值，代码如下：

```
import java.io.*;
import javax.servlet.*;
```

```
import javax.servlet.http.*;
import java.util.*;

public class ThreeParams extends HttpServlet {
  public void doGet(HttpServletRequest request, HttpServletResponse response)
                                                      throws ServletException, IOException {
    response.setContentType("text/html");
    PrintWriter out = response.getWriter();
    String title = "读取三个请求参数";
    out.println(ServletUtilities.headWithTitle(title) +
                "<BODY>\n" +
                "<H1 ALIGN = CENTER>" + title + "</H1>\n" +
                "<UL>\n" +
                "<LI>param1: "
                 + request.getParameter("param1") + "\n" +
                "<LI>param2: "
                 + request.getParameter("param2") + "\n" +
                "<LI>param3: "
                 + request.getParameter("param3") + "\n" +
                "</UL>\n" +
                "</BODY></HTML>");
  }

  public void doPost(HttpServletRequest request, HttpServletResponse response)
                                                      throws ServletException, IOException {
    doGet(request, response);
  }
}
```

【例 8.4】 编写 Servlet 寻找表单所发送的所有变量名字，并把它们放入表格中，没有值或者有多个值的变量都突出显示，代码如下：

```
import java.io.*;
import javax.servlet.*;
import javax.servlet.http.*;
import java.util.*;

public class ShowParameters extends HttpServlet {
  public void doGet(HttpServletRequest request, HttpServletResponse response)
                                                      throws ServletException, IOException {
    response.setContentType("text/html");
    PrintWriter out = response.getWriter();
    String title = "读取所有请求参数";
    out.println(ServletUtilities.headWithTitle(title) +
                "<BODY BGCOLOR = \"#FDF5E6\">\n" +
                "<H1 ALIGN = CENTER>" + title + "</H1>\n" +
                "<TABLE BORDER = 1 ALIGN = CENTER>\n" +
                "<TR BGCOLOR = \"#FFAD00\">\n" +
                "<TH>参数名字<TH>参数值");
    Enumeration paramNames = request.getParameterNames();
    while(paramNames.hasMoreElements()) {
      String paramName = (String)paramNames.nextElement();
      out.println("<TR><TD>" + paramName + "\n<TD>");
```

```
          String[] paramValues = request.getParameterValues(paramName);
          if (paramValues.length == 1) {
            String paramValue = paramValues[0];
            if (paramValue.length() == 0)
              out.print("<I>No Value</I>");
            else
              out.print(paramValue);
          } else {
            out.println("<UL>");
            for(int i=0; i<paramValues.length; i++) {
              out.println("<LI>" + paramValues[i]);
            }
            out.println("</UL>");
          }
        }
        out.println("</TABLE>\n</BODY></HTML>");
      }

      public void doPost(HttpServletRequest request, HttpServletResponse response)
                                                throws ServletException, IOException {
        doGet(request, response);
      }
    }

    public class ServletUtilities {
      public static final String DOCTYPE =
        "<!DOCTYPE HTML PUBLIC \"-//W3C//DTD HTML 4.0 Transitional//EN\">";

      public static String headWithTitle(String title) {
        return(DOCTYPE + "\n" +
               "<HTML>\n" +
               "<HEAD><TITLE>" + title + "</TITLE></HEAD>\n");
      }
    }
```

首先，程序通过 HttpServletRequest 的 getParameterNames 方法得到所有的变量名字，getParameterNames 返回的是一个 Enumeration。接下来，程序用循环遍历这个 Enumeration，通过 hasMoreElements 确定何时结束循环，利用 nextElement 得到 Enumeration 中的各个项。由于 nextElement 返回的是一个 Object，程序把它转换成字符串后再用这个字符串来调用 getParameterValues。

getParameterValues 返回一个字符串数组，如果这个数组只有一个元素且等于空字符串，说明这个表单变量没有值，Servlet 以斜体形式输出“No Value”；如果数组元素个数大于1，说明这个表单变量有多个值，Servlet 以 HTML 列表形式输出这些值；其他情况下 Servlet 直接把变量值放入表格。

下面是向上述 Servlet 发送数据的表单 PostForm.html。就像所有包含密码输入域的表单一样，该表单用 POST 方法发送数据。我们可以看到，在 Servlet 中同时实现 doGet 和 doPost 这两种方法为表单制作带来了方便。

```
<!DOCTYPE HTML PUBLIC "-//W3C//DTD HTML 4.0 Transitional//EN">
<HTML>
  <HEAD>
    <TITLE>示例表单</TITLE>
  </HEAD>
  <BODY BGCOLOR = "#FDF5E6">
    <H1 ALIGN = "CENTER">用 POST 方法发送数据的表单</H1>

    <FORM ACTION = "/servlet/ShowParameters" METHOD = "POST">
      Item Number:
      <INPUT TYPE = "TEXT" NAME = "itemNum"><BR>
      Quantity:
      <INPUT TYPE = "TEXT" NAME = "quantity"><BR>
      Price Each:
      <INPUT TYPE = "TEXT" NAME = "price" VALUE = "$"><BR>
      <HR>
      First Name:
      <INPUT TYPE = "TEXT" NAME = "firstName"><BR>
      Last Name:
      <INPUT TYPE = "TEXT" NAME = "lastName"><BR>
      Middle Initial:
      <INPUT TYPE = "TEXT" NAME = "initial"><BR>
      Shipping Address:
      <TEXTAREA NAME = "address" ROWS = 3 COLS = 40></TEXTAREA><BR>
      Credit Card:<BR>
        <INPUT TYPE = "RADIO" NAME = "cardType"
                          VALUE = "Visa">Visa<BR>
        <INPUT TYPE = "RADIO" NAME = "cardType"
                          VALUE = "Master Card">Master Card<BR>
        <INPUT TYPE = "RADIO" NAME = "cardType"
                          VALUE = "Amex">American Express<BR>
        <INPUT TYPE = "RADIO" NAME = "cardType"
                          VALUE = "Discover">Discover<BR>
        <INPUT TYPE = "RADIO" NAME = "cardType"
                          VALUE = "Java SmartCard">Java SmartCard<BR>
      Credit Card Number:
      <INPUT TYPE = "PASSWORD" NAME = "cardNum"><BR>
      Repeat Credit Card Number:
      <INPUT TYPE = "PASSWORD" NAME = "cardNum"><BR><BR>
      <CENTER>
        <INPUT TYPE = "SUBMIT" VALUE = "Submit Order">
      </CENTER>
    </FORM>
  </BODY>
</HTML>
```

8.2.2　读取 HTTP 请求头信息

在 Servlet 中读取 HTTP 头是非常方便的，只需要调用一下 HttpServletRequest 的 getHeader 方法即可。如果客户请求中提供了指定的头信息，getHeader 返回对应的字符串；否则，返回 null。部分头信息经常要用到，它们有专用的访问方法：getCookies 方法返回

Cookie 头的内容，经解析后存放在 Cookie 对象的数组中；getAuthType 和 getRemoteUser 方法分别读取 Authorization 头中的一部分内容；getDateHeader 和 getIntHeader 方法读取指定的头，然后返回日期值或整数值。

除了读取指定的头之外，利用 getHeaderNames 还可以得到请求中所有头名字的一个 Enumeration 对象。

最后，除了查看请求头信息之外，还可以从请求主命令行获得一些信息。getMethod 方法返回请求方法，请求方法通常是 GET 或者 POST，但也有可能是 HEAD、PUT 或者 DELETE。getRequestURI 方法返回 URI（URI 是 URL 的从主机和端口之后到表单数据之前的那一部分）。getRequestProtocol 返回请求命令的第三部分，一般是“HTTP/1.0”或者“HTTP/1.1”。

【例 8.5】 编写 Servlet 把所有接收到的请求头和它的值以表格的形式输出。另外，该 Servlet 还会输出主请求命令的三个部分：请求方法、URI、协议/版本。

```
import java.io.*;
import javax.servlet.*;
import javax.servlet.http.*;
import java.util.*;

public class ShowRequestHeaders extends HttpServlet {
  public void doGet(HttpServletRequest request, HttpServletResponse response)
                                              throws ServletException, IOException {
    response.setContentType("text/html");
    PrintWriter out = response.getWriter();
    String title = "显示所有请求头";
    out.println(ServletUtilities.headWithTitle(title) +
                "<BODY BGCOLOR=\"#FDF5E6\">\n" +
                "<H1 ALIGN=CENTER>" + title + "</H1>\n" +
                "<B>Request Method: </B>" +
                request.getMethod() + "<BR>\n" +
                "<B>Request URI: </B>" +
                request.getRequestURI() + "<BR>\n" +
                "<B>Request Protocol: </B>" +
                request.getProtocol() + "<BR><BR>\n" +
                "<TABLE BORDER=1 ALIGN=CENTER>\n" +
                "<TR BGCOLOR=\"#FFAD00\">\n" +
                "<TH>Header Name<TH>Header Value");
    Enumeration headerNames = request.getHeaderNames();
    while(headerNames.hasMoreElements()) {
      String headerName = (String)headerNames.nextElement();
      out.println("<TR><TD>" + headerName);
      out.println("<TD>" + request.getHeader(headerName));
    }
    out.println("</TABLE>\n</BODY></HTML>");
  }

  public void doPost(HttpServletRequest request, HttpServletResponse response)
                                              throws ServletException, IOException {
    doGet(request, response);
  }
}
```

8.2.3 处理 HTTP 响应头信息

Web 服务器的 HTTP 应答一般由以下几项构成：一个状态行，一个或多个应答头，一个空行，内容文档。设置 HTTP 应答头往往和设置状态行中的状态代码结合起来。例如，有好几个表示"文档位置已经改变"的状态代码都伴随着一个 Location 头，而 401（Unauthorized）状态代码则必须伴随一个 WWW-Authenticate 头。

然而，即使在没有设置特殊含义的状态代码时，指定应答头也是很有用的。应答头可以用来完成：设置 Cookie，指定修改日期，指示浏览器按照指定的间隔刷新页面，声明文档的长度以便利用持久 HTTP 连接等许多其他任务。

设置应答头最常用的方法是 HttpServletResponse 的 setHeader，该方法有两个参数，分别表示应答头的名字和值。和设置状态代码相似，设置应答头应该在发送任何文档内容之前进行。

setDateHeader 方法和 setIntHeadr 方法专门用来设置包含日期和整数值的应答头，前者避免了把 Java 时间转换为 GMT 时间字符串的麻烦，后者则避免了把整数转换为字符串的麻烦。

HttpServletResponse 还提供了许多设置常见应答头的简便方法，如下所示：

- setContentType：设置 Content-Type 头。大多数 Servlet 都要用到这个方法。
- setContentLength：设置 Content-Length 头。对于支持持久 HTTP 连接的浏览器来说，这个函数是很有用的。
- addCookie：设置一个 Cookie（Servlet API 中没有 setCookie 方法，因为应答往往包含多个 Set-Cookie 头）。

【例 8.6】 编写 Servlet 用来计算大素数。因为计算非常大的数字（例如 500 位）可能要花不少时间，所以 Servlet 将立即返回已经找到的结果，同时在后台继续计算。后台计算使用一个优先级较低的线程以避免过多地影响 Web 服务器的性能。如果计算还没有完成，Servlet 通过发送 Refresh 头指示浏览器在几秒之后继续请求新的内容。主要代码如下：

```
import java.io.*;
import javax.servlet.*;
import javax.servlet.http.*;
import java.util.*;

public class PrimeNumbers extends HttpServlet {
  private static Vector primeListVector = new Vector();
  private static int maxPrimeLists = 30;

  public void doGet(HttpServletRequest request, HttpServletResponse response)
                                              throws ServletException, IOException {
    int numPrimes = ServletUtilities.getIntParameter(request, "numPrimes", 50);
    int numDigits = ServletUtilities.getIntParameter(request, "numDigits", 120);
    PrimeList primeList = findPrimeList(primeListVector, numPrimes, numDigits);
    if (primeList == null) {
      primeList = new PrimeList(numPrimes, numDigits, true);
      synchronized(primeListVector) {
        if (primeListVector.size() >= maxPrimeLists)
```

```
          primeListVector.removeElementAt(0);
        primeListVector.addElement(primeList);
      }
    }
    Vector currentPrimes = primeList.getPrimes();
    int numCurrentPrimes = currentPrimes.size();
    int numPrimesRemaining = (numPrimes - numCurrentPrimes);
    boolean isLastResult = (numPrimesRemaining == 0);
    if (!isLastResult) {
      response.setHeader("Refresh", "5");
    }
    response.setContentType("text/html");
    PrintWriter out = response.getWriter();
    String title = "Some " + numDigits + "-Digit Prime Numbers";
    out.println(ServletUtilities.headWithTitle(title) +
                "<BODY BGCOLOR=\"#FDF5E6\">\n" +
                "<H2 ALIGN=CENTER>" + title + "</H2>\n" +
                "<H3>Primes found with " + numDigits +
                " or more digits: " + numCurrentPrimes + ".</H3>");
    if (isLastResult)
      out.println("<B>Done searching.</B>");
    else
      out.println("<B>Still looking for " + numPrimesRemaining +
                  " more<BLINK>...</BLINK></B>");
    out.println("<OL>");
    for(int i = 0; i < numCurrentPrimes; i++) {
      out.println("  <LI>" + currentPrimes.elementAt(i));
    }
    out.println("</OL>");
    out.println("</BODY></HTML>");
  }

  public void doPost(HttpServletRequest request,
                     HttpServletResponse response)
      throws ServletException, IOException {
    doGet(request, response);
  }

  //检查是否存在同类型请求(已经完成,或者正在计算)
  //如存在,则返回现有结果而不是启动新的后台线程
  private PrimeList findPrimeList(Vector primeListVector,
                                  int numPrimes,
                                  int numDigits) {
    synchronized(primeListVector) {
      for(int i = 0; i < primeListVector.size(); i++) {
        PrimeList primes = (PrimeList)primeListVector.elementAt(i);
        if ((numPrimes == primes.numPrimes()) &&
            (numDigits == primes.numDigits()))
          return(primes);
      }
      return(null);
```

```
        }
    }
}
```

注意，该 Servlet 要用到前面给出的 ServletUtilities. java。另外还要用到：PrimeList. java，用于在后台线程中创建一个素数的 Vector；Primes. java，用于随机生成 BigInteger 类型的大数字，检查它们是否是素数。（此处略去 PrimeList. java 和 Primes. java 的代码。）

```
//前台表单界面代码
<! DOCTYPE HTML PUBLIC " - //W3C//DTD HTML 4.0 Transitional//EN">
< HTML >
  < HEAD >
    < TITLE >大素数计算</TITLE >
  </HEAD >
  < BODY BGCOLOR = "#FDF5E6">
    < CENTER >
      < FORM ACTION = "/servlet/PrimeNumbers">
        < B>要计算几个素数:</B >
        < INPUT TYPE = "TEXT" NAME = "numPrimes" VALUE = 25 SIZE = 4 >< BR >
        < B>每个素数的位数:</B >
        < INPUT TYPE = "TEXT" NAME = "numDigits" VALUE = 150 SIZE = 3 >< BR >
        < INPUT TYPE = "SUBMIT" VALUE = "开始计算">
      </FORM >
    </CENTER >
  </BODY >
</HTML >
```

本例除了说明 HTTP 应答头的用处之外，还显示了 Servlet 的另外两个很有价值的功能。第一，它表明 Servlet 能够处理多个并发的连接，每个都有自己的线程。Servlet 维护了一份已有素数计算请求的 Vector 表，通过查找素数个数（素数列表的长度）和数字个数（每个素数的长度）将当前请求和已有请求相匹配，把所有这些请求同步到这个列表上。第二，本例证明，在 Servlet 中维持请求之间的状态信息是非常容易的。维持状态信息在传统的 CGI 编程中是一件很麻烦的事情。由于维持了状态信息，浏览器能够在刷新页面时访问到正在进行的计算过程，同时也使得 Servlet 能够保存一个有关最近请求结果的列表，当一个新的请求指定了和最近请求相同的参数时可以立即返回结果。

8.2.4 Servlet 通信

为满足客户端请求，Servlet 有时需要访问网络资源加其他的 Servlet、HTML 页面、同一服务器上几个 Servlet 间的共享对象等。

如果 Servlet 需要网络资源，如运行在不同服务器上的一个 Servlet，那么可生成一个对其他资源的 HTTP 请求。本节将讲述如果 Servlet 需要来自自身服务器的一个有效资源，应该怎样做。

1. 通过 RequestDispatcher 对象使用服务器上的其他资源

要使 Servlet 能访问其他资源，如其他 Servlet、JSP 页面或 CGI 脚本，可以使 Servlet 生成一个 HTTP 请求。如果资源对运行 Servlet 的服务器是有效的，那么可使用 RequestDispatcher 对象生成对资源的请求，步骤如下：

- 获得绑定到某个资源的 RequestDispatcher 对象。

- 转发客户端请求给该资源，让它对用户的请求作出应答。
- 在 Servlet 的输出中包含该资源的响应。

（1）获得一个 RequestDispatcher 对象

为获得一个 RequestDispatcher 对象，使用 ServletContext 对象的 getRequestDispatcher()方法。这个方法把被请求的资源 URL 作为自己的参数。这个参数的格式是一个斜线（"/"）后跟一个或更多的斜线分隔的目录名，最后以资源的名字结束。例如：

```
RequestDispatcher dispatcher = getServletContext().getRequestDispatcher("/servlet/myserv-
let");
```

或者：

```
RequestDispatcher dispatcher = getServletContext().getRequestDispatcher("/myinfo.jsp");
```

URL 指向的资源对运行这个 Servlet 的服务器必须是有效的。如果资源是无效的，或服务器没有实现资源所属类型的 RequestDispatcher 对象，那么这个方法返回 null。Servlet 应准备处理这种情况。处理办法如下：

```
if(dispatcher == null) {
    response.sendError(response.SC - NO - CONTENT);
}
```

（2）转发请求

一旦有了 RequestDispatcher 对象，可以分配给它相关的资源，让它负责响应客户的请求。转发是有用的，如 Servlet 处理请求，然后产生非特殊的响应，这时请求可被继续向后传递给另一个资源。如用户订购的时候，某个 Servlet 可处理信用卡信息，然后将客户请求继续向后传递给另一个资源以产生一个"Thank you"的页面。转发代码如下：

```
dispatcher.forward(request, response);
```

注意，forward 方法用来将响应用户的责任转交给另一个资源。如果已经访问 ServletOutputStream 或 PrintWriter 对象，就不能使用这个方法。它将抛出 IllegalStateException 异常。

如果已经开始访问 ServletOutputStream 或 PrintWriter 对象以响应用户，必须使用 include 方法代替。

（3）包含请求

RequestDispatcher 对象的 include 方法提供响应客户端的能力给调用的 Servlet，但是 RequestDispatcher 对象关联的资源只作响应的一部分。

Servlet 调用 RequestDispatcher.include()方法，同时也希望能够响应客户端，Servlet 调用 include 方法之前和之后都可以使用 ServletOutputStream 或 PrintWriter 对象。必须记住被调用的资源不能设置响应的头部。如果资源试图设置头部，那么设置有可能失败。例如：

```
response.setContentType("text/html");
PrintWriter out = reponse.getWriter();
out.println("Thank you for your order!");
RequestDispatcher dispatcher = getServletContext().getRequestDispatcher("/servlet/myserv-
let");
if(dispatcher ! = null) {
    try {
        dispatcher.include(request, response);
```

```
        } catch(IOException e) {
        } catch(ServletException e) {
        }
        out.println("Come back soon!");
    }
```

程序首先显示“Thank you for your order!”,然后转向到 MyServlet,最后又回来显示“Come back soon!”。

2. 在 Servlet 间共享资源

运行在同一服务器上的多个 Servlet 之间有时需要共享资源。特别是编译一个应用程序中获得的多个 Servlet 之间,这种需要尤为重要。同一服务器上的 Servlet 可使用 ServletContext 对象操纵属性的方法(setAttribute(),getAttribute(),removeAttribute())共享资源。

(1) setAttribute

Servlet 使用 ServletContext. setAttribute ()方法设置属性。当有多个 Servlet 共享一个属性的时候,可能需要为每个 Servlet 初始化该属性。如果是这样,每个 Servlet 都将检查属性值,如果另外的 Servlet 还没有初始化该属性,那么只设置这个 Servlet 的属性。例如:

```
getServletContext().setAttribute("username", "zhangsan");
```

一旦一个 Servlet 设置了属性,在相同上下文中的任何 Servlet 都能获得它的值,重新设置它的值或删除该属性。

(2) getAttribute

获得属性的值就是调用方法 ServletContext. getAttribute(),代码如下:

```
String username = (String)getServletContext().getAttribute("username");
```

(3) removeAttribute

任何 Servlet 可从 ServletContext 对象中删除属性。然而,因为属性是共享的,所以必须小心不要删除另外的 Servlet 可能仍在使用的属性。

3. 从 Servlet 中调用其他 Servlet

为使 Servlet 调用其他 Servlet,可以生成一个对另一个 Servlet 的 HTTP 请求,或直接调用另一个 Servlet 的公有方法(如果两个 Servlet 运行在同一服务器上)。

本节讨论第二种情况。为直接调用另一个 Servlet 的公有类,必须知道将要调用的 Servlet 的名字,获得访问哪个 Servlet(一个实例)的 Servlet(类)对象(另一个实例),调用后者(另一个 Servlet 实例)的公有方法。

为获得 Servlet 对象,使用 ServletContext 对象的 getServlet 方法,其中 ServletContext 对象又从 ServletConfig 对象获得。例如:

```
    SecondServlet second = (SecondServlet)getServletConfig().getServletContext().getServlet("
SecondServlet ");
```

当调用另一个 Servlet 的方法时,必须小心。如果想调用的 Servlet 实现了 SingleThreadModel 界面,调用就会干扰被调用的 Servlet 的单线程特性。在这种情况下,Servlet 应当生成一个对其他 Servlet 的 HTTP 请求以代替直接调用其他 Servlet 的方法。

8.3 会话管理

HTTP的“无状态”(Stateless)特点带来了一系列的问题。特别是通过在线商店购物时，服务器不能顺利地记住以前的事务就成了严重的问题。它使“购物车”之类的应用很难实现：当用户把商品加入购物车时，服务器如何才能知道已经选购的商品。即使服务器保存了上下文信息，仍旧会在电子商务应用中遇到问题。例如，当用户从选择商品的页面（由普通的服务器提供）转到输入信用卡号和送达地址的页面（由支持SSL的安全服务器提供）时，服务器如何才能记住用户购买的商品。

8.3.1 会话状态概述

“无状态”问题一般有3种解决方法。

1. Cookie

利用HTTP Cookie来存储有关购物会话的信息，后继的各个连接可以查看当前会话，然后从服务器的某些地方提取有关该会话的完整信息。这是一种优秀的、也是应用最广泛的方法。然而，即使Servlet提供了一个高级的、使用方便的Cookie接口，仍旧有一些烦琐的细节问题需要处理：

• 从其他Cookie中分别出保存会话标识的Cookie。

• 为Cookie设置合适的作废时间（例如，中断时间超过24小时的会话一般应重置）。

• 把会话标识和服务器端相应的信息关联起来。实际保存的信息可能要远远超过保存到Cookie的信息，而且像信用卡号等敏感信息永远不应该用Cookie来保存。

2. 改写URL

可以把一些标识会话的数据附加到每个URL的后面，服务器能够把该会话标识和它所保存的会话数据关联起来。这也是一个很好的方法，而且当浏览器不支持Cookie或用户已经禁用Cookie的情况下，这一方法有效。然而，大部分使用Cookie时所面临的问题同样存在，即服务器端的程序要进行许多简单但单调冗长的处理。另外，还必须十分小心地保证每个URL后面都附加了必要的信息（包括非直接的，如通过Location给出的重定向URL）。如果用户结束会话之后又通过书签返回，则会话信息会丢失。

3. 隐藏表单域

HTML表单中可以包含下面这样的输入域：<INPUT TYPE="HIDDEN" NAME="session" VALUE="…">。这意味着，当表单被提交时，隐藏域的名字和数据也被包含到GET或POST数据里，可以利用这一机制来维持会话信息。然而，这种方法有一个很大的缺点，它要求所有页面都是动态生成的，因为整个问题的核心就是每个会话都要有一个唯一标识符。

Servlet提供了一种与众不同的方案：HttpSession API。HttpSession API是一个基于Cookie或者URL改写机制的高级会话状态跟踪接口：如果浏览器支持Cookie，则使用Cookie；如果浏览器不支持Cookie或者Cookie功能被关闭，则自动使用URL改写方法。Servlet开发者无须关心细节问题，也无须直接处理Cookie或附加到URL后面的信息，API自动为Servlet开发者提供一个可以方便地存储会话信息的地方。

8.3.2 会话状态跟踪 API

在 Servlet 中使用会话信息是相当简单的，主要的操作包括：查看和当前请求关联的会话对象、必要的时候创建新的会话对象、查看与某个会话相关的信息、在会话对象中保存信息，以及会话完成或中止时释放会话对象。

1. 查看当前请求的会话对象

查看当前请求的会话对象通过调用 HttpServletRequest 的 getSession 方法实现。如果 getSession 方法返回 null，则可以创建一个新的会话对象。经常通过指定参数使得不存在现成的会话时自动创建一个会话对象，即指定 getSession 的参数为 true。因此，访问当前请求会话对象的第一个步骤通常如下所示：

```
HttpSession session = request.getSession(true);
```

2. 查看和会话有关的信息

HttpSession 对象生存在服务器上，通过 Cookie 或者 URL 这类后台机制自动关联到请求的发送者。会话对象提供一个内建的数据结构，在这个结构中可以保存任意数量的键-值对。在 2.1 或者更早版本的 Servlet API 中，查看以前保存的数据使用的是 getValue("key")方法。getValue 返回 Object，因此必须把它转换成更加具体的数据类型。如果参数中指定的键不存在，getValue 返回 null。

API 2.2 版推荐用 getAttribute 来代替 getValue，这不仅是因为 getAttribute 和 setAttribute 的名字更加匹配(和 getValue 匹配的是 putValue，而不是 setValue)，同时也因为 setAttribute 允许使用一个附属的 HttpSessionBindingListener 来监视数值，而 putValue 则不能。

下面是一个很典型的例子，假定 ShoppingCart 是一个保存已购买商品信息的类：

```
HttpSession session = request.getSession(true);
ShoppingCart previousItems =  (ShoppingCart)session.getAttribute ("previousItems");
if (previousItems ! = null) {
  doSomethingWith(previousItems);
} else {
  previousItems = new ShoppingCart( … );
  doSomethingElseWith(previousItems);
}
```

大多数时候都是根据特定的名字寻找与它关联的值，但也可以调用 getAttributeNames 得到所有属性的名字。getAttributeNames 返回的是一个 Enumeration。

虽然开发者最为关心的往往是保存到会话对象的数据，但还有其他一些信息有时也很有用。

- getID：该方法返回会话的唯一标识。有时该标识被作为键-值对中的键使用，比如会话中只保存一个值时，或保存上一次会话信息时。
- isNew：如果客户(浏览器)还没有绑定到会话，则返回 true，通常意味着该会话刚刚创建，而不是引用自客户端的请求。对于早就存在的会话，返回值为 false。
- getCreationTime：该方法返回建立会话的以毫秒计的时间，从 1970.01.01(GMT)算起。要得到用于打印输出的时间值，可以把该值传递给 Date 构造函数，或者 GregorianCalendar 的 setTimeInMillis 方法。

• getLastAccessedTime：该方法返回客户最后一次发送请求的以毫秒计的时间，从 1970.01.01(GMT)算起。

• getMaxInactiveInterval：返回以秒计的最大时间间隔，如果客户请求之间的间隔不超过该值，Servlet 引擎将保持会话有效。负数表示会话永远不会超时。

3. 在会话对象中保存数据

读取保存在会话中的信息使用的是 getAttribute 方法，而保存数据使用 setAttribute 方法，并指定键和相应的值。注意，setAttribute 将替换任何已有的值，但有时却需要提取原来的值并扩充它（如下例 previousItems）。示例代码如下：

```
HttpSession session = request.getSession(true);
session.setAttribute ("referringPage", request.getHeader("Referer"));
ShoppingCart previousItems = (ShoppingCart)session.getAttribute ("previousItems");
if (previousItems == null) {
  previousItems = new ShoppingCart(…);
}
String itemID = request.getParameter("itemID");
previousItems.addEntry(Catalog.getEntry(itemID));
session.setAttribute ("previousItems", previousItems);
```

【例 8.7】 生成一个 Web 页面，并在该页面中显示有关当前会话的信息。

```
import java.io.*;
import javax.servlet.*;
import javax.servlet.http.*;
import java.net.*;
import java.util.*;

public class ShowSession extends HttpServlet {
  public void doGet(HttpServletRequest request, HttpServletResponse response)
                                          throws ServletException, IOException {
    HttpSession session = request.getSession(true);
    response.setContentType("text/html");
    PrintWriter out = response.getWriter();
    String title = "Searching the Web";
    String heading;
    Integer accessCount = new Integer(0);;
    if (session.isNew()) {
      heading = "Welcome, Newcomer";
    } else {
      heading = "Welcome Back";
      Integer oldAccessCount =
        (Integer)session.getAttribute ("accessCount");
      if (oldAccessCount != null) {
        accessCount =
          new Integer(oldAccessCount.intValue() + 1);
      }
    }
    session.setAttribute ("accessCount", accessCount);

    out.println(ServletUtilities.headWithTitle(title) +
                "<BODY BGCOLOR=\"#FDF5E6\">\n" +
```

```
                "<H1 ALIGN=\"CENTER\">" + heading + "</H1>\n" +
                "<H2>Information on Your Session:</H2>\n" +
                "<TABLE BORDER=1 ALIGN=CENTER>\n" +
                "<TR BGCOLOR=\"#FFAD00\">\n" +
                "<TH>Info Type<TH>Value\n" +
                "<TR>\n" +
                "<TD>ID\n" +
                "<TD>" + session.getId() + "\n" +
                "<TR>\n" +
                "<TD>Creation Time\n" +
                "<TD>" + new Date(session.getCreationTime()) + "\n" +
                "<TR>\n" +
                "<TD>Time of Last Access\n" +
                "<TD>" + new Date(session.getLastAccessedTime()) + "\n" +
                "<TR>\n" +
                "<TD>Number of Previous Accesses\n" +
                "<TD>" + accessCount + "\n" +
                "</TABLE>\n" +
                "</BODY></HTML>");
    }
    public void doPost(HttpServletRequest request, HttpServletResponse response)
                                              throws ServletException, IOException {
      doGet(request, response);
    }
}
```

8.4 过滤器

ServletAPI的2.3版本中最重要的一个新功能就是能够为Servlet和JSP页面定义过滤器。过滤器提供了某些早期服务器所支持的非标准“Servlet链接”的一种功能强大且标准的替代品。

过滤器是一个程序,它先于与之相关的Servlet或JSP页面运行在服务器上。过滤器可附加到一个或多个Servlet或JSP页面上,并且可以检查进入这些资源的请求信息。在这之后,过滤器可以作如下的选择:

- 以常规的方式调用资源(即调用Servlet或JSP页面)。
- 利用修改过的请求信息调用资源。
- 调用资源,但在发送响应到客户机前对其进行修改。
- 阻止该资源调用,代之以转到其他的资源,返回一个特定的状态代码或生成替换输出。

过滤器提供了几个重要好处。

首先,它以一种模块化的或可重用的方式封装公共的行为。例如,如果有30个不同的Serlvet或JSP页面,需要压缩它们的内容以减少下载时间,可以构造一个压缩过滤器,然后将它应用到30个资源上即可。

其次,利用它能够将高级访问决策与表现代码相分离。这对于JSP特别有价值,其中一般希望将几乎整个页面集中在表现上,而不是集中在业务逻辑上。例如,希望阻塞来自某些站点的访问而不用修改各页面(这些页面受到访问限制)，可以建立一个访问限制过滤器，并把它应用到想要限制访问的页面上即可。

最后，过滤器能够对许多不同的资源进行批量性的更改。例如，如果有许多现存资源，这些资源除了公司名要更改外其他的保持不变，可以构造一个串替换过滤器，只要合适就使用它。

8.4.1 创建过滤器

建立一个过滤器涉及下列 5 个步骤。

1. 建立一个实现 javax.servlet.Filter 接口的类

这个类需要 3 个方法，分别是：doFilter、init 和 destroy。doFilter 方法包含主要的过滤代码(见第 2 步)，init 方法建立设置操作，而 destroy 方法进行清除。

每当调用一个过滤器(即每次请求与此过滤器相关的 Servlet 或 JSP 页面)时，就执行其 doFilter 方法。正是这个方法包含了大部分过滤逻辑：

```
public void doFilter(ServletRequset request, ServletResponse response, FilterChain chain)
                                                    thows ServletException, IOException
```

第一个参数为与传入请求有关的 ServletRequest。对于简单的过滤器，大多数过滤逻辑是基于这个对象的。如果处理 HTTP 请求，并且需要访问诸如 getHeader 或 getCookies 等在 ServletRequest 中无法得到的方法，就要把此对象构造成 HttpServletRequest。

第二个参数为 ServletResponse。除了在两个情形下要使用它以外，通常忽略这个参数。第一，如果希望完全阻塞对相关 Servlet 或 JSP 页面的访问，可调用 response.getWriter 并直接发送一个响应到客户机。第二，如果希望修改相关的 Servlet 或 JSP 页面的输出，可把响应包含在一个收集所有发送到它的输出的对象中。然后，在调用 Serlvet 或 JSP 页面后，过滤器可检查输出，如果合适就修改它，之后发送到客户机。

DoFilter 的最后一个参数为 FilterChain 对象。对此对象调用 doFilter 以激活与 Servlet 或 JSP 页面相关的下一个过滤器。如果没有另一个相关的过滤器，则对 doFilter 的调用激活 Servlet 或 JSP 本身。

```
public void init(FilterConfig config) thows ServletException
```

init 方法只在此过滤器第一次初始化时执行，不是每次调用过滤器都执行它。对于简单的过滤器，可提供此方法的一个空体，但有两个原因需要使用 init。第一，FilterConfig 对象提供对 Servlet 环境及 web.xml 文件中指派的过滤器名的访问。因此，普遍的办法是利用 init 将 FilterConfig 对象存放在一个字段中，以便 doFilter 方法能够访问 Servlet 环境或过滤器名。第二，FilterConfig 对象具有一个 getInitParameter 方法，它能够访问部署描述符文件(web.xml)中分配的过滤器初始化参数。

```
public void destroy( )
```

此方法在利用一个给定的过滤器对象永久地终止服务器(如关闭服务器)时调用。大多数过滤器简单地为此方法提供一个空体，不过可利用它来完成诸如关闭过滤器使用的文件或数据库连接池等清除任务。

2. 在 doFilter 方法中放入过滤行为

doFilter 方法为大多数过滤器的关键部分。每当调用一个过滤器时，都要执行 doFilter。

对于大多数过滤器来说，doFilter 执行的步骤是基于传入的信息的。因此，可能要利用作为 doFilter 的第一个参数提供的 ServletRequest。这个对象常常构造为 HttpServletRequest 类型，以提供对该类的更特殊方法的访问。此对象给过滤器提供了对进入的信息（包括表单数据、Cookie 和 HTTP 请求头）的完全访问。第二个参数为 ServletResponse，通常在简单的过滤器中忽略此参数。最后一个参数为 FilterChain，如下一步所述，此参数用来调用 Servlet 或 JSP 页。

3. 调用 FilterChain 对象的 doFilter 方法

Filter 接口的 doFilter 方法以一个 FilterChain 对象作为它的第三个参数。在调用该对象的 doFilter 方法时，激活下一个相关的过滤器。这个过程一般持续到链中最后一个过滤器为止。在最后一个过滤器调用其 FilterChain 对象的 doFilter 方法时，激活 Servlet 或页面自身。但是，链中的任意过滤器都可以通过不调用其 FilterChain 的 doFilter 方法中断这个过程。在这样的情况下，不再调用 JSP 页面的 Serlvet，并且中断此调用过程的过滤器负责将输出提供给客户端。

4. 对相应的 Servlet 和 JSP 页面注册过滤器

部署描述符文件的 2.3 版本引入了两个用于过滤器的元素，分别是：filter 和 filter-mapping。filter 元素向系统注册一个过滤对象，filter-mapping 元素指定该过滤对象所应用的 URL。

(1) filter 元素

filter 元素位于部署描述符文件（web. xml）的前部，所有 filter-mapping、servlet 或 servlet-mapping 元素之前。filter 元素具有如下 6 个可能的子元素。

- Icon：这是一个可选的元素，它声明 IDE 能够使用的一个图像文件。
- filter-name：这是一个必需的元素，它给过滤器分配一个选定的名字。
- display-name：这是一个可选的元素，它给出 IDE 使用的短名称。
- description：这也是一个可选的元素，它给出 IDE 的信息，提供文本文档。
- filter-class：这是一个必需的元素，它指定过滤器实现类的完全限定名。
- init-param：这是一个可选的元素，它定义可利用 FilterConfig 的 getInitParameter 方法读取的初始化参数。单个过滤器元素可包含多个 init-param 元素。

请注意，过滤器是在 Serlvet 规范 2.3 版中初次引入的。因此，web. xml 文件必须使用 DTD 的 2.3 版本。下面介绍一个简单的例子：

```
<?xml version = "1.0" encoding = "ISO - 8859 - 1"?>
<! DOCTYPE web - app PUBLIC
    " - //Sun Microsystems, Inc. //DTD Web Application 2.3//EN"
    "http://java. sun. com/dtd/web - app_2_3. dtd">
< web - app >
  < filter >
    < filter - name > MyFilter </filter - name >
    < filter - class > filter. FilterClass </filter - class >
  </filter >
  <!-- …. -->
  < filter - mapping >…</filter - mapping >
</web - app >
```

（2）filter-mapping 元素

filter-mapping 元素位于 web.xml 文件中 filter 元素之后 Serlvet 元素之前。它包含如下 3 个可能的子元素。

- filter-name：这个必需的元素必须与用 filter 元素声明时给予过滤器的名称相匹配。
- url-pattern：此元素声明一个以斜杠（/）开始的模式，它指定过滤器应用的 URL。所有 filter-mapping 元素中必须提供 url-pattern 或 servlet-name。但不能对单个 filter-mapping 元素提供多个 url-pattern 元素项。如果希望过滤器适用于多个模式，可重复整个 filter-mapping 元素。
- servlet-name：此元素给出一个名称，此名称必须与利用 Servlet 元素给予 Servlet 或 JSP 页面的名称相匹配。不能给单个 filter-mapping 元素提供多个 servlet-name 元素项。如果希望过滤器适合于多个 Servlet 名，可重复这个 filter-mapping 元素。

下面举一个例子：

```
<?xml version="1.0" encoding="ISO-8859-1"?>
  <!DOCTYPE web-app PUBLIC
      "-//Sun Microsystems, Inc.//DTD Web Application 2.3//EN"
      "http://java.sun.com/dtd/web-app_2_3.dtd">
<web-app>
  <filter>
    <filter-name>MyFilter</filter-name>
    <filter-class>filter.FilterClass</filter-class>
  </filter>
  <!-- … -->
  <filter-mapping>
    <filter-name>MyFilter</filter-name>
    <url-pattern>/someDirectory/SomePage.jsp</url-pattern>
  </filter-mapping>
</web-app>
```

5. 禁用激活器 Servlet

防止用户利用缺省 Servlet URL 绕过过滤器设置。

在对资源应用过滤器时，可通过指定要应用过滤器的 URL 模式或 Servlet 名来完成。如果提供 Servlet 名，则此名称必须与 web.xml 的 Servlet 元素中给出的名称相匹配。如果使用应用到一个 Serlvet 的 URL 模式，则此模式必须与利用 web.xml 的元素 servlet-mapping 指定的模式相匹配。但是，多数服务器使用“激活器 Servlet”为 Servlet 体统一个缺省的 URL：http://host/WebAppPrefix/servlet/ServletName。需要保证用户不利用这个 URL 访问 Servlet（这样会绕过过滤器设置）。

例如，利用 filter 和 filter-mapping 指示名为 SomeFilter 的过滤器应用到名为 SomeServlet 的 Servlet，则如下：

```
<filter>
  <filter-name>SomeFilter</filter-name>
  <filter-class>filter.SomeFilterClass</filter-class>
</filter>
<!-- … -->
<filter-mapping>
  <filter-name>SomeFilter</filter-name>
  <servlet-name>SomeServlet</servlet-name>
```

```
</filter-mapping>
```

接着，用 Servlet 和 servlet-mapping 规定 URLhttp://host/webAppPrefix/Blah 应该调用 SomeSerlvet，如下所示：

```
<filter>
  <filter-name>SomeFilter</filter-name>
  <filter-class>filter.SomeFilterClass</filter-class>
</filter>
<!-- … -->
<filter-mapping>
  <filter-name>SomeFilter</filter-name>
  <servlet-name>/Blah</servlet-name>
</filter-mapping>
```

现在，在客户机使用 URL http://host/webAppPrefix/Blah 时就会调用过滤器。过滤器不应用到 http://host/webAppPrefix/servlet/SomePackage.SomeServletClass。

尽管有关闭激活器的服务器专用方法。但是，可移植最强的方法是重新映射 Web 应用中的/servlet 模式，这样使所有包含此模式的请求被送到相同的 Servlet 中。为了重新映射此模式，首先应该建立一个简单的 Servlet，它打印一条错误消息，或重定向用户到顶层页。然后，使用 servlet 和 servlet-mapping 元素发送包含/servlet 模式的请求到该 Servlet。

```
<?xml version="1.0" encoding="ISO-8859-1"?>
<!DOCTYPE web-app PUBLIC
    "-//Sun Microsystems, Inc.//DTD Web Application 2.3//EN"
    "http://java.sun.com/dtd/web-app_2_3.dtd">
<web-app>
<!-- … -->
<servlet>
  <servlet-name>Error</servlet-name>
  <servlet-class>somePackage.ErrorServlet</servlet-class>
</servlet>
<!-- … -->
<servlet-mapping>
  <servlet-name>Error</servlet-name>
  <url-pattern>/servlet/*</url-pattern>
</servlet-mapping>
<!-- … -->
</web-app>
```

8.4.2 解决请求数据中文乱码问题

编写 JSP 程序时经常遇到中文处理问题，不同的问题有不同的处理办法。由于用户提交的数据大部分是通过表单的方式(或相似方式)，许多 JSP 页面都会涉及中文处理问题，这时应该考虑使用过滤器技术来统一处理。

(1) 建立一个实现 javax.servlet.Filter 接口的类 SetCharacterEncodingFilter，代码如下：

```
import java.io.IOException;
import javax.servlet.Filter;
import javax.servlet.FilterChain;
```

```
import javax.servlet.FilterConfig;
import javax.servlet.ServletException;
import javax.servlet.ServletRequest;
import javax.servlet.ServletResponse;

public class SetCharacterEncodingFilter implements Filter {
    protected String encoding = null;
    protected FilterConfig filterConfig = null;
    protected boolean ignore = true;

    public void destroy() {
        this.encoding = null;
        this.filterConfig = null;
    }

    public void doFilter(ServletRequest request, ServletResponse response, FilterChain chain)
                                                        throws IOException, ServletExcep-
tion {
        //有条件地选择设置字符编码使用
        if (ignore || (request.getCharacterEncoding() == null)) {
            String encoding = this.encoding;
            if (encoding != null)
                request.setCharacterEncoding(encoding);
        }
        chain.doFilter(request, response);
    }

    public void init(FilterConfig filterConfig) throws ServletException {
        this.filterConfig = filterConfig;
        this.encoding = filterConfig.getInitParameter("encoding");
        String value = filterConfig.getInitParameter("ignore");
        if (value == null)
            this.ignore = true;
        else if (value.equalsIgnoreCase("true"))
            this.ignore = true;
        else if (value.equalsIgnoreCase("yes"))
            this.ignore = true;
        else
            this.ignore = false;
    }
}
```

(2) 所有 JSP 页面注册过滤器。

```
//web.xml 配置
<filter>
    <filter-name>SetCharacterEncodingFilter</filter-name>
    <filter-class>filter.SetCharacterEncodingFilter</filter-class>
    <init-param>
    <!-- 定义编码格式,此处用的是 utf-8 -->
      <param-name>encoding</param-name>
      <param-value>utf-8</param-value>
```

```
    </init-param>

    <init-param>
    <!-- ignore参数是在过滤器类定义的 -->
      <param-name>ignore</param-name>
      <param-value>true</param-value>
    </init-param>
</filter>
<filter-mapping>
    <filter-name>SetCharacterEncodingFilter</filter-name>
    <servlet-name>action</servlet-name>
</filter-mapping>
<filter-mapping>
    <filter-name>SetCharacterEncodingFilter</filter-name>
    <servlet-name>*.jsp</servlet-name>
</filter-mapping>
```

8.5 本章小结

本章深入分析 Servlet 的技术原理，主要通过 doGet 和 doPost 方法响应客户端的请求，通过 ServletContext 对象进行 Servlet 通信，以及使用 HttpSession 接口实现“购物车”思想的会话管理，最后过滤器也是基于 Servlet 原理的，有很高的实际应用价值。

实验 20 使用 Servlet 响应客户端请求

一、实验内容

- 使用 Servlet 实现会员登录、登出和注册。
- 使用 Servlet 实现发帖和回帖。

Servlet 本身的长处是响应客户端请求，调用底层 JavaBean 组件进行业务处理，然后进行页面跳转。实验中 doLogin.jsp、doLogout.jsp、doReg.jsp、doPost.jsp 和 doReply.jsp 这些 JSP 页面本身不提供页面显示功能，只为执行脚本代码，对于这样的 JSP 可使用 Servlet 来替代。

二、实验步骤

1. 使用 Servlet 实现会员登录

(1) 创建 serlvet 包，用于存放 Servlet 类。

(2) 右键单击 servlet 包，创建 LoginServlet，在“Create a new Serlvet”窗口中输入“LoginServlet”类名，在下方的复选框中勾选 doGet 和 doPost 方法，如图 8.3 所示。

(3) 单击“Next”按钮，配置 Servlet Name 和 Servlet URL mappings，如图 8.4 所示。

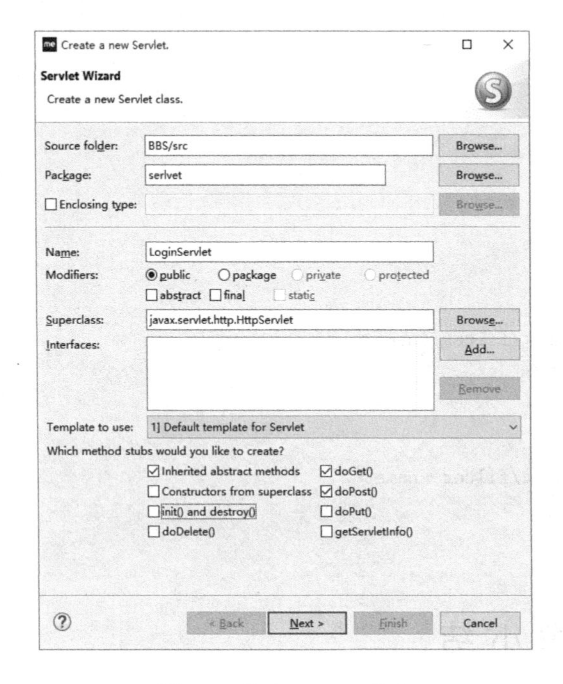

图 8.3　输入 Servlet 类名

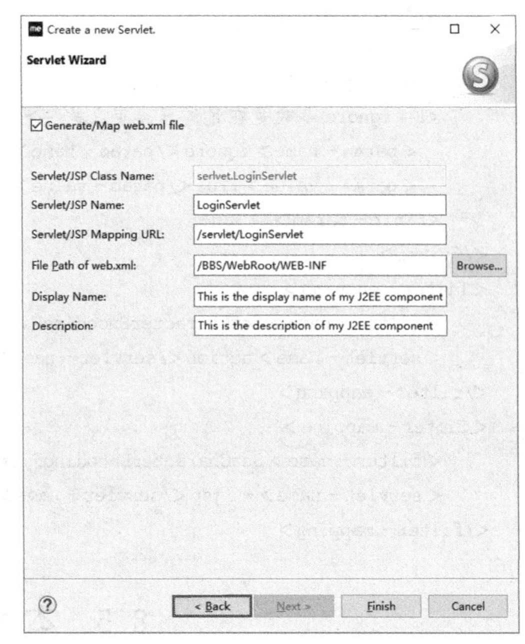

图 8.4　配置 Servlet Name 和 Servlet URL mappings

(4) 单击“Finish”按钮，在 LoginServlet 中编写如下代码：

```
package servlet;

import java.io.IOException;
import java.io.PrintWriter;

import javax.servlet.ServletException;
import javax.servlet.http.HttpServlet;
import javax.servlet.http.HttpServletRequest;
import javax.servlet.http.HttpServletResponse;
import javax.servlet.http.HttpSession;

import biz.UserBiz;
import biz.impl.UserBizImpl;
import entity.User;

public class LoginServlet extends HttpServlet {

    privateUserBiz userBiz = new UserBizImpl();                //得到用户 Biz 的实例

    public void doGet(HttpServletRequest request, HttpServletResponse response)
            throws ServletException, IOException {
    }

    public void doPost(HttpServletRequest request, HttpServletResponse response)
            throws ServletException, IOException {
        response.setContentType("text/html");
        PrintWriter out = response.getWriter();
```

```
            request.setCharacterEncoding("GBK");

            String userName = request.getParameter("userName");  //取得请求中的登录名
            String userPass = request.getParameter("userPass");  //取得请求中的密码
            User user = userBiz.findUser(userName);     //根据请求的登录名和密码查找用户

            if( user!= null && user.getUserPass().equals(userPass) ) {
                HttpSession session = request.getSession(true);
                session.setAttribute("user", user);
                out.println("登录成功");
            } else {
                out.println("登录失败");
            }
        }
    }
```

在 Servlet 中,session 对象需要使用 request. getSession(boolean create)或 request. getSession()方法创建。

(5) 修改 login. jsp 的表单 action 属性,代码如下:

```
<FORM name = "loginForm" onSubmit = "return check()" action = "servlet/LoginServlet" method = "post">
```

2. 使用 Servlet 实现用户登出和注册

参照上述方法,创建 LogoutServlet、RegServlet 类,替代 logout. jsp 和 reg. jsp。

三、实验小结

本次实验使用 Servlet 替代几个特殊的 JSP,形成了 Model 2 模型,即 JSP+Servlet+JavaBean 技术。Model 2 模型基于 MVC(Model View Controller)设计模式,结合了 JSP 和 Servlet 技术,充分利用了 JSP 和 Servlet 两种技术原有的优点。Servlet 作为控制器(Controller)的角色,负责请求处理和产生 JSP 要使用的 JavaBean 组件(Model),以及根据客户的动作决定下一步转发到哪一个 JSP 页面(View)。JSP 视图可以通过直接调用方法或使用自定义标签来得到 JavaBean 中的数据。

也就是说,JSP 页面中没有任何商业处理逻辑,所有的商业处理逻辑均出现在 Servlet 中。JSP 页面只是简单地检索 Servlet 先前创建的 Bean 或者对象,再将动态内容插入预定义的 HTML 模板中。

从开发的观点看,Model 2 具有更清晰的页面表现、清楚的开发者角色划分,可以充分地利用开发小组中的界面设计人员。这些优势在大型项目开发中表现得尤为突出,使用这一模型,可以充分发挥每个开发者各自的特长,界面设计开发人员可以充分发挥自己的设计才能,来体现页面的表现形式,程序编写人员则可以充分发挥自己的商务处理逻辑思维,来实现项目中的业务处理。在目前大型项目开发中,更多地采用 Model 2。

四、补充练习

(1) 使用 Servlet 实现发帖功能。

(2) 使用 Servlet 实现回帖功能。

实验 21　使用 filter 过滤器

一、实验内容

- 使用过滤器进行中文处理。
- 使用过滤器进行身份验证。

编写 JSP 程序时经常遇到中文处理问题，不同的问题有不同的处理办法。由于用户提交的数据大部分是通过表单的方式（或相似方式），许多 JSP 页面都会涉及中文处理问题，这时应该考虑使用过滤器技术来统一处理。

前面实验可以看到多个 JSP 页面都要对身份进行验证，即用户是否已经登录，这时可以考虑使用过滤器来统一处理。

二、实验步骤

1. 使用过滤器进行中文处理

（1）新建 filter 包，建立一个实现 javax. servlet. Filter 接口的 SetCharacterEncodingFilter 类，代码如下：

```
package filter;

import java.io.IOException;
import javax.servlet.Filter;
import javax.servlet.FilterChain;
import javax.servlet.FilterConfig;
import javax.servlet.ServletException;
import javax.servlet.ServletRequest;
import javax.servlet.ServletResponse;

public class SetCharacterEncodingFilter implements Filter {
        protected String encoding = null;
        protected FilterConfig filterConfig = null;
        protected boolean ignore = true;

        public void destroy() {
                this.encoding = null;
                this.filterConfig = null;
        }

        public void doFilter(ServletRequest request, ServletResponse response, FilterChain chain)
                                                            throws IOException, ServletException {
                //有条件地选择设置字符编码使用
                if (ignore || (request.getCharacterEncoding() == null)) {
                        String encoding = this.encoding;
                        if (encoding != null)
                                request.setCharacterEncoding(encoding);
                }
                chain.doFilter(request, response);
```

```
        }

        public void init(FilterConfig filterConfig) throws ServletException {
                this.filterConfig = filterConfig;
                this.encoding = filterConfig.getInitParameter("encoding");
                String value = filterConfig.getInitParameter("ignore");
                if (value == null)
                        this.ignore = true;
                else if (value.equalsIgnoreCase("true"))
                        this.ignore = true;
                else if (value.equalsIgnoreCase("yes"))
                        this.ignore = true;
                else
                        this.ignore = false;
        }
}
```

（2）在 web.xml 中对所有 JSP 页面注册该过滤器，代码如下：

```
<filter>
    <filter-name>SetCharacterEncodingFilter</filter-name>
    <filter-class>filter.SetCharacterEncodingFilter</filter-class>
    <init-param>
    <!-- 定义编码格式，此处用的是 gbk -->
      <param-name>encoding</param-name>
      <param-value>gbk</param-value>
    </init-param>

    <init-param>
      <!-- ignore 参数是在过滤器类定义的 -->
      <param-name>ignore</param-name>
      <param-value>true</param-value>
</init-param>
</filter>
<filter-mapping>
    <filter-name>SetCharacterEncodingFilter</filter-name>
    <servlet-name>action</servlet-name>
</filter-mapping>
<filter-mapping>
    <filter-name>SetCharacterEncodingFilter</filter-name>
    <servlet-name>*.jsp</servlet-name>
</filter-mapping>
```

2. 使用过滤器进行身份验证

参考上述方法创建 authenticationFilter 过滤器，主要代码如下：

```
public void doFilter(ServletRequest request, ServletResponse response, FilterChain chain)
                                                        throws IOException, ServletException {
        HttpSession session = ((HttpServletRequest)request).getSession(true);
        if (session.getAttribute("user") == null)) {
                response.sendRedirect("login.jsp");;
        }
        chain.doFilter(request, response);
}
```

在 web. xml 中配置需要过滤的 JSP，这时应该重新考虑将多个 JSP 分文件夹存储，便于设置过滤器。

三、实验小结

本次实验使用过滤器实现了中文处理和身份验证。过滤器在实际应用中有很多用途，如可以记录日志等。但不提倡设置过多的过滤器，容易降低系统效率。

四、补充练习

新建 admin 文件夹，创建几个 BBS 后台管理 JSP 页面，使用过滤器验证管理员是否登录。

第9章　Web设计模式

【本章要点】

- 模型一：JSP＋JavaBean。
- 模型二：JSP＋Servlet＋JavaBean。
- MVC设计模式的优点。

本章使用JSP、Servlet、JavaBean等技术开发Web应用程序，有两种架构模型可供选择，通常称为模型一(Model1)和模型二(Model2)。本章主要介绍这两种模型，并结合实例分析讲解两种架构模型各自的优缺点及它们的应用场合。

9.1　Java Web应用开发的两种模型

目前，JSP技术已经成为一种受大多数企业喜爱的动态网站开发技术。越来越多的技术人员也逐步成为JSP技术的推崇者。

JSP技术正是利用了Java的“一次开发，处处使用”的性能，成为网站开发技术人员的首选技术。当然，JSP技术的最大优势在于它能够将页面的表现形式和页面的商业逻辑分开。

JSP网站开发技术标准给出了两种使用JSP的方式。这些方式都可以归纳为模型一和模型二。

9.1.1　模型一：JSP＋JavaBean

模型一，就是指JSP＋JavaBean技术。在模型一中，JSP页面独自响应请求并将处理结果返回客户。所有的数据通过Bean来处理，JSP实现页面的表现。模型一技术也实现了页面的表现和页面的商业逻辑相分离。

大量使用模型一形式，常常会导致页面被嵌入大量的脚本语言或者Java代码段。当需要处理的商业逻辑很复杂时，这种情况会变得非常糟糕。大量的内嵌代码使得整个页面程序变得异常复杂。对于前端界面设计人员来说，这简直是不可思议的事情。

这种情况在大型项目中常见，这样也造成了代码的开发和维护出现困难，造成了不必要的资源浪费。在任何项目中，这样的模型多少总会导致定义不清的响应和项目管理的困难。

综上所述，模型一不能够满足大型应用的要求，尤其是大型的项目。但是，模型一可以很好地满足小型应用的需要，在简单的应用中，可以考虑使用模型一。

9.1.2 模型二:JSP+Servlet+JavaBean

Servlet 技术是一种采用 Java 技术来实现 CGI 功能的一种技术。Servlet 技术运行在 Web 服务器上,用来生成 Web 页面。Servlet 技术非常适于服务器端的处理和编程,并且 Servlet 会长期驻留。

但是,在实际的项目开发过程中,页面设计者可以方便地使用普通的 HTML 工具来开发 JSP 页面,Servlet 却更适合于后端开发者使用,开发 Servlet 需要的工具是 Java 集成开发环境。也就是说,Servlet 技术更需要技术人员更多的编程。

模型二,就是指 JSP+Servlet+JavaBean 技术。在模型二中,结合了 JSP 和 Servlet 技术,模型二充分利用了 JSP 和 Servlet 两种技术原有的优点。

在模型二中,通过 JSP 技术来表现页面,通过 Servlet 技术来完成大量的事务处理工作。在模型二中,Servlet 用来处理请求的事务,充当着一个控制者的角色,并负责向客户发送请求。Servlet 创建 JSP 需要的 Bean 和对象,然后根据用户的请求行为,决定将哪个 JSP 页面发送给用户。

也就是说,JSP 页面中没有任何商业处理逻辑,所有的商业处理逻辑均出现在 Servlet 中。JSP 页面只是简单地检索 Servlet 先前创建的 Bean 或者对象,再将动态内容插入预定义的 HTML 模板中。

从开发的观点看,模型二具有更清晰的页面表现、清楚的开发者角色划分,可以充分地利用开发小组中的界面设计人员。这些优势在大型项目开发中表现得尤为突出,使用这一模型,可以充分发挥每个开发者各自的特长,界面设计开发人员可以充分发挥自己的设计才能,来体现页面的表现形式,程序编写人员则可以充分发挥自己的业务处理逻辑思维,来实现项目中的业务处理。

在目前大型项目开发中,模型二更多地被采用。

9.2 两种模型案例对比分析

下面围绕一个实例按照两种不同思想的开发模型进行系统设计与实现。

9.2.1 问题描述与数据库设计

分别用模型一和模型二设计并实现一个用户登录验证的程序。用户在登录页面上输入用户名和密码,经过验证,如果账号合法进入系统首页,显示“某某某,欢迎您!”;如果账号不合法系统仍然停留在登录页面且显示“登录失败”。

创建一个数据库名为 TestData,设计用户表(ValUser),表结构如表 9.1 所示。

表 9.1 ValUser 表结构

列名	数据类型	长度	是否允许空
userId	int	4	否,主键,自增长
username	varchar	20	是
userPass	varchar	20	是

9.2.2 使用模型一实现

模型一使用 JSP+JavaBean 技术将页面显示和业务逻辑处理分开。JSP 实现页面显示,JavaBean 对象用来承载数据和实现商业逻辑。模型一的系统结构如图 9.1 所示。在模型一中,JSP 页面独自响应请求并将处理结果返回给客户,所有的数据通过 JavaBean 来处理,JSP 实现页面的显示。

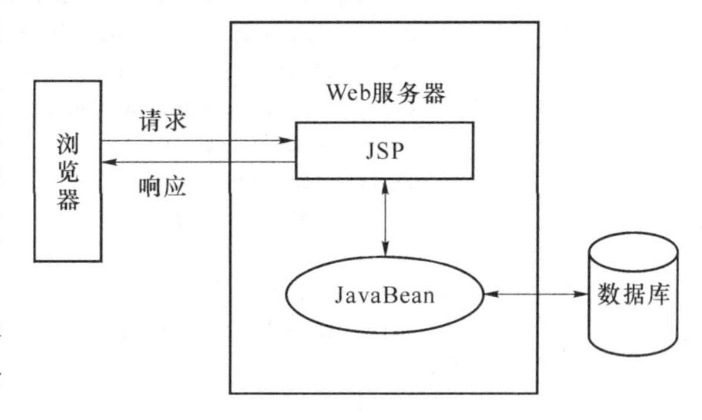

图 9.1 模型一架构示意图

在这个例子程序中有两个 JavaBean 类:User. java 和 UserDao. java。User 类负责保存用户数据,也就是实体 Bean,UserDao 类负责实现对用户登录信息进行验证的数据访问业务逻辑。

User 类代码如下:

```
public class User {
        private Integer userId;
        private String userName;
        private String userPass;
        public Integer getUserId() {
                return userId;
        }
        public void setUserId(Integer userId) {
                this. userId = userId;
        }
        public String getUserName() {
                return userName;
        }
        public void setUserName(String userName) {
                this. userName = userName;
        }
        public String getUserPass() {
                return userPass;
        }
        public void setUserPass(String userPass) {
                this. userPass = userPass;
        }
}
```

UserDao 类代码如下:

```
public classUserDao {
        public boolean login(User user) {
                Connection conn = null;
              PreparedStatement ps = null;
              ResultSet rs = null;
```

```
            try {
                Class.forName("com.microsoft.sqlserver.jdbc.SQLServerDriver");
                conn = DriverManager.getConnection(
                        "jdbc:sqlserver://localhost:1433;databaseName=TestData", "sa", "sa");
                String sql = "select * from ValUser where userName=? and userPass=?";
                ps = conn.prepareStatement(sql);
                ps.setString(1, user.getUserName());
                ps.setString(2, user.getUserPass());
                rs = ps.executeQuery();
                if (rs.next()) {
                        return true;
                }
            } catch (Exception e) {
                e.printStackTrace( );
            } finally {
                try {
                    rs.close( );
                    ps.close( );
                    conn.close( );
                } catch (SQLException e) {
                    e.printStackTrace( );
                }
            }
            return false;
        }
}
```

login.jsp 代码如下：

```
<%@ page language="java" contentType="text/html; charset=gb2312" %>
<html>
  <head>
    <title>login.jsp</title>
  </head>
  <body style="text-align: center">
  <form action="chklogin.jsp" method="post">
      <table>
            <tr>
                  <td>用户名</td>
                  <td><input type="text" name="userName" /></td>
            </tr>
            <tr>
                  <td>密  码</td>
                  <td><input type="password" name="serPass" /></td>
            </tr>
            <tr>
                  <td> </td>
                  <td><input type="submit" value="登录" /> 
                      <input type="reset" value="重置" /></td>
            </tr>
        </table>
  </form>
```

```
    </body>
  </html>
```

chklogin.jsp 代码如下：

```
<%@ page language="java" import="entity.*,dao.*" contentType="text/html; charset=
gb2312" %>
<%
request.setCharacterEncoding("gb2312");
%>
<jsp:useBean id="user" class="entity.User" scope="session" />
<jsp:setProperty property="*" name="user"/>
<%
UserDao dao = new UserDao();
if(dao.login(user)) {
%>
    <jsp:forward page="index.jsp"/>
<%
} else {
    out.println("用户名或密码错误,请<a href=\"login.jsp\">重新登录</a>");
}
%>
```

chklogin.jsp 是模型一的典型特征，这个 JSP 不具有界面显示作用，而是完成业务的处理。首先利用<jsp:useBean>动作元素创建 User 对象，并设定该对象在 session 范围内可用。接着调用<jsp:setProperty>设置 user 对象的属性，然后创建 UserDao 对象，调用它的 login 方法对用户名和密码进行验证，如果验证通过，则利用<jsp:forward>动作元素将请求转发给 index.jsp 页面，否则输出错误提示信息。

index.jsp 代码如下：

```
<%@ page language="java" import="entity.*" contentType="text/html; charset=gb2312" %>
<html>
  <head>
    <title>index.jsp</title>
  </head>
  <body style="text-align: center">
      ${sessionScope.user.userName},欢迎您!
  </body>
</html>
```

由这个例子程序可以看到，模型一实现了页面显示和业务逻辑的分离，不足之处是在 JSP 页面中仍然需要编写流程控制和调用 JavaBean 的代码，当需要处理的业务逻辑非常复杂时，这种情况会变得更加糟糕。在 JSP 页面中嵌入大量的 Java 代码将会使程序变得异常复杂。

9.2.3 使用模型二实现

模型二符合 MVC 架构模式，即模型—视图—控制器(Model-View-Controller)。MVC 最初是在 Smalltalk-80 中被用来构建用户界面的。MVC 的目的是增加代码的重用率，减少数据表达、数据描述和应用操作的耦合度，同时也使软件可维护性、可修复性、可扩展性、灵活性以及封装性大大提高。

MVC 设计模式由三部分组成。Model 是应用对象，没有用户界面；View 表示在屏幕上的显示，代表流向用户的数据；Controller 定义用户界面对用户输入的响应方式，负责把用户动作转成针对 Model 的操作；Model 通过更新 View 的数据来反映数据的变化。如图 9.2 为模型二的设计模型。

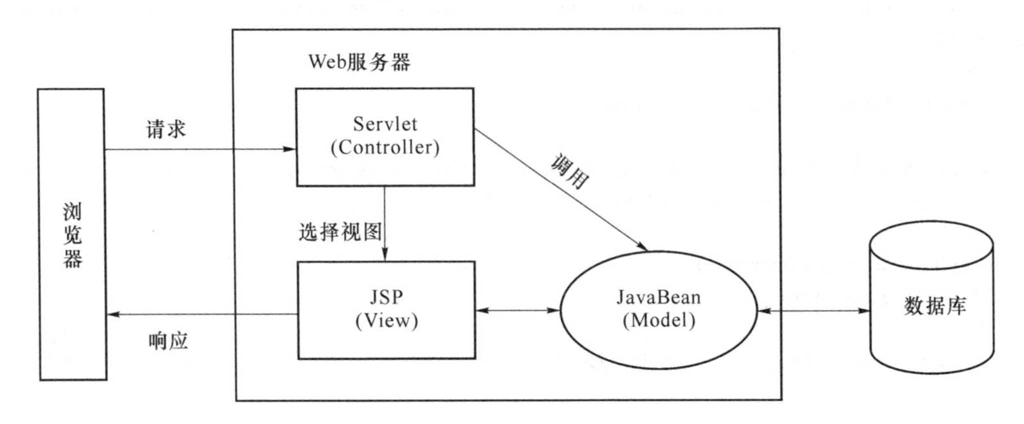

图 9.2　模型二架构示意图

1. 视图

代表用户交互界面，对于 Web 应用来说，可以概括为 HTML 界面，但有可能为 XHML、XML 和 Applet。随着应用的复杂性和规模性，界面的处理也变得具有挑战性。一个应用有很多不同的视图，MVC 设计模式对于视图的处理仅限于视图上数据的采集和处理，以及用户的请求，而不包括在视图上业务流程的处理。业务流程的处理交予模型（Model）处理。

在这个例子中视图界面有两个：login.jsp 和 index.jsp。

login.jsp 代码如下：

```
<%@ page language = "java" contentType = "text/html; charset = gb2312" %>
<html>
  <head>
    <title>login.jsp</title>
  </head>
  <body style = "text - align: center">
  <form action = "../servlet/UserServlet" method = "post">
      <table>
            <tr>
                  <td>用户名</td>
                  <td><input type = "text" name = "userName" /></td>
            </tr>
            <tr>
                  <td>密   码</td>
                  <td><input type = "password" name = "userPass" /></td>
            </tr>
            <tr>
                  <td> </td>
                  <td><input type = "submit" value = "登录" />  
                        <input type = "reset" value = "重置" /></td>
            </tr>
```

```
        </table>
    </form>
    </body>
</html>
```

值得注意的是，这里 form 表单提交的地址发生了变化，不是将数据提交给另一个 JSP，而是提交给一个 Servlet。

index. jsp 代码如下：

```
<%@ page language = "java" import = "entity.*" contentType = "text/html; charset = gb2312" %>
<html>
    <head>
        <title> index.jsp </title>
    </head>
    <body style = "text - align: center">
        ${sessionScope.user.userName },欢迎您!
    </body>
</html>
```

可以看到，视图中没有任何脚本代码，无须考虑业务逻辑，便于美工人员美化界面。

2. 控制器

可以理解从用户接受请求，将模型与视图匹配在一起，共同完成用户的请求。划分控制层的作用也很明显，像是一个分发器，选择什么样的模型，选择什么样的视图，可以完成什么样的用户请求。控制层并不做任何数据处理。例如，用户单击一个链接，控制层接收请求后，并不处理业务信息，只把用户的信息传递给模型，告诉模型做什么，选择符合要求的视图返回给用户。因此，一个模型可能对应多个视图，一个视图可能对应多个模型。

在这个例子中设计一个控制器 UserServlet. java，代码如下：

```
import java.io.IOException;

import javax.servlet.ServletException;
import javax.servlet.http.HttpServlet;
import javax.servlet.http.HttpServletRequest;
import javax.servlet.http.HttpServletResponse;
import javax.servlet.http.HttpSession;

public classUserServlet extends HttpServlet {

    private UserDao dao = new UserDao();

    public void doGet(HttpServletRequest request, HttpServletResponse response)
            throws ServletException, IOException {
    }

    public void doPost(HttpServletRequest request, HttpServletResponse response)
                                    throws ServletException, IOException {
        request.setCharacterEncoding("gb2312");
        String userName = request.getParameter("userName");
        String userPass = request.getParameter("userPass");
        User user = new User();
        user.setUserName(userName);
```

```
                user.setUserPass(userPass);
                if (dao.login(user)) {
                    HttpSession session = request.getSession(true);
                    session.setAttribute("user", user);
                    request.getRequestDispatcher("/ch10/index.jsp").forward(request, response);
                } else {
                    response.sendRedirect("/JSPLessonSrc/ch10/login.jsp");
                }
        }
}
```

3. 模型

模型包括业务流程/状态的处理以及业务规则的制定。模型接受视图请求的数据，并返回最终的处理结果。业务模型的设计可以说是 MVC 最主要的核心。MVC 并没有提供模型的设计方法，而只告诉用户应该组织管理这些模型，以便于模型的重构和提高重用性。

业务模型还有一个很重要的模型那就是数据模型。数据模型主要是指实体对象的数据保存。

在这个例子中数据模型设计为 User.java，业务模型设计为 UserDao，代码没有发生变化，不再赘述。

9.3 MVC 模式的优点

MVC 模式具有很多优点。在 MVC 模式中，三个层各司其职，所以如果一旦哪一层的需求发生了变化，就只需要更改相应层中的代码而不会影响到其他层中的代码。

在 MVC 模式中，由于按层把系统分开，那么就能更好地实现开发中的分工。网页设计人员可以进行开发视图层中的 JSP，而对业务熟悉的开发人员可开发业务层，而其他开发人员可开发控制层。

分层后更有利于组件的重用。如控制层可独立成一个能用的组件，表示层也可做成通用的操作界面。

模型二使用 JSP 和 Servlet 可以方便地实现 MVC 模式，Servlet 作为控制器的角色，负责请求处理和产生 JSP 要使用的 JavaBean 和对象，以及根据客户的动作决定下一步转发到哪一个 JSP 页面。JSP 视图可以通过直接调用方法或使用自定义标记来得到 JavaBean 中的数据。

9.4 本章小结

本章综合 JSP、JavaBean 和 Servlet 主要技术，进行了 Java Web 应用开发两种模型的设计。模型一基于 JSP+JavaBean 技术，模型二基于 JSP+JavaBean+Servlet 技术，前者适用于小型应用，后者适用于大中型复杂应用。通过实例分析可以看到，MVC 设计模式在角色分工和系统功能可扩展性等方面表现非常突出。

附录　项目案例分析——网上论坛 BBS 系统

全书实验围绕一个完整的项目案例——网上论坛 BBS 系统，按照软件工程的需求分析、系统设计、系统实现、系统测试的开发思路，有步骤地来完成，最终实现一个基于 MVC 三层架构的 BBS 系统。

一、项目概述

BBS 论坛，是电子商务网站中一种常见的功能，它为上网用户提供了一个自由的讨论区。用户可以根据需要在论坛上发表文章，提出问题并表达自己的观点，俗称为发帖子或者“灌水”。与此同时，上网的用户也可以在论坛中看到其他人发表的文章，并能够对该文章进行回复。

二、系统设计

系统设计阶段主要由系统设计师根据客户的具体需求，确定本系统的功能模块及各个子模块，并据此来完成数据库的设计以及相关类等的设计工作。

在系统设计阶段，系统设计人员一般除了采用简单明了的文字进行描述之外，为了能够将设计师的设计思想无差错地进行传递、保存，并予以实现，一般可采用 UML(统一建模语言)来对抽象的对象逻辑模型进行形象化的准确表达，UML 中主要提供了一些标准化的标记模型和设计的符号(这里不详细讲述 UML 的用法)。常用的设计软件工具包括 Microsoft Visio、Rational Rose 等。

UML 图对程序员的意义就像建筑图纸对建筑具体实施人员的意义一样。在软件开发行业中，UML 图无疑是面向对象软件开发的图纸，是软件项目在系统分析和设计阶段的产品，是程序员后续进行具体编程实现的蓝图。

1. 需求分析

一个典型的网上论坛 BBS 系统一般都应提供诸如会员注册、会员登录、浏览版块(讨论区)、浏览帖子、发表帖子、回复帖子等功能。

UML 中的用例图(Use Case 图)使用简单直观的方式，描述软件系统的功能和需求。在用例图中一般包括行为者和用例两个方面的描述。其中用例用以说明用户的具体需求，而行为者则是用来描述要和用例之间进行交互的软件系统外部的人或者系统。

图 1 所示为网上论坛 BBS 系统的用例图，该图用以描述本系统所需要实现的客户具体的需求，椭圆形标识一个一个的用例，图中所示小人形为该系统中所涉及的行为者。

根据网上论坛 BBS 的基本需求，依据用例图的描述，本系统需要完成的具体任务如下。

(1) 会员注册：提供新会员注册功能，包括提供录入信息的界面，检查注册信息的有效性，并将注册会员信息保存在对应数据库的数据表中。

(2) 文章查阅：对注册会员以及未注册会员提供文章查询及阅读的功能，即提供对应文章标题信息，以及查看详细内容及回复文章内容的超链接。

(3) 版块查阅：对注册会员以及未注册会员提供浏览的功能，即提供版块名称信息，以及查看属于该版块的文章的超链接。

(4) 发表文章：提供注册会员发表新文章的功能，未注册会员不允许使用该功能。

(5) 回复文章：提供注册会员回复某一篇文章的功能，未注册会员不允许使用该功能。

(6) 会员登录：提供注册会员登录功能，包括提供登录信息录入的界面，检查登录信息合法性，是否在对应数据库的数据表中有相应账户。

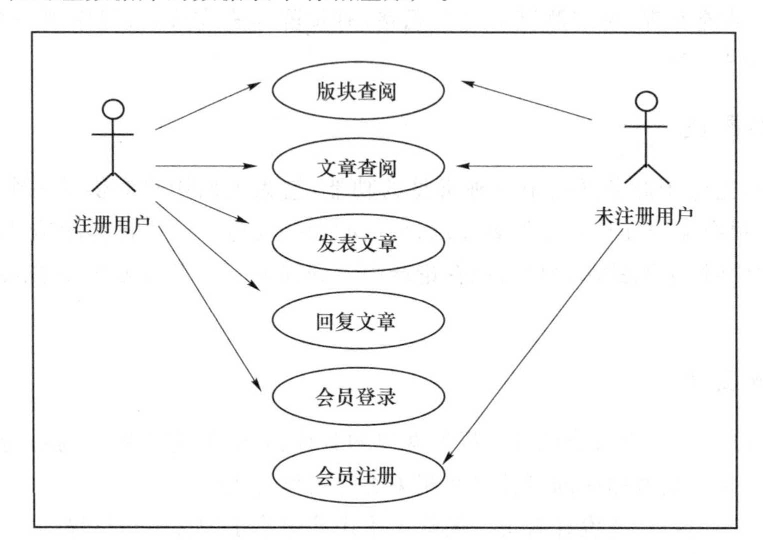

图1　BBS系统用例图

2. 总体设计

(1) UML 活动图

在具体实现时，用户进入每一个子模块时都会进行会员身份的验证及权限的检查，如果登录用户不具备对该子模块进行操作的基本权限，则系统将自动提示警告信息，并阻止用户进入该子模块。

活动图用于显示动作及其结果。其重点在于描述方法实现中所完成的工作，以及用例实例或者对象中的活动。活动图看上去非常接近原来的程序流程图。事实上，如果将活动图细化下去，不断地深入，甚至伪代码都可以写出来。

在活动图的描述中，更加注重实现。对于系统的详细设计来说，活动图是非常有利的工具。并且，对于习惯流程图的人来说，更是一个得心应手的工具。

描述网上论坛系统具体的 UML 活动图如图 2 所示。

从活动图中可以看出，用户往往需要先进行注册成为注册会员后，才能够具体实现后续发表文章、回复文章等操作。

(2) 功能设计

- 会员注册

该模块面向未注册用户，实现会员的注册、登录、会员信息的修改等功能。此子模块提供会员信息的基本数据库操作：添加、修改和删除。

• 会员登录

该模块面向已经注册的用户，根据用户提供的账户信息进行合法性验证。

• 版块查阅

显示 BBS 系统内所有版块的信息，以及父版块与子版块的所属关系。

• 文章查阅

显示某版块中文章的主题、内容、作者、发表时间、相关回复文章等操作；并提供简洁明了的按主题、发表时间、作者等进行检索、录入和修改的功能。

• 发表新文章

包括发表新主题的文章。只有已经注册并且进行登录的合法用户才能够进行该功能模块中的操作。

• 回复文章

针对某一文章回复新的文章。只有已经注册并且进行登录的合法用户才能够进行该功能模块中的操作。

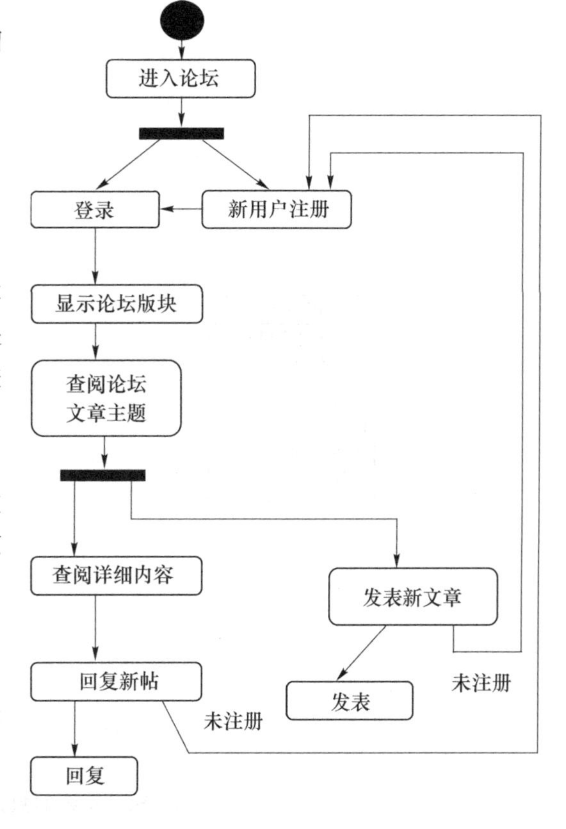

图 2　BBS 系统 UML 活动关系图

三、数据库的设计与实现

实现一个专业的商务系统，必然会涉及后台数据库对系统数据信息的保存和维护，考虑到商务网站对用户并行处理数据库中数据的需求，一般都会选择 Oracle、DB2 等大型数据库管理系统；对于中小型的商务系统，也可选择如 SQL Server、MySQL 等数据库管理系统。本书选择 SQL Server 2016 数据库作为后台数据库，在实用的商务系统中，可根据具体情况选择。

1. 数据库的需求分析

依据网上论坛系统的用户需求，对应数据库表的设计及功能如下。

• 论坛会员基本信息表：存放论坛会员所有的基本信息。
• 论坛版块基本信息表：存放论坛不同版块的分类信息。
• 论坛主题文章基本信息表：存放论坛会员所发表文章的基本信息。
• 论坛回复文章信息表：存放论坛会员回复文章的基本信息。

2. 数据库的逻辑设计

根据以上需求分析，在确定了各个表主键字段的基础上，依据表与表之间相关字段的联系建立个表之间的关系，对应的关系图如图 3 所示。

表与表之间的关系是主表与子表之间确立的约束，用于实现表与表之间的参照完整性，这些关系的建立可以避免由于误操作导致数据库的崩溃，保证各表之间数据的统一。例如，文章所属的版块类别一定是与论坛版块分类表相关的，如果版块分类表中有关分类的信息改变时，文章所属类别的信息也应该进行相应的更新修改。

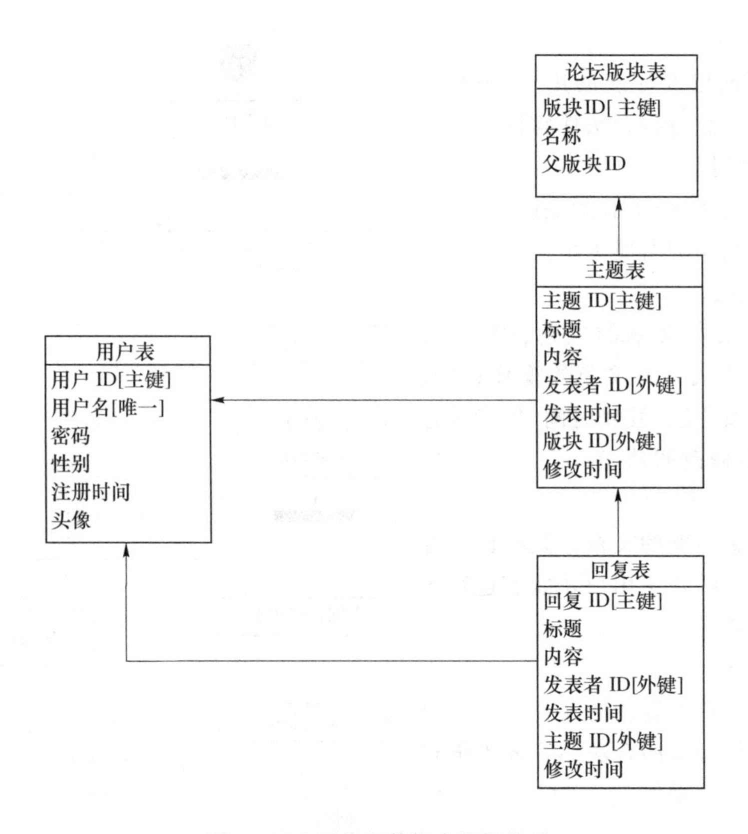

图 3　BBS 系统的数据表逻辑关系

(1) 论坛会员基本信息表(TBL_USER)

论坛会员基本信息表(TBL_USER)是用来保存论坛注册会员所有基本信息的数据表，是维护管理论坛用户的依据，在表 1 中列出了该表中所包含的字段描述信息。

表 1　论坛会员基本信息表(TBL_USER)

字段名	说明	类型	长度	允许为空否	备注
userId	用户 ID	int	4	非空	主键
userName	用户名	varchar	20	非空	唯一
userPass	密码	varchar	20	非空	否
head	头像	varchar	100	非空	图片名
gender	性别	smallint	2	非空	1 女，2 男
regTime	注册时间	datetime	8	非空	否

(2) 论坛版块基本信息表(TBL_BOARD)

论坛版块基本信息表(TBL_BOARD)记录了本论坛各个版块的相关信息，该数据表结构如表 2 所示。

表 2　论坛版块基本信息表(TBL_BOARD)

字段名	说明	类型	长度	允许为空否	备注
boardId	版块 ID	int	4	非空	主键
boardName	版块名称	varchar	50	非空	
parentId	父版块 ID	int	4	非空	父版块为 0

(3) 论坛主题文章基本信息表(TBL_TOPIC)

论坛主题文章基本信息表(TBL_TOPIC)存放了论坛会员所发表的原始文章的标题、内容及作者信息的数据,该数据表的基本结构如表 3 所示。

表 3　论坛主题文章基本信息表(TBL_TOPIC)

字段名	说明	类型	长度	允许为空否	备注
topicId	主题 ID	int	4	非空	主键
title	标题	varchar	50	非空	
content	内容	varchar	1 000	非空	
publishTime	发布时间	datetime	8	非空	
modifyTime	修改时间	datetime	8	非空	
userId	用户 ID	int	4	非空	
boardId	版块 ID	int	4	非空	

在该数据表中,boardId 字段关联引用了论坛版块基本信息表中的 boardId 主键字段,即通过该字段建立了本表与论坛版块基本信息表之间的外键约束。

(4) 论坛回复信息表(TBL_REPLY)

论坛回复信息表(TBL_REPLY)存储了用户回复的文章,其基本结构如表 4 所示。该数据表中的 topicId 关联引用了论坛主题文章基本信息表中的 topicId 关键字段,用于确定该表中回复的文章所对应的原帖。

表 4　论坛回复信息表(TBL_REPLY)

字段名	说明	类型	长度	允许为空否	备注
replyId	回复 ID	int	4	非空	主键
title	标题	varchar	50	非空	
content	内容	varchar	1 000	非空	
publishTime	发布时间	datetime	8	非空	
modifyTime	修改时间	datetime	8	非空	
userId	用户 ID	int	4	非空	
topicId	主题 ID	int	4	非空	

参 考 文 献

[1] 黄明，梁旭，刘冰月. JSP课程设计. 北京：电子工业出版社，2006.

[2] 周桓，王殊宇. JSP项目开发全程实录. 北京:清华大学出版社,2008.

[3] 傅进勇,等. JSP网络编程学习笔记. 北京：电子工业出版社，2008.

[4] 彭超，马丁. JSP网络编程入门与实践. 北京：清华大学出版社，2007.

[5] 邓子云,等. JSP应用开发. 北京：机械工业出版社，2008.

[6] 孙鑫. Servlet/JSP深入详解——基于Tomcat的Web开发. 北京：电子工业出版社，2009.

[7] 梁立新. 项目实践精解:Java Web应用开发. 北京：电子工业出版社，2007.